Die 2. Lieferung (Schluss des I. Stückes) erscheint im Herbst dieses Jahres und wird Vorwort und Inhaltsverzeichniss bringen.

Steinberg bei Liepe.
Geschiebewall.

Phot. von Phil. Remelé.
Lichtdruck von Wilhelm Hoffmann, Dresden.

Untersuchungen

über die

versteinerungsführenden Diluvialgeschiebe

des

norddeutschen Flachlandes

mit besonderer Berücksichtigung der Mark Brandenburg.

Von

Dr. Adolf Remelé,

Professor an der Königlichen Forstakademie zu Eberswalde.

I. Stück.

Allgemeine Einleitung nebst Uebersicht der älteren baltischen Sedimentgebilde.
Untersilurische gekrümmte Cephalopoden.

Mit Holzschnitten, einem Lichtdruckbild, 3 geognostischen Karten und 6 lithographirten Figurentafeln.

Springer-Verlag Berlin Heidelberg GmbH 1883

ISBN 978-3-662-31794-5 ISBN 978-3-662-32620-6 (eBook)
DOI 10.1007/978-3-662-32620-6

Herausgegeben mit Unterstützung des Königl. Preussischen Ministeriums für Landwirthschaft, Domänen und Forsten.

Dem Andenken

an

Oberlandforstmeister

OTTO VON HAGEN

in dankbarer Erinnerung

gewidmet

vom Verfasser.

Einleitung.

Seit etwa 5 Jahren habe ich den in hiesiger Gegend in grosser Mannichfaltigkeit vorkommenden Diluvialgeschieben meine besondere Aufmerksamkeit gewidmet, und allmählich eine Sammlung dieser interessantesten Dokumente des diluvialen Phänomens zusammengebracht, welche kaum von einer andern ähnlicher Art übertroffen werden dürfte. In den RATZEBURG'schen Sammlungen fand ich nur wenig dahin Gehöriges vor, hauptsächlich Handstücke von Granit, Porphyr, Gneiss und andern alten krystallinischen Gesteinen, welche der langjährige Naturhistoriker der Eberswalder Forstakademie bei Excursionen und Spaziergängen aus den nahegelegenen Steinhaufen der Landstrassen hervorgesucht hatte. Auf Versteinerungen scheint er dabei kaum geachtet zu haben. Das Werthvollste, was an fossilführenden Geröllen nordischen Ursprungs von ihm noch herrührt, ist eine Collection verschiedener Petrefacten aus der bekannten, jetzt ganz ausgebeuteten Ablagerung untersilurischer Kalkgeschiebe von Sadewitz bei Oels, welche von OSWALD selbst, dem ersten Beobachter derselben, übersandt und etikettirt ist; sodann einige von dem verstorbenen Superintendenten E. KIRCHNER bei Eberswalde und Prenzlau gesammelte Stücke. Die Sammlung versteinerungsloser Geschiebe, wie ich sie vor 12 Jahren an der Forstakademie vorfand, enthielt etwa 140 Stücke, während deren jetzt an 500 vorhanden sind; und was die fossilführenden Sedimentgeschiebe anbelangt, so ist die Zahl der dahin gehörenden Stücke von 50 auf ca. 8000 gewachsen.

Diese überaus reichhaltige Sammlung zusammenzubringen, würde mir allein freilich unmöglich gewesen sein, es bedurfte dazu der Beihülfe von vielen Seiten. Unter Denen, die mich vorzugsweise hierbei unterstützt und zu Dank verpflichtet haben, nenne ich die Herren: Forstmeister BANDO, meinen ehemaligen Collegen Professor R. HARTIG, die früheren Forsteleven v. ALTEN und BERKHOUT, Bergrath v. GELLHORN, Gymnasiallehrer HENTIG hierselbst, Lehrer LANGE zu Oderberg i. d. M. Mit besonderem Danke habe ich auch anzuführen, dass mir von Seiten des Magistrats hiesiger Stadt durch Schreiben vom 22. Mai 1878 die in den städtischen Kiesgruben lagernden Kalksteingeschiebe zu beliebiger Verfügung gestellt worden sind. In dem verflossenen Jahre hat der Assistent des chemischen Laboratoriums, Herr E. RAMANN, mit grossem Eifer in hiesiger Gegend gesammelt und manches werthvolle Stück der akademischen Sammlung zugeführt. Viele, theils grössere, theils kleinere Geschiebe-Collectionen habe ich auch bei verschiedenen Gelegenheiten für die Forstakademie angekauft, unter denen vor Allem die im Herbste vorigen Jahres erworbene E. KIRCHNER'sche Sammlung, welche namentlich reich an schönen Versteinerungen des Orthocerenkalks aus der Gegend von Gransee und von Walchow bei Fehrbellin ist, Erwähnung verdient. Diese von einem der emsigsten Naturaliensammler der Mark Brandenburg herrührende Collection hat dadurch noch einen höheren Werth, dass viele der Originaletiketten von BEYRICH's Hand sind.

Ueber die Art und Weise, wie die Geschiebe in der Eberswalder Gegend auftreten, ist Einiges vorauszuschicken. Bekanntlich kommen sie in den diluvialen Gebilden Norddeutschlands überhaupt sehr verschiedenartig abgelagert vor, bald unregelmässig zerstreut im oberen und unteren gemeinen Diluvialmergel, im Diluvialsand und Grand, bald in wenig mächtigen, meist local auftretenden Lagen, oder auch in einzelnen grösseren Anhäufungen. Von letzterer Art sind die sogenannten Steinberge oder Geschiebewälle, welche schon GIRARD[1]) erwähnt. Unter diesen Geschiebezügen ist nun der südlichste, auch in gewerblicher Hinsicht, von besonderer Bedeutung. Derselbe bildet eine, bald mehr, bald weniger über das Niveau der Umgebung hervorragende Hügelkette, welche aus der Gegend von Lüdersdorf und Lunow a. d. Oder, $^3/_4$ Meilen südlich von Stolpe, zunächst gegen SW. auf Oderberg sich hinzieht, sodann in beinahe westlicher Richtung bis unweit nördlich von Liepe fortgeht, weiterhin gegen NW. nach Chorinchen sich verfolgen lässt und von dort in mehr nördlicher Richtung über Senftenhütte bis Joachimsthal verläuft. Es ist dies eine etwas zugespitzte, gegen S. gekrümmte Curvenlinie, deren Scheitel bei Liepe liegt. Im Innern dieser Hügel, und oft nur durch eine schwache Erddecke dem Auge verborgen, liegt Geschiebe an Geschiebe, darunter manche von beträchtlichen Dimensionen, aber Alles regellos durcheinander, während die benachbarten Anhöhen ganz anders zusammengesetzt sind; die Zwischenmasse der Gerölle ist ein sandiger Mergel, mehrfach von weissen Adern und Nestern von kohlensaurem Kalk durchsetzt. Dem Petrographen bietet sich in den genannten Steinbergen eine lohnende Ausbeute. Hier finden sich nämlich neben Glimmer- und Hornblendegneiss die verschiedensten Alteruptivgesteine: Granit

---

[1]) Die norddeutsche Ebene, Berlin 1855, p. 52.

und Syenitgranit, Felsitporphyre, darunter ziemlich häufig eine mit dem betreffenden Porphyr von Elfdalen in Schweden (Dalekarlien) völlig übereinstimmende, krystallarme und streifig gefärbte Abänderung mit splittrigem Bruch, ferner Diorite, Diabase u. s. w., überhaupt fast alle der in der Arbeit von TH. LIEBISCH über die massigen nordischen Gesteine in Schlesien (Breslau 1874) besprochenen Felsarten. Dagegen treten in den Steinbergen die Gesteine der fossilführenden Sedimentformationen sehr zurück. Von diesen trifft man vielleicht am meisten noch harte, graue und stark fettglänzende Sandsteine von quarzitähnlichem Aussehen, welche, einer mir von Prof. DAMES gemachten Bemerkung zufolge, auf die cambrische Formation des südlichen Schwedens zurückzuführen sein dürften; z. Th. enthalten sie eigenthümliche parallele, gleichfalls von Sandsteinmasse erfüllte Röhren, welche man unter dem Namen *Scolithes linearis* beschrieben und als Algenreste zu deuten versucht hat, deren wahre Natur indess noch ganz zweifelhaft ist[1]). Daneben kommt ein roth gebänderter Sandstein vor, der nach einer Angabe von Prof. LIEBISCH mit gewissen, allerdings versteinerungsleeren Felsmassen des schwedischen Hochlandes (Jemtland) durchaus übereinstimmt. Die sonst so häufigen Orthocerenkalke werden nur sehr spärlich angetroffen, und den gleich häufigen Beyrichienkalk habe ich, ausser einem losen Exemplar von *Atrypa reticularis* DALM. (LINNÉ *sp.*) und einem kleinen losen *Orthoceras*-Fragment, die allenfalls dahin gehören könnten und von Liepe sind, bis jetzt in dem fraglichen Geschiebewall noch nicht beobachtet, womit ich allerdings sein Fehlen in demselben keineswegs behaupten will. Den obersilurischen Graptolithenkalk fand ich vereinzelt bei Joachimsthal, Kreidepetrefacten und Flintknollen in etwas grösserer Zahl bei Liepe[2]). Aus den Steingruben bei Lunow erhielt ich durch Herrn LANGE ausser einigen losen Petrefacten des oberen braunen Jura (Kelloway rock) ein 36 cm oder beinahe 14 Zoll im Durchmesser haltendes Prachtexemplar eines Ammoniten, zur Gruppe der Planulaten gehörig, welches in einem mächtigen Geschiebe von eisenschüssigem Jurakalk zugleich mit mehreren Exemplaren einer grossen *Gervillia* (aus der Verwandtschaft von *Gerv. aviculoides* SOW. und *Gerv. pernoides* DESLONGCH.) eingebettet lag; ferner noch einen sehr hübsch erhaltenen Planulaten von 14,5 cm = $5\frac{1}{2}$ Zoll Durchmesser, der die Hauptmerkmale von *Ammonites polyplocus* REINECKE zeigt. Ausserdem ist mir von

---

[1]) cf. DAMES, Zeitschr. der deutsch. geolog. Ges., XXXI. p. 210.

Man hat das betr. Gestein auch Wurmsandstein oder *Arenicola*-Sandstein genannt. Dass es übrigens mit den Röhren bohrender Würmer nichts zu schaffen hat, wurde von DAMES dargethan. JENTZSCH (ib. p. 792) bemerkt, dass dergleichen Geschiebe besonders häufig an der unteren Elbe bei Schulau seien, auch noch in den Weichselgegenden (Danzig, Bromberg) angetroffen würden, dagegen in Ostpreussen fehlten.

[2]) Auch kugelige Concretionen von Markasit, welche zuverlässig der Kreide entstammen, kommen in dem Geschiebewall nicht selten vor.

ebendort ein grösseres angeschwemmtes Stück von tertiärem Sandstein mit einem Lamna-Zahn und hübschen Gastropoden-Resten zugekommen. Ein äusserst seltenes Geschiebe, nämlich eine Platte des zuerst von BEYRICH am Kreuzberg bei Berlin beobachteten Cyrenen-Kalksteins aus der Wealden-Abtheilung[1]), fand Herr v. ALTEN in dem Steinlager bei Chorinchen.

Südlich von der Joachimsthal-Liepe-Lunower Geröllmauer erstreckt sich nun eine ohne Zweifel zu einer und derselben geologischen Bildung gehörende Reihe von Grandlagern, welche im W. zunächst bei Heegermühle, $\frac{1}{2}$ Meile westlich vom hiesigen Bahnhof, sodann bei Eberswalde selbst und auch an einigen zwischen diesen beiden Orten liegenden Punkten aufgeschlossen sind, und weiterhin nach O. zu bei Brahlitz auf der Neuenhagener Insel sowie noch bei Hohen-Saaten a. d. Oder zu Tage treten. Sie liegen gleichfalls auf einer krummen Linie, deren westlicher und östlicher Endpunkt nördlicher liegen als ihr mittlerer Theil, jedoch ist dieselbe viel schwächer gebogen als die von obigem Geschiebezug gebildete Curve und läuft im Ganzen ziemlich genau von W. nach O. in einer Erstreckung von 4 Meilen. Obwohl somit diese beiden Linien nicht parallel verlaufen, vielmehr nach links wie nach rechts stark auseinander gehen, sind sie doch ziemlich symmetrisch zueinander gestellt: die nördliche hat ungefähr die Form einer gegen N. offenen Parabel, deren Scheitel in mässigem Abstand über der mittleren Einsenkung des von der südlichen Linie gebildeten, sehr flachen Kreisbogens liegt; ihre gegenseitige Entfernung beträgt von Hohen-Saaten aus ca. $\frac{3}{4}$ Meilen, in der centralen Region bei Brahlitz und Liepe $\frac{1}{2}$ Meile, dagegen über Eberswalde, im W. der Mitte, etwa 1 Meile und an den westlichen Ausläufern zwischen Heegermühle und Joachimsthal beinahe 2 Meilen. Die Divergenz ist also nach O. bedeutend geringer als auf der entgegengesetzten Seite. Ohne auf eine nähere Erörterung der genetischen Fragen einzugehen, welche sich bei der Betrachtung dieser eigenthümlichen Ablagerungsformen aufwerfen, die übrigens auch nicht zur Aufgabe der gegenwärtigen Arbeit gehören, bemerke ich hierzu nur soviel, dass der Geschiebewall im Sinne der Gletscherhypothese, welche neuerdings bei unsern Flachlands-Geologen sehr in den Vordergrund getreten ist, als Ueberbleibsel der Endmoräne einer ungeheuern, von N. gegen S. fortgeschobenen Gletschermasse aufgefasst werden kann, während die sog. Drifttheorie darin eine Strandbildung des früheren Diluvialmeeres erkennen muss.

Die Grandablagerung, von der vorhin die Rede war, gehört sicher dem unteren Diluvium an, welches überhaupt in der Eberswalder Gegend hauptsächlich vertreten ist, obwohl ich bisher die an andern Punkten Norddeutschlands für diese Etage charakteristische *Paludina diluviana* KUNTH hierorts noch nicht entdeckt habe. Zunächst folgt dies aus den Lagerungsverhältnissen, welche bei Heegermühle besonders gut beobachtet

---

[1]) cf. REMELÉ, Zeitschr. d. deutsch. geolog. Ges., XXVIII. p. 427.

werden konnten. Zu unterst lagert daselbst der blaugraue, schon an seiner äusserst dünnen schieferartigen Schichtung sofort kenntliche geschiebefreie Thon (BERENDT's Diluvialthonmergel), der hier freilich ziemlich tief liegt und in den Thongruben meist vom Wasser bedeckt ist, dagegen nach O. zu an einigen Punkten bei Eberswalde näher an die Oberfläche oder selbst (wie in der fiskalischen Lehmgrube am Gesundbrunnen, Oberförsterei Biesenthal) ganz zu Tage tritt. Nach oben zu geht der geschiebefreie Thon in einen äusserst feinen mergeligen Sand über. Darüber folgt sodann in erheblicher Mächtigkeit der untere gemeine Diluvialmergel oder Geschiebemergel, welcher vorwiegend von dunkel bläulichgrauer Farbe ist und in der ganzen Gegend das Hauptmaterial für die Ziegelfabrication liefert. Die in demselben eingebetteten Gerölle sind nicht eben zahlreich und selten über faustgross, eine nennenswerthe wissenschaftliche Ausbeute haben mir dieselben nicht gewährt; man findet darunter manchmal Kreidestücke und strahlig-krystallinische Markasitknollen. In seinen oberen Lagen nimmt dieser untere Mergel ebenfalls den Charakter eines überaus feinen Sandes an, der wesentlich aus einem nicht mehr plastischen Mineralstaub oder Schluff besteht. Dies habe ich beispielsweise vor einigen Jahren in der dicht am Finow-Canal bei Heegermühle gelegenen SCHÜLLER'schen Thongrube constatirt, wo der untere Geschiebemergel zunächst von einer ca. 5 Fuss mächtigen Schicht von blaugrauem, stark kalkhaltigem Mergelsand bedeckt, und über letzterem noch eine ca. 2 Fuss dicke Lage eines gelblichen Glimmersandes zu sehen war, der übrigens nahebei seit längerer Zeit gewonnen und auf dem dortigen Messingwerk als Formsand benutzt worden ist. Dem Mergellager sind hiernach die mehr oder weniger mächtigen Grandmassen aufgelagert, in welchen vorzugsweise Kies als Material zum Strassen- und Eisenbahnbau gewonnen wird, und als oberste Bedeckung derselben zeigt sich schliesslich eine 2 bis 3 m hohe Schicht von Diluvialsand, der im Aussehen an den sog. Decksand erinnert.

Dass die Grandablagerung zum unteren Diluvium gehört, folgt, abgesehen von den angegebenen stratigraphischen Verhältnissen, noch aus der relativen Häufigkeit von Ueberresten des Mammuth (*Elephas primigenius* BLUMENBACH). Ich gebe nachstehend nur diejenigen darin gefundenen Reste dieses fossilen Elephanten an, welche ich im Laufe der Zeit für die Forstakademie erlangt und z. Th. in der Zeitschr. der deutsch. geolog. Ges. (XXVII. p. 481 u. 710, XXVIII. p. 428) besprochen habe:

1. Von Heegermühle ein $5\frac{1}{2}$ kg wiegender Oberschenkelknochen vom rechten Hinterbein, 7 m unter der Erdoberfläche gefunden, und ein Mittelfussknochen (beide von Herrn v. ALTEN geschenkt); ein 40 cm langes Bruchstück vom Ende eines Stosszahns und ein kleiner Backenzahn; sodann ein werthvolles Fragment des Unterkiefers eines jüngeren Individuums mit dem Rest des alten abgenutzten Backenzahns und einem vorzüglich erhaltenen, für sich allein 3 kg 150 gr wiegenden jungen Backenzahn, der beim Untergang des Thiers noch im Nachkeimen

begriffen war, dessen Kaufläche jedoch z. Th. das Zahnfleisch bereits durchbrochen hatte;

2. vom Bahnhof Eberswalde ein ca. 7 kg schweres Bruchstück eines sehr starken linken Schulterblattes mit vollständig erhaltener Pfanne (Geschenk des Königl. Bergassessors Herrn Dr. Max Busse); ferner ein Backenzahn und verschiedene Backenzahn-Lamellen, sowie kleinere Knochenfragmente;

3. von Hohen-Saaten ein vortrefflich conservirter Backenzahn (durch Herrn Lange erhalten).

Es ist hier zu bemerken, dass auch in dem Geschiebewall Mammuthreste vorkommen, sich dort jedoch weit seltener zeigen. Durch Herrn Lange empfing ich eine bei Lunow gefundene, über 7½ kg wiegende Tibia, und aus den Steingruben bei Joachimsthal sind mir zwei Backenzähne zu Gesicht gekommen.

In den besprochenen Grandlagern nun finden sich ganz hauptsächlich die versteinerungsführenden Gerölle, welche das Material zu meinen Untersuchungen geliefert haben. Neben den erbsen- bis wallnussgrossen Grandkörnern erscheinen zahlreiche grössere Geschiebe bis zu zwei und mehr Cubikfuss Inhalt, mitunter an der Oberfläche deutlich geschrammt, und zwar ist auch hier die Zwischenmasse wieder von mergeliger Beschaffenheit. Diese Geschiebe bestehen allerdings auch grösstentheils aus krystallinischen Massengesteinen und Gneissen. Unter ersteren sind einige interessante Arten namhaft zu machen; so z. B. von Heegermühle ein Diabasporphyr mit langgestreckten, leistenförmigen, hellfarbigen Plagioklasen, welcher auf Elfdalen in Schweden zurückzuführen ist[1]), und ein von Herrn v. Alten gefundenes Stück typischen Basalts mit Olivin[2]), dessen Ursprungsgebiet in Schonen, also dem südlichsten Theile Schwedens,

---

[1]) Ganz das nämliche Gestein habe ich übrigens auch in den Steingruben bei Chorinchen beobachtet.

[2]) Unter den märkischen Findlingen sind Basalte äusserst selten. Das erwähnte Stück ist der erste zuverlässige Fund dieser Art in der Mark Brandenburg, mit Sicherheit waren solche Gerölle bis dahin (1875) nur aus Schleswig-Holstein, besonders aus der Gegend von Kiel, bekannt geworden. Während Girard (a. a. O., S. 83) ihr gänzliches Fehlen angiebt, hatte Klöden (Beiträge z. mineralog. und geognost. Kenntniss der Mark Brandenburg, VI. Stück, 1833, S. 44) behauptet, dass Basalte bei Berlin und Potsdam sowie auch bei Oderberg i. d. M. nicht selten seien. Allein wenigstens für die grosse Mehrzahl der Fälle ist hier eine Verwechselung mit allerdings häufiger vorkommenden Geschieben eines grauschwarzen, dichten und trappähnlichen Gesteins, welches vielleicht zum Diabas gehört, sowie mit Melaphyren anzunehmen, die z. Th. als Mandelsteine ausgebildet sind und über deren Herkunft noch jeder Anhaltspunkt fehlt. Vor einiger Zeit erhielt ich ferner ein grösseres, von zahlreichen Olivinkörnchen durchsetztes Basaltgeschiebe von Heckelberg unweit Eberswalde. Eine genaue mikroskopische Untersuchung einiger der vorerwähnten Gesteine wird demnächst in der Zeitschr. d. deutsch. geolog. Gesellschaft erscheinen.

Reichlicher scheinen nach gewissen Angaben Basaltgeschiebe in der Umgebung Hamburgs

zu suchen sein dürfte; ferner von Eberswalde ein sehr fester Diabasporphyr, welcher in lebhaft dunkelgrüner Grundmasse grössere, unregelmässig geformte Labrador-Einsprenglinge von grünlich- bis gelblichweisser Farbe enthält und einem Gestein von der Insel Hochland im finnischen Meerbusen sehr ähnlich ist. Allein neben diesen eruptiven und krystallinisch-schiefrigen Felsarten zeigen sich die versteinerungsführenden Sedimentgesteine in solcher Häufigkeit, dass sie stellenweise sogar den ersteren fast die Wage halten. Die Kiesgruben der Eberswalder Gegend haben mir denn auch im Laufe einiger Jahre eine so reiche Ausbeute geliefert, dass mir nur noch sehr wenige der äusserst zahlreichen Arten sedimentärer Geschiebe fehlen, welche bis heute in der Literatur beschrieben oder erwähnt sind[1]).

Bekanntlich gehören die meisten fossilhaltigen Diluvialgeschiebe der norddeutschen Ebene dem Unter- und Obersilur (aus beiden fast ausschliesslich Kalksteine) und der obersten Abtheilung der Kreideformation oder dem Senon an. Diesen am nächsten in der Häufigkeit stehen Geschiebe des obersten braunen Jura (Kelloway rock), namentlich ein anstehend nicht bekannter, inwendig meist blaugrauer, äusserlich gelblichbrauner und oft stark zersetzter Kalkstein mit eingestreuten dunkelbraunen Körnchen von Eisenoolith und äusserst zahlreichen Conchylien, unter denen neben verschiedenen Gastropoden und mehreren schönen Ammoniten besonders *Rhynchonella varians* SCHLOTH., *Astarte pulla* A. ROEM. und *Avicula echinata* SOW. in zahllosen Exemplaren sich finden, ausserdem aber noch viele andere Gattungen von Lamellibranchiaten vertreten sind, wie *Ostrea*, *Pecten*, *Lima*, *Gervillia*, *Modiola*, *Trigonia*, *Cucullaea*, *Isocardia*, *Pholadomya*, *Goniomya* und *Myacites*. Weniger oft, wenn auch nicht gerade selten, begegnet man cambrischen Geröllen, welche auf Oeland und namentlich gewisse Punkte des südlichen Schwedens, vielleicht z. Th. auch auf Bornholm hinweisen, sowie solchen der oligocänen Tertiärformation. Dagegen werden Geschiebe aus dem weissen Jura, der Weald-Bildung und dem präsenonen Kreidegebirge nur ganz ver-

---

vorzukommen. Eine Mittheilung über nordische Basalte im Diluviallehm bei Leipzig hat Herr A. PENCK im Neuen Jahrb. f. Mineralogie u. s. w., 1877, p. 243, veröffentlicht, worin zugleich die früher behaupteten Funde von Basaltgeröllen im Flachland zusammengestellt und die verschiedenen Fundpunkte dieses Gesteins in Schonen aufgeführt sind.

[1]) In der Schrift des Herrn Dr. M. BUSSE „Die Mark zwischen Neustadt-Eberswalde, Freienwalde, Oderberg und Joachimsthal", Berlin 1877, heisst es bezüglich der Grandablagerung, beziehungsweise des Geschiebewalles, um die es sich hier handelt, auf S. 39 u. 58:

„Das Material für die Grandmassen haben fast allein die krystallinischen Gesteine hergegeben; die Sedimentärgesteine treten, mit Ausnahme der Kreide, fast ganz zurück."

„Das Material der Steinberge und der Grandmassen ist genau dasselbe. Die Uebereinstimmung geht so weit, dass im Allgemeinen in den Steinbrüchen seltene Gesteine auch in den Grandlagern ganz zurücktreten."

Diese Angaben beruhen durchaus auf Irrthum.

einzelt angetroffen, sparsame devonische Sandsteine bloss in den östlichen Theilen unseres Flachlandes.

Bezüglich der Herkunft der norddeutschen Blöcke und Geschiebe ist es heute für Jedermann eine unbestrittene Thatsache, dass sie durch ein gewaltiges geologisches Phänomen aus nördlich gelegenen Gegenden hergeschafft worden sind, sei es von schwimmenden Eisschollen und Eisbergen, sei es durch ungeheure Gletschermassen. Aus der Unterlage des Diluviums selbst können diese Gesteinstrümmer im Wesentlichen nicht herstammen, schon weil in jener bisher hauptsächlich bloss die Tertiär-, die Kreide- und die Juraformation nachgewiesen worden sind, namentlich fehlen die alten krystallinischen Gesteine und die Silurkalke, aus denen unsere Gerölle ganz vorwiegend bestehen. Eine von der Insel Hochland durch die Ostsee nach Bornholm gezogene Linie scheint gegen Süden die Grenze für die Verbreitung der nordischen krystallinischen Schiefer und Alteruptivgesteine zu bezeichnen[1]).

Schon die Geschiebesammler des vorigen Jahrhunderts haben obige Frage zum Gegenstand des Studiums gemacht. Einer der thätigsten derselben, der Hauptmann v. ARENSWALD zu Neuenkirchen bei Anklam, veröffentlichte 1774 eine „Geschichte der pommerschen und mecklenburgischen Versteinerungen," und gelangte darin durch vergleichende Untersuchungen zu der Erkenntniss, dass die Petrefacten in den Geröllen Norddeutschlands eine grössere Aehnlichkeit mit den schwedischen zeigen als mit denjenigen, welche in den südlich angrenzenden Gebirgsgegenden vorkommen, woraus er dann den Schluss zog, dass jene Gerölle durch eine Fluth in Schweden losgebrochen und an ihre jetzige Lagerstätte verschwemmt worden seien. Im Jahre 1790 sprach G. A. v. WINTERFELD in einem Aufsatz „Vom Vaterland des mecklenburgischen Granitsteins" die Vermuthung aus, dass unsere Granitblöcke in einer früheren Epoche von nördlichen Inseln, welche in der Gegend des heutigen Schwedens über den Spiegel eines weit ausgedehnten Meeres emporragten, durch Eismassen herbeigeführt wurden. Wie man sieht, wird hier bereits die Treibeis- oder Drifthypothese ausgesprochen, und in der nämlichen Arbeit hat auch v. WINTERFELD auf den durch die Strömungen des atlantischen Oceans bewirkten Eistransport hochnordischer Gesteinstrümmer nach der Küste von Neu-Fundland als eine analoge Erscheinung hingewiesen, ganz wie es in neuerer Zeit von verschiedenen Geologen oftmals geschehen ist.

Aus der ersten Hälfte dieses Jahrhunderts nenne ich zuerst den ausgezeichneten Naturforscher G. WAHLENBERG. In seinen „Petrificata Telluris Suecanae", 1821, p. 8, äussert er sich folgendermaassen:

„In *Germania septentrionali* variae adsunt collectiones petrificatorum, quorum specimina, quamquam ibi collecta, tamen svecicae originis sunt. Fragmenta enim petrae

---

[1]) cf. J. ROTH, die geolog. Bildung der norddeutschen Ebene, Berlin 1870, S. 22.

tum Gothlandicae tum Oelandicae in revolutionibus terrae pristinis per Germaniam septentrionalem usque ad Lipsiam tam frequenter dispersa fuerunt, ut permulta petrificata pro germanicis habita, quae descripserunt Walch, Knorr, Klein, Wilckens[1]), Gehler, Schröter aliique, re vera e Svecia primam originem ducant."

Merkwürdigerweise fand aber die Annahme des scandinavischen Ursprungs verschiedener von unseren Geschieben bei einigen deutschen Beobachtern lebhaften Widerspruch. Der um die geognostische Erforschung des heimischen Bodens verdiente frühere Gewerbeschuldirektor KLÖDEN hat in seinem Werke „Die Versteinerungen der Mark Brandenburg", 1834, S. 306—374, dieser Auffassung eine sehr eingehende Betrachtung gewidmet und zuerst Zweifel an derselben geäussert, obwohl er zugab, dass einige Geschiebe-Arten schwedischen Gesteinen vollkommen glichen. Durch Vergleichung der Gerölle-Versteinerungen mit denen anderer Länder glaubte er zu finden, dass relativ wenige derselben mit schwedischen übereinstimmen, dass weit mehr Arten des südlichen Schwedens bei uns fehlen und umgekehrt viele Geschiebe-Petrefacten in Schweden unbekannt seien; seine Bestimmungen sind allerdings in der grossen Mehrzahl unrichtig und S. 320 meint er sogar, dass das Uebergangsgebirge der Eifel weit mehr Arten enthalte, welche zugleich in der Mark vorkommen, als Schweden. Der Reihe nach werden auf S. 354 ff. mehrere Hypothesen erörtert, so z. B., dass die Diluvialgeschiebe aus den nördlichsten, noch wenig erforschten Theilen Scandinaviens durch Eisfelder herübergekommen seien, oder aber dass sie theilweise von einem jetzt völlig zerstörten Flötzgebirge herrührten, welches früher eine Ueberdeckung der anstehenden Schichten des südlichen Schwedens und der Insel Gotland gebildet habe. Zu keiner dieser Anschauungen getraut sich KLÖDEN Stellung zu nehmen, bemerkt zugleich aber noch, dass sehr triftige Gründe der Annahme, nach welcher ein Theil unserer Geschiebe nordischen, ein anderer aber anderweitigen Ursprungs sein sollte, widersprächen. Schliesslich bezeichnet er das Resultat seiner Arbeit in Bezug auf die Beantwortung der Frage nach dem Vaterland der Geschiebe als ein fast negatives, und äussert sich dahin, dass eine genauere Kenntniss der letzteren vielleicht weniger, als eine glückliche Hypothese, die Lösung des Problems fördern würde, dass bei dem diluvialen Phänomen viel complicirtere Ursachen und Kräfte, als man bisher glaubte, mitgewirkt haben müssten und das grosse Räthsel unerforschter als jemals dastehe.

Weitaus bestimmter erklärt sich E. BOLL, der treffliche mecklenburgische Geschiebeforscher, über den vorliegenden Gegenstand. In seiner „Geognosie der deutschen Ostseeländer zwischen Eider und Oder", 1846, S. 255, meint er zunächst, dass man durch die KLÖDEN'schen Untersuchungen von Schweden „emancipirt" worden sei, und weist sodann auf v. HAGENOW's monographische Bearbeitung der Rügen'schen Kreide-

---

[1]) Es steht hier im Original „Wielche", was sicher ein Schreib- oder Druckfehler ist.

Versteinerungen[1]) hin, welche gelehrt habe, dass dies dieselben Formen seien, die auch in den dieser Formation angehörigen Diluvialgeröllen sich fänden. Indem dieser Satz nun verallgemeinert wird, heisst es weiter bei ihm wörtlich: „Hiermit war der Schlüssel zur Lösung der Frage über den Ursprung unseres exogenen (i. e. sedimentären) Gerölle gegeben; sie sind nicht von auswärts in die Diluvialländer hineingekommen, sondern in diesen selbst früher als anstehende Lager vorhanden gewesen."

Wenn man jedoch die seit Beginn unseres Jahrhunderts eifrig betriebenen paläontologischen Forschungen über die Schichtensysteme der nordeuropäischen Länder auch nur flüchtig ins Auge fasst, kann eine solche Ansicht nicht mehr als stichhaltig gelten. Namentlich hat zunächst die Untersuchung der versteinerungsreichen obersilurischen Kalke der schwedischen Insel Gotland, später auch die gewisser gleichaltriger Ablagerungen auf der Insel Oesel an der Ehstländischen Küste, und deren Vergleichung mit einigen bei uns sehr verbreiteten Kalksteingeschieben, eine so frappante Uebereinstimmung mit letzteren ergeben, dass der nordische Ursprung dieser Geschiebe unbestreitbar ist. Ebenso bestimmt weisen die cambrischen Gerölle und mehrere Arten unserer Orthocerenkalke auf den südlichen Theil Schwedens und die nahegelegene Insel Oeland hin. Nach und nach aber traten verschiedene Beobachtungen an die Oeffentlichkeit, welche auch für einen Theil der untersilurischen Geschiebe den Blick von Schweden nach den russischen Ostseeprovinzen, und zwar ganz hauptsächlich nach Ehstland, ablenkten. In dieser Beziehung ist vor Allem die Monographie der Sadewitzer Geschiebe-Fauna von Ferd. Roemer[2]) hervorzuheben, eine durch Klarheit der Beschreibung wie durch scharfsinnige geologische Auffassung mustergültige Arbeit. Es wird darin der Beweis geliefert, dass diese merkwürdige, fast ganz auf einen kleinen Umkreis um Sadewitz bei Oels beschränkte Anhäufung von Kalksteingeschieben, welche früher Jahrhunderte lang zum Kalkbrennen verwerthet wurde, ihren organischen Einschlüssen nach in ein über dem Orthocerenkalk liegendes höheres Niveau der unteren silurischen Abtheilung gehört und speciell mit der von Friedr. Schmidt als Lyckholm'sche Schicht in Ehstland unterschiedenen Zone aufs genaueste übereinstimmt. Kurz vorher schon hatte Fr. Schmidt[3]) auf Grund einiger Vergleichungen der beiderseits auftretenden Petrefacten dieselbe Ansicht geäussert.

Bezüglich der so überaus häufigen Gerölle, welche den alten krystallinischen Massengesteinen und dem Gneiss angehören, hat man vielfach angenommen, dass sie hauptsächlich von Finnland und zu einem kleineren Theile aus Schweden und

---

[1]) Im Neuen Jahrb. für Mineralogie u. s. w., Jahrg. 1839, 1840 und 1842.

[2]) Die fossile Fauna der silurischen Diluvial-Geschiebe von Sadewitz, 1861.

[3]) Beitrag zur Geologie der Insel Gotland, im Archiv für die Naturkunde Liv-, Ehst- und Kurlands, Ser. I, Bd. II. p. 463 (Dorpat 1859).

dem südlichen Norwegen abzuleiten seien. In der That haben einige unserer Geschiebe mit finnländischen Gebirgsarten die grösste Aehnlichkeit. Dies gilt besonders von der unter dem Namen Rapakivi bekannten Granitvarietät, welche an den porphyrisch ausgesonderten braunrothen Orthoklasen, die von einem dünnen Mantel grünlichgrauer Plagioklasmasse umhüllt sind, leicht erkannt werden kann; dieselbe ist zwar nicht zu den häufigeren Granitgeschieben zu rechnen, kommt aber doch weit verbreitet vor und ist u. a. auch an vielen Punkten Schlesiens gefunden worden (cf. LIEBISCH, a. a. O. p. 11). Das genannte Gestein ist nun bis jetzt bloss in Finnland anstehend bekannt; es zeigt hier und ganz ebenso in unserm Diluvium eine grosse Neigung zur Verwitterung. Indessen weisen doch neuere Beobachtungen für die meisten unserer eruptiven Gerölle mehr auf Schweden hin.

Man darf nun aber nicht glauben, dass die Gebirgsglieder, deren Zertrümmerung die ungeheuern Schuttmassen der norddeutschen Ebene geliefert hat, in nördlichen Ländern sammt und sonders noch an der Erdoberfläche vorhanden seien; vielmehr wird es immer wahrscheinlicher, dass sie grossentheils entweder ganz zerstört wurden, oder wenigstens nicht mehr zu Tage liegen und ihre Reste jetzt vom Meere überfluthet sind. Zu einer solchen Ansicht hat man sich vor längerer Zeit schon hinsichtlich der Jurageschiebe bekennen müssen. Zwar findet sich zuweilen ein gelbbrauner Sandstein mit *Ammonites Parkinsoni* Sow., welcher dem unteren Niveau des oberen braunen Jura angehört und nach BEYRICH von der Insel Gristow bei Cammin an der pommerschen Küste herrührt[1]). Allein dieses Vorkommen tritt völlig zurück gegen den oben erwähnten sehr versteinerungsreichen Kalkstein mit *Rhynchonella varians*, *Astarte pulla*, *Ammonites Jason* etc., welcher in den obersten Horizont des Doggers, die Etage des Kelloway rock, gehört und fast in allen Theilen der norddeutschen Ebene östlich der Elbe angetroffen wird. Da ein Gestein von ähnlicher Beschaffenheit, aber doch keineswegs damit übereinstimmend, anstehend nur am Windau-Flusse im nördlichen Lithauen und in Kurland bekannt ist, so muss man nach BEYRICH's Vorgang annehmen, dass früher ein im südlichen Theil der heutigen Ostsee zusammenhängend verbreitetes jurassisches Territorium existirte, welches die Juraablagerungen des Gouvernements Kowno in Lithauen mit den gegenwärtig noch im Gebiet der Odermündungen vorhandenen kleineren Juramassen verband, und in dem der Ursprung jener Geschiebe zu suchen ist; für diesen Juradistrict hat BEYRICH[2]) sehr passend den Namen „baltischer Jura" in die Wissenschaft eingeführt. Was die Heimath der Kreidegeschiebe betrifft, so stammen einige unzweifelhaft von Rügen, andere stimmen mit Gesteinen von Bornholm

---

[1]) Von diesem Geschiebe, dessen Verbreitung sich übrigens auf die der unteren Oder benachbarten Gegenden beschränkt, verdanke ich Herrn Forstmeister BANDO ein sehr schönes, den genannten Ammoniten enthaltendes Stück, welches bei Chorin gefunden wurde.

[2]) Zeitschr. d. deutsch. geolog. Ges., XIII. p. 143.

und Seeland und von Schonen vollkommen überein, allein in der Hauptsache ist dieselbe auch in einem jetzt zumeist untermeerischen Gebiete zu suchen, welches verschiedene Inseln und Küstenstriche der Ostsee, die dänischen Inseln, Rügen und Wollin sowie Mecklenburg etc., umfasst. Dieses „baltische Kreidegebirge" hatte ohne Zweifel eine sehr beträchtliche Ausdehnung, wie schon aus der ausserordentlichen Masse der über unser Flachland verbreiteten Feuersteingerölle aus der weissen Kreide hervorgeht. Der Zerstörung colossaler Massen jener baltischen Kreideformation ist grossentheils der stetige Gehalt unserer Diluvialschichten an kohlensaurem Kalk zuzuschreiben.

Was den allbekannten Beyrichien- oder Chonetenkalk aus dem jüngsten Obersilur angeht, so hatte zuerst QUENSTEDT[1]) als muthmaassliche Heimathstätte Schonen (von wo in der That einige der betreffenden Geschiebe herstammen können), sodann FERD. ROEMER[2]) Oestergarn auf Gotland bezeichnet. Darauf wurde von FR. SCHMIDT (a. a. O., p. 462) bemerkt, dass die mit diesem Namen bezeichneten Geschiebe einerseits den Schichten des Ohhesaare-Pank auf der Halbinsel Sworbe, dem südlichen Theile von Oesel, andererseits den entsprechenden Ablagerungen bei Oestergarn an der Ostspitze der Insel Gotland gleichen, und dass hierin schon, abgesehen von anderen Gründen, ein Beweis für eine ehemals vorhandene, während der erratischen Periode zerstörte Verbindung dieser beiden Punkte zu erkennen sei, so dass also der steile Uferabsturz des Ohhesaare-Pank durch seine westliche Verlängerung eine Brücke zwischen Ehstland und dem südöstlichen Gotland gebildet habe (vgl. auch des genannten Forschers Untersuchungen über die silur. Formation von Ehstland etc., p. 77). Dass die norddeutschen Kalkgerölle mit *Chonetes striatella* und *Beyrichia tuberculata* sowohl von Oesel als von Gotland stammen, hat gleichfalls Prof. GREWINGK[3]) zu Dorpat bei Gelegenheit einer ausführlichen Erörterung der Verbreitung der silurischen Wandergeschiebe in Livland, Kurland und dem Gouvernement Kowno ausgesprochen, dabei aber auch für die entsprechenden, an der Westküste Kurlands zerstreuten Beyrichienmergel mit Fischresten den Ursprung von beiden genannten Inseln, ja vielleicht gar von Schonen, behauptet; er schliesst dies aus dem angeblichen Auftreten schiefriger und krystallinischer Gesteine Scandinaviens in der nämlichen Gegend (?), glaubt dabei übrigens die dort vorherrschenden Westwinde zur Erklärung einer solchen aus W. erfolgenden Ankunft der Geschiebe heranziehen zu dürfen. FERD. ROEMER[4]) erklärte es demnächst bestimmt für das wahrscheinlichste, dass unsere Beyrichienkalke aus einem jetzt vom Meere bedeckten

---

[1]) „Die Geschiebe der Umgegend von Berlin", im Neuen Jahrb. f. Mineralogie etc., Jahrg. 1838, p. 136.

[2]) Ebendas., Jahrg. 1856, p. 812.

[3]) Geologie von Liv- und Kurland, im Archiv f. d. Naturkunde Liv-, Ehst- und Kurlands, Ser. I, Bd. II. p. 571 und 674 (Dorpat 1861).

[4]) Zeitschr. d. deutsch. geolog. Ges., XIV. p. 604.

Gebiete zwischen Oesel und Gotland herrühren. Bei dem nächst jenem am häufigsten vorkommenden obersilurischen Geschiebe, dem Graptolithengestein[1]), ist der Ursprung aus einem verschwundenen oder jetzt submarinen Gebilde sogar geradezu unabweislich, weil hinreichend übereinstimmende Gesteine im Norden fehlen.

Auch auf einen Theil der untersilurischen Geschiebekalke lassen sich ähnliche Betrachtungen ausdehnen, und zwar vor Allem auf diejenigen, welche den oberen Stufen des Untersilur sich einordnen. Vom Sadewitzer Kalk sagt FERD. ROEMER selbst nicht unbedingt, dass seine Heimath im westlichen Theil vom jetzigen Ehstland, wo die Lyckholm'sche Schicht entwickelt ist, gelegen habe, sondern giebt zu, dass dies auch ein nahe benachbartes, jetzt vom Meere bedecktes Gebiet gewesen sein könne. Entschiedener gilt das Gesagte von dem unten besprochenen untersilurischen Rollstein-Kalk mit *Chasmops macroura*, dessen reiche Fauna nach meinen Beobachtungen zwar theilweise Ehstländischen Formen entspricht, aber doch auch wieder so viele Abweichungen zeigt, dass man hier schon dieserhalb nicht umhin kann, auf die frühere Existenz eines ausgedehnten untersilurischen Territoriums im W. der russischen Ostseeprovinzen zurückzugreifen. Ebenso verhält es sich bezüglich des in anstehenden Schichten noch nicht beobachteten Backsteinkalks, dessen organische Ueberreste denen des Macroura-Kalks sehr nahestehen. Am meisten Uebereinstimmung mit festen Lagern nordischer Länder besitzen unter unseren Geschieben, gewisse besondere Fälle ausgenommen, die der tieferen untersilurischen Abtheilung entstammenden Orthocerenkalke. Einige derselben sind schwedischen Gesteinen zum Verwechseln ähnlich, andere dagegen nähern sich den älteren Ehstländischen Kalken. Was nun diese letzteren betrifft, so halte ich es gleichfalls für gewagt, sie von Ehstland selbst abzuleiten. Ein so vollständiges Uebereinkommen, wie es einzelne Geschiebe mit schwedischen Schichten petrographisch und paläontologisch zeigen, ist mir bei Ehstländischen Silurgesteinen, trotz unverkennbarer sehr grosser Aehnlichkeiten, noch nicht aufgefallen. Ueberhaupt hat sich bei mir immer mehr die Ansicht bestärkt, dass wenigstens für die mittleren und westlichen Theile der norddeutschen Tiefebene der gegenwärtige Boden Ehstlands unserm Diluvium keine Materialien geliefert hat, dass dabei vielmehr nur Gebirgsmassen, die eine westlichere Lage hatten, in Betracht kommen können. Es scheint sogar, dass diese Auffassung auch für den Osten Norddeutschlands gelten kann. We-

---

[1]) Diese Geschiebe-Art, die wahrscheinlich einem etwas tieferen Horizont als der Beyrichienkalk entspricht, wird vornehmlich innerhalb der den mittleren Theil des norddeutschen Flachlandes begrenzenden Meridianlinien angetroffen. In Schleswig-Holstein ist dieselbe nach KARSTEN's Angaben selten. In Ostpreussen hat man sie mitunter als fehlend angenommen, doch beschreibt Herr H. DEWITZ neuerdings in den Schriften der physik.-ökonom. Ges. zu Königsberg, XX. (1879), p. 174, eine neue *Orthoceras*-Art aus einem Stück Graptolithenkalk vom Ufer der Angerapp bei Nemmersdorf (Kr. Gumbinnen.)

nigstens bemerkt Herr H. Mascke[1]), der Besitzer der reichhaltigsten Sammlung von Geschieben Ostpreussens, dass die Brachiopoden der dortigen silurischen Gerölle bei aller Aehnlichkeit mit Arten des Silurs der russischen Ostseeprovinzen doch einen abweichenden Habitus zeigen, weshalb es wahrscheinlich sei, dass jene Geschiebe aus Schichten herstammen, welche bei Austiefung des Ostseebettes zwischen Oeland und dem Ehstländischen Glint zertrümmert und zerstreut wurden. Diese Ansicht wird auch unterstützt durch das Vorkommen von Geschieben der Kreideformation in West- und Ostpreussen, welche theils von senonem, theils auch von cenomanem Alter sind, und bei denen höchstens in beschränktem Maasse an Russland gedacht werden kann[2]). Möglicherweise existirte zu Anfang der Diluvialzeit eine westliche Verlängerung des in Nord-Ehstland anstehenden untersilurischen Schichtensystems, welche nördlich an der Insel Gotland vorbeiging und dann in südlicher Richtung nach Oeland sich hinzog; an dieselbe würde sich gegen S. und O. die obersilurische Brücke zwischen Oesel und Gotland unmittelbar angeschlossen haben. Wenn hiernach gewisse Geschiebe bei uns in Anbetracht der Petrefacten Ehstländischen Silurgesteinen gleich oder ähnlich sind, dagegen petrographisch von denselben abweichen, so kann dies weiter nicht Wunder nehmen; in dieser Hinsicht möchte ich noch erwähnen, dass nach Mittheilungen der Herren Fr. Schmidt und Prof. Dames in Ehstland selbst einige Schichten in ihrem Verlauf die Gesteinsbeschaffenheit bedeutend ändern und beispielsweise die Zone des Brandschiefers (C. 2) im O. bei Kuckers die charakteristischen Einlagerungen eines mürben, bitumenreichen und z. Th. brennbaren Mergels von röthlichbrauner Farbe enthält, dagegen westlich in der Gegend von Reval und Spitham nur durch einen festen grauen Kalkstein repräsentirt ist.

Ich kann es nicht für meine Aufgabe halten, an dieser Stelle irgend welche genauere Zusammenstellung der weitschichtigen, auf die norddeutschen Geschiebe bezüglichen Literatur zu geben, muss mich vielmehr betreffs derselben auf Weniges beschränken. Die ersten ausführlichen Mittheilungen über ihre organischen Einschlüsse wurden von Klöden in seinen schon erwähnten „Versteinerungen der Mark Branden-

---

[1]) Zeitschr. d. deutsch. geolog. Ges., XXVIII. p. 49.

[2]) In seinen kürzlich erschienenen „Erläuterungen zur 2. Ausg. der geognost. Karte Liv-, Ehst- und Kurlands", Dorpat 1879, theilt Grewingk p. 24 mit, dass die Kreideformation in dem bezeichneten Gebiet bisher nur unterirdisch in Bohrlöchern nachgewiesen wurde, während er in einer 1872 publicirten Abhandlung das sporadische und schollenartige Vorkommen analoger Kreidegebilde in Lithauen (Gouvernements Kowno, Wilna und Grodno) besprochen hatte. Herr Jentzsch (Zeitschr. d. deutsch. geolog. Ges., XXXI. p. 790 ff.) scheint dieser russischen Kreide eine grössere Bedeutung für die Erklärung des Herkommens der ostpreussischen Kreidegeschiebe beizulegen. Grewingk giebt in jener neuen Arbeit zugleich ausführliche Ergänzungen zu seinen früheren Angaben über die Quartärgerölle in den ostbaltischen Provinzen, wobei jedoch ganz vorwiegend ihre Verbreitung und die an ihnen hervortretenden glacialen Frictionserscheinungen erörtert werden.

burg" gemacht, ein Werk, welches jedoch für die paläontologische Erforschung nur mehr von historischem Interesse ist. Erst durch eine treffliche Arbeit von FERD. ROEMER „über die Diluvial-Geschiebe von nordischen Sedimentgesteinen in der norddeutschen Ebene" (Zeitschr. d. deutsch. geolog. Ges., XIV. p. 575—637) wurde eine feste Grundlage für die nähere Kenntniss unserer versteinerungshaltigen Gerölle geschaffen. Eine monographische Darstellung haben besonders die obersilurischen Geschiebe gefunden. So beschrieb der eben genannte Paläontologe die Versteinerungen der reichen Anhäufung von Diluvialgeschieben bei Gröningen in Holland (hauptsächlich Gotländer Korallenkalke, aber auch Beyrichienkalk) im Neuen Jahrb. f. Mineralogie, 1857 u. 1858. Das Graptolithengestein wurde von F. HEIDENHAIN (Zeitschr. d. deutsch. geolog. Ges., XXI. p. 143—182) und neuerdings von K. HAUPT (die Fauna des Graptolithen-Gesteins, Görlitz 1878), beidemal jedoch ungenügend, bearbeitet. Eine recht fleissige und verdienstliche Untersuchung über den Beyrichienkalk wurde von Herrn A. KRAUSE veröffentlicht (Zeitschr. d. deutsch. geolog. Ges., XXIX. p. 1—49). Ueber die Geschiebe aus der untersilurischen Abtheilung liegt dagegen als einzige grössere Arbeit die schon oben angeführte Abhandlung von FERD. ROEMER über die fossilen Reste des Sadewitzer Kalks vor.

Grösser ist die Zahl derjenigen Publicationen, welche die Findlings-Versteinerungen bestimmter Bezirke Norddeutschlands zum Gegenstande haben und dabei nicht die verschiedenen Geschiebe-Arten auseinander halten, sondern zumeist auf einzelne Gruppen oder Gattungen von Organismen ohne speciellere Rücksicht auf das geologische Alter der Fundgesteine sich beschränken. So haben namentlich die mecklenburgischen Gerölle in dem verstorbenen ERNST BOLL einen überaus eifrigen Beobachter gefunden, welcher seine werthvollen paläontologischen Beobachtungen über dieselben hauptsächlich in zahlreichen Jahrgängen vom „Archiv des Vereins der Freunde der Naturgeschichte in Mecklenburg" niedergelegt hat; herauszuheben sind darunter namentlich die Bearbeitung der silurischen Cephalopoden (11. Jahrg., p. 58) und die der Beyrichien (16. Jahrg., p. 114). Die Trilobiten der Geschiebe Ost- und Westpreussens wurden von STEINHARDT (Beiträge zur Naturkunde Preussens, III, 1874), einige in ostpreussischen Silurgeschieben gefundene Cephalopoden von DEWITZ (vgl. oben, S. XXI) beschrieben. Dazu kommt noch eine Aufzählung und Besprechung der Petrefacten aus silurischen und cambrischen Geröllen Schleswig-Holsteins von GUSTAV KARSTEN (s. unten). Die Mehrzahl aller dieser Arbeiten leidet an dem sehr empfindlichen Mangel, dass der geologische Gesichtspunkt darin wenig oder gar nicht berücksichtigt worden ist.

Kürzere Mittheilungen über einzelne interessante Geschiebe sind in den Fachjournalen in grosser Zahl zu finden. Namentlich haben BEYRICH und DAMES seit Jahren manche kleinere Beiträge von Wichtigkeit in der Zeitschrift d. deutsch. geolog. Gesellschaft geliefert. Von Letzterem steht eine eingehende Bearbeitung der artenreichen Fauna unserer Juragerölle zu erwarten.

Immerhin bleibt auf dem betrachteten Gebiete noch sehr viel zu thun übrig, was zur Bereicherung der Petrefactenkunde und zur Förderung der vaterländischen Geologie dienen kann. Ich habe mir vorgenommen, in einer Reihe monographischer Arbeiten mit Zugrundelegung der an der Forstakademie vereinigten Materialien, d. h. unter besonderer Berücksichtigung der Mark Brandenburg, einige der vorhandenen Lücken, soviel an mir liegt, auszufüllen. Dabei werde ich mein Hauptaugenmerk auf die Silurgeschiebe, vornehmlich die untersilurischen, richten. Unter den letzteren entbehren sowohl die Orthocerenkalke, als auch etliche in ein etwas höheres Niveau aufsteigende Gesteine noch einer speciellen Erforschung. Das gegenwärtige erste Stück dieser Untersuchungen behandelt zunächst eine Anzahl besonders ausgezeichneter und meist unbeschriebener Geschiebe-Petrefacten aus hiesiger Gegend; in den unmittelbar nachfolgenden Heften gedenke ich dagegen einige bestimmte Geschiebe-Arten herauszugreifen, wobei nicht allein deren Fauna beschrieben, sondern auch, soweit es nothwendig erscheint, der geologische Horizont durch Vergleichung mit anstehend bekannten Silurschichten festgestellt werden soll. Nur auf diesem, zuerst von FERD. ROEMER mit Erfolg beschrittenen Wege kann es gelingen, die Geschiebekunde für die Aufklärung der genetischen Probleme unseres Diluviums wahrhaft nutzbar zu machen.

Kaum braucht hier gesagt zu werden, dass ich erst nach mehrjährigen Vorstudien mich entschliessen konnte, der gewählten Aufgabe näher zu treten. Obwohl es mir gelang, eine nicht unerhebliche Zahl scandinavischer Versteinerungen für die Forstakademie zu erwerben, waren doch eingehende Informationen in andern Sammlungen unerlässlich. Durch die Zuvorkommenheit des Herrn Dr. med. Rath L. BRÜCKNER zu Neubrandenburg war es mir im Sommer 1878 vergönnt, einige Tage auf die genaue Besichtigung seiner eigenen, sowie der jetzt im dortigen städtischen Museum aufbewahrten E. BOLL'schen Geschiebe-Collection zu verwenden. Unberechenbaren Werth hatte es aber für mich, dass die Herren Geh. Rath BEYRICH und Professor DAMES mir bereitwillig gestatteten, im verflossenen Jahre während mehrerer Wochen von dem überaus reichen Inhalt des paläontologischen Museums der Universität Berlin, soweit es meine Zwecke erheischten, Kenntniss zu nehmen und auch noch bei andern Gelegenheiten die dort vorhandenen Stücke mit vielen der von mir gesammelten Sachen zu vergleichen. Herrn DAMES, einem unserer besten Geschiebekenner, bin ich zugleich für vielfache persönliche Belehrung und Rathertheilung aufrichtig verbunden. Ueberdies hatte Herr Dr. L. BRÜCKNER die grosse Freundlichkeit, mir für die nachstehend gegebene Beschreibung der Lituiten die sämmtlichen in seiner und der BOLL'schen Sammlung enthaltenen Exemplare dieses uralten Kopffüsser-Geschlechtes für einige Zeit zu schicken. Von grösstem Nutzen war es ferner für mein ganzes wissenschaftliches Unternehmen, dass

XXV

Herr Akademiker FRIEDRICH SCHMIDT aus St. Petersburg im April 1880 mich durch seinen Besuch erfreute und während eines zweitägigen Aufenthalts mit der vollen Aufopferung eines für sein Fach begeisterten Gelehrten den grössten Theil der hiesigen Geschiebesammlung mit mir durchgesehen hat. Ausserdem verdanke ich Herrn Geh. Rath FERD. ROEMER, welcher kürzlich hier diese Sammlung besichtigte, verschiedene werthvolle Mittheilungen. Wenn endlich auch die ausgedehnte und z. Th. kostspielige Literatur über meinen Gegenstand mir mit genügender Vollständigkeit zu Gebote stand, so verdanke ich dies der stetigen Bereitwilligkeit, mit welcher der Director der Forstakademie, Herr Oberforstmeister DANCKELMANN, meinen weitgehenden Wünschen in dieser Hinsicht nachgekommen ist[1]).

Für fruchtbringende Nachforschungen über die Heimathstätten der norddeutschen Geschiebe ist eine genaue Kenntniss der Gesteine und Formationen eines grossen Theiles der nordischen Länder unerlässliche Vorbedingung. Ein eingehendes Studium derselben habe ich von vorne herein als den eigentlichen Ausgangspunkt meiner Geschiebe-Untersuchungen betrachtet. Daraus sind die im Folgenden mitgetheilten Uebersichten der älteren paläozoischen Gebilde Schwedens und Ehstlands hervorgegangen. Das Obersilur, welches bei meinen nächstliegenden Aufgaben weniger in Betracht kommt, ist dabei nicht mehr mit aufgenommen worden.

Weitaus am meisten Mühe und Zeitaufwand bei meiner ganzen Arbeit hat mir die Charakteristik der fraglichen Schichten in den geologisch wichtigsten Provinzen Schwedens einschliesslich der Insel Oeland verursacht, da ich hierfür eine sehr grosse Zahl schwedischer Schriften und Abhandlungen durcharbeiten musste und die richtige Zusammenstellung der Angaben verschiedener Autoren oft keine leichte Sache war. Aus naheliegenden Gründen habe ich die paläontologischen Bezeichnungen der Verfasser im Wesentlichen beibehalten, und nur hin und wieder Berichtigungen bei den Gattungsnamen sowie aufklärende Zusätze angebracht. Vorzugsweise sind, wie jeder Kenner der schwedischen Geologie begreift, die ausgezeichneten Arbeiten von LINNARSSON benutzt worden; die Mehrzahl der neueren Etagen- und Zonen-Benennungen rührt von diesem unermüdlichen Forscher her. Für manche zweifelhafte Fälle haben mir übrigens die Herren Prof. G. LINDSTRÖM und Dr. G. LINNARSSON in Stockholm in liebenswürdigster Weise directe Auskunft ertheilt[2]).

Die sodann folgende petrographisch-faunistische Charakteristik der Schichten von

---

[1]) Einige seltene Werke, die im Buchhandel nicht zu beschaffen waren, habe ich in Berlin theils in der Kgl. Bibliothek, theils am Kgl. mineralogischen Museum und in der Bibliothek der Bergakademie benutzen können.

[2]) Zugleich übersandte mir Hr. LINNARSSON eine für die Pariser Weltausstellung i. J. 1878 verfasste Schrift „La Carte géologique de la Suède", aus der Einiges Verwendung finden konnte.

Nord-Ehstland ist mir in dem dargebotenen Umfange nur durch die seltene Zuvorkommenheit von Friedr. Schmidt selbst ermöglicht worden. Seit der Veröffentlichung seiner bekannten „Untersuchungen über die silurische Formation von Ehstland, Nord-Livland und Oesel", welche 1858 erschienen sind, hat der genannte Geologe die Erforschung der Ehstländischen Silurschichten wesentlich vervollständigt, Manches berichtigt oder genauer festgestellt und viel Neues aufgefunden. Von diesen späteren Beobachtungen ist bisher nur wenig an die Oeffentlichkeit gelangt. Die von mir weiter unten für Ehstland gegebene Uebersicht habe ich hauptsächlich nach mündlichen und brieflichen Angaben Fr. Schmidt's, sodann auch nach einer durch Herrn Dames von einer geologischen Reise durch jene Ostseeprovinz i. J. 1876 mitgebrachten Sammlung sowie nach verschiedenen monographischen Arbeiten über dortige Versteinerungen von Nieszkowski, v. Volborth, Fr. Schmidt, v. d. Pahlen und Dybowski entworfen. Diese Zusammenstellung wäre aber immer noch in mehreren Theilen lückenhaft und vielfach ungenau geblieben, wenn Herr Fr. Schmidt sich nicht der Mühe unterzogen hätte, sie genau durchzusehen und soweit nöthig richtigzustellen und zu ergänzen. Obwohl dieselbe noch nicht auf Vollständigkeit Anspruch machen kann, gewährt sie doch nach seinen eigenen Worten in ihrer gegenwärtigen Gestalt „eine ganz brauchbare Uebersicht nach dem jetzigen Stande unserer Kenntnisse".

Allen vorgenannten Herren spreche ich meinen wärmsten Dank aus[1]).

---

[1]) Die beiden ersten Bogen der Einleitung sind schon 1880 gedruckt worden. Demgemäss ist auf S. XXIV. Z. 10 v. u. das Jahr 1879 gemeint.

Gliederung und Charakteristik der cambrischen und untersilurischen Schichten in Schweden.

I. Dalekarlien (Dalarne).

Nach Törnqvist[1]) und theilweise nach Linnarsson[2]).

A. Cambrische Formation.

1. Euritsandstein und Digerbergsandstein.

Ersterer meist roth oder grau, felsitähnlich oder quarzitartig und stellenweise der Porphyrstructur sich nähernd; nach Stolpe das ältere Glied. Letzterer roth oder braun, kleine, oft kantige Porphyrbruchstücke enthaltend und von etwas grauwackenähnlicher Textur, jedoch einerseits auch in dichteren (i. e. feinkörnigeren) Sandstein, andererseits in ein Conglomerat mit Trümmern von Quarzit, Eurit (Felsit) und Porphyr übergehend[3]).

2. Schleifsandstein.

Feinkörniger, feldspathreicher, meist ziemlich lockerer Sandstein, weiss, grau oder roth, im letzteren Falle mit oder ohne hellere rundliche Flecken[4]).

B. Untersilurformation.

3. Obolus - Zone.

Bei Wikarbyn über Granit lagernd. Als einzige Versteinerung wurde bisher eine *Obolus*-Art beobachtet[5]).

---

[1]) Hauptsächlich nach der Abhandlung „Om Siljanstraktens paleozoiska formationsled", Öfvers. af Kongl. Vetensk.-Akad. Förhandl., 1874. No. 4.

[2]) Jemförelse mellan de Siluriska aflagringarna i Dalarne och i Vestergötland, ib. 1871. No. 3.

[3]) Törnqvist erklärt die den beiden Gesteinen, gleichwie dem folgenden, gegebene geognostische Stellung nicht für positiv erwiesen, bemerkt aber, dass man ihnen schwerlich einen anderen Platz anweisen könne.

[4]) Letztere Angaben passen vollkommen zu dem Aussehen gewisser, nicht seltener Sandsteingeschiebe der Mark, welche Torell von der Småländischen Küste herleitet, während Helland für diese Geschiebe gleichfalls auf Dalekarlien hingewiesen hat.

[5]) Diese Etage ist auch von Törnqvist bereits zu den untersilurischen Schichten gerechnet worden. Gegenwärtig wird sie als eine Unterabtheilung des Ceratopygekalks betrachtet.

a) Obolus-Conglomerat.

Schwarzer oder grauer Kalk mit eingeschlossenen Geröllen verschiedener Gesteinsarten sowie mit Phosphoritknollen.

b) Obolus-Gruskalk.

Unreiner, grusiger und zumeist leicht zerfallender Kalkstein von mehr oder weniger dunkelgrüner Farbe.

4. Unterer Graptolithenschiefer (Phyllograptusschiefer).

Als grüner Thonschiefer von Törnqvist[1]) bei Skattungbyn eingebettet im Glaukonitkalk (5. a) beobachtet. Enthält neben Fossilien des letzteren (unter denen *Orthis parva* Pand. genannt wird) sowie *Leptaena sericea* Sil. Syst. zugleich eine Graptolithenfauna, vermöge deren dieser Schiefer, der übrigens mitsammt jenem grünen Kalk sehr unbedeutend mächtig ist, dem unter dem Orthocerenkalk liegenden Graptolithenschiefer in Schonen entspricht. Von Arten werden angegeben: *Tetragraptus serra* Brongn., *Tetr. quadribrachiatus* Hall, *Didymograptus affinis* Nicholson (?), *Didymogr. minutus* Törnqv., *Phyllograptus densus* Törnqv. (gemein, ähnlich *Phyllogr. angustifolius* Hall) und „*Graptolites ramulus*" Hall.

An derselben Stelle ist der untere rothe Orthocerenkalk (5. b) auffallenderweise z. Th. durch einen ziegelrothen Mergelschiefer vertreten.

5. Orthocerenkalk.

a) Grünkalk oder Glaukonitkalk[2]).

Deutlich geschichtet, grün und z. Th. mit eingesprengten schwärzlichen oder dunkelgrünen Glaukonitkörnchen. Enthält Fragmente von *Ptychopyge*, *Megalaspis* und *Asaphus* (?); die nicht näher bestimmbaren Arten sind kleiner als die gleich darüber auftretenden Asaphiden; das gemeinste Fossil eine *Orthis*-Art. Mächtigkeit überall gering.

b) Unterer rother Orthocerenkalk.

Rothbrauner harter Kalk. In der untersten Schicht bloss eine *Orthis*-Art, etwas höher hinauf Orthoceratiten und Trilobiten; bei Wikarbyn wurde in diesem Horizont eine *Agnostus*-Art, verwandt mit *Agn. lentiformis* Ang., beobachtet.

c) Unterer grauer Orthocerenkalk.

Besonders bei Alsarbyn reich an Petrefacten.

Grauer oder schwärzlicher Kalkstein, in gewissen Schichten durchsetzt von braun-

---

[1]) Nyblottad geologisk profil med Phyllograptusskiffer i Dalarna, Geolog. Fören. Förhandl., Bd. III. Nr. 8, 1877, p. 241; Några jakttagelser öfver Dalarnes graptolitskiffrar, ib. Bd. IV. Nr. 14, 1879, p. 446.

[2]) In einem Bericht über die paläozoischen Schichten Ostgothlands (Öfversigt etc., 1875. Nr. 10, p. 70) spricht Törnqvist die Vermuthung aus, dass diese Ablagerung möglicherweise zum Ceratopygekalk gehöre.

gelben oder schwarzen, rübsamenähnlichen Körnern, welche dem Gestein ein oolithisches Aussehen geben. Ueberall darin eine grosse *Orthoceras*-Art mit gedrängten Querstreifen neben *Orthoceras vaginatum* SCHLOTH. var. Ausserdem eine ziemlich artenreiche Trilobiten- und Molluskenfauna: *Nileus Armadillo* DALM., *Illaenus crassicauda* WAHLENB., *Megalaspis latilimbata* ANG., *Ptychopyge* sp., *Cyrtometopus affinis* ANG., *Euomphalus Gualteriatus* SCHLOTH., *Turbo bicarinatus* WAHLENB., *Bellerophon* sp., *Orthis zonata* DALM. (?), *O. calligramma* DALM., *Leptaena* sp. und *Spirigerina* sp.

d) Oberer rother Orthocerenkalk.

Hauptablagerung des rothen Kalks, besonders ausgezeichnet durch die zahlreichen, z. Th. grossen darin auftretenden Cephalopoden, welche besonders bei Sjurberg häufig sind: nach HISINGER *Orthoceras commune*, *O. trochleare*, *O. regulare*, *O. centrale*, *O. conicum*, *Lituites lamellosus*[1]) und *L. convolvens*. Trilobiten, den Gattungen *Niobe*, *Megalaspis* und *Ptychopyge* angehörend, sind verhältnissmässig selten.

In ihrer Grenzregion enthalten die beiden Stufen c und d bei Fjecka *Megalaspis gigas* ANG. und andere grosse Asaphiden nebst einer sehr grossen *Illaenus*-Art.

e) Oberer grauer Orthocerenkalk.

Am besten aufgeschlossen bei Kårgärde am Digerberg und unweit davon bei Wattnäs am Orsa-See.

Petrographisch mit dem unteren grauen Kalk (c) sehr nahe übereinstimmend; auch in faunistischer Hinsicht zeigen beide viel Verwandtschaft. Versteinerungen: *Nileus Armadillo* DALM., *Megalaspis limbatae* BOECK aff., *Ptychopyge rimulosa* ANG. und andere *Ptychopyge*-Arten, *Illaenus crassicauda* WAHLENB., *Remopleurides* sp., *Bellerophon* sp., *Euomphalus Gualteriatus* SCHLOTH., *Orthis zonata* und *calligramma* DALM., *Diplograptus* sp. und reguläre sowohl als vaginate *Orthoceras*-Formen, darunter die beiden bei c zuerst erwähnten Orthoceratiten. Von diesen enthält die zwischenliegende Stufe d eigenthümlicherweise nur *Orthoceras vaginatum* SCHLOTH. (resp. *trochleare* HIS.), wenn auch einige andere Arten den drei Unterabtheilungen c, d und e gemeinsam sind. Aus grauem Kalk von Wikarbyn, hauptsächlich wohl der obersten Zone angehörend, hat LINNARSSON ausserdem angeführt: *Asaphus raniceps* DALM., *Megalaspis gigas* ANG. (nach TÖRNQVIST auch am Silfberg anscheinend in demselben Niveau), *Hyolithus* sp., *Rhynchonella nucella* DALM. und ein wahrscheinlich zu *Phyllograptus* gehöriges Graptolithen-Fragment. —

Von Trilobiten nennt TÖRNQVIST sodann noch einige Arten von verschiedenen Aufschlusspunkten des Orthocerenkalks, wo die Altersstellung nicht genauer zu erkennen

---

[1]) Diese Art kommt nach TÖRNQVIST (Öfversigt etc., 1874. Nr. 4, p. 10), ebenso wie *Lituites lituus* HIS. (MONTFORT), auch noch in einem grauen Orthocerenkalk von ungewisser Stellung vor.

HISINGER's *Orthoceras trochleare* wird an ebendieser Stelle als identisch mit *Orthoc. vaginatum* SCHLOTH. bezeichnet.

war; und zwar aus rothem Kalk: *Megalaspis heros* DALM., *Niobe laeviceps* ANG., *Ptychopyge lata* ANG. (?); aus grauem Kalk: *Pliomera Fischeri* EICHW., *Cyrtometopus (Cheirurus) clavifrons* DALM., *Ptychopyge angustifrons* DALM. und *Asaphus expansus* LIN. sp. In einem weiter unten citirten Aufsatz von 1867 (p. 10) hat der nämliche Geologe auch *Megalaspis multiradiata* ANG. (als zusammen mit *Meg. heros* bei Fjecka vorkommend) angegeben.

Aus dem Orthocerenkalk Dalekarliens werden in den „Fragmenta Silurica" von ANGELIN und LINDSTRÖM ausser den bereits genannten noch folgende Arten vorgebracht: *Orthoceras duplex* WAHLENB., *Orthoc. undulato-zonatum* ANG., *Lituites latus* ANG., *Lit. anguinus* ANG. (= der auf meiner Taf. I, Fig. 2, dargestellten Form von *Lit. perfectus* WAHLENB.), *Discoceras subcostatum* ANG. (= *Lit. Decheni* m.), *Trocholites (Palaeonautilus) incongruus* EICHW. sp., *Cyrtoceras cornu-venatorium* ANG., *Cyrtoc. crispulum* ANG., *Pleurotomaria elliptica* HIS. sp., *Cyclonema bicarinatum* WAHLENB., *Subulites nitens* LINDSTR., *Platyostoma? tenuistriatum* LINDSTR., *Platyceras canaliculatum* LINDSTR., *Orthis callactis* DALM. var.

6. Cystideenkalk.

Grauer, meist deutlich geschichteter Kalk mit oder ohne Zwischenlagen von Mergelschiefer, sehr reich an *Caryocystites granatum* WAHLENB. und, zumal oben, an *Echinosphaerites aurantium* GYLLENH. Sonstige Versteinerungen: *Illaenus crassicauda* WAHLENB.[1]), *Nileus Armadillo* DALM., *Symphysurus* sp., *Asaphus raniceps* BOECK (DALM.), *Ptychopyge*-Arten, *Chasmops conicophthalmus* BOECK, *Ch. macroura* SJÖGR. (?), *Phacops sclerops* DALM. (nach TÖRNQVIST wahrscheinlich im Cystideenkalk?), *Cheirurus exsul* BEYR.,

---

[1]) In einer kürzlich erschienenen sorgfältigen Darstellung von G. HOLM in Stockholm (Zeitschr. d. deutsch. geolog. Ges., XXXII. p. 559) ist der echte *Illaenus crassicauda* WAHLENBERG's (Petrific. Tell. Suecanae, p. 27, T. II. Fig. 5—6) zuerst genau beschrieben und abgegrenzt worden. Dieses sehr seltene Fossil, kenntlich besonders an den zu ohrenartigen Spitzen nach aussen und oben aufsteigenden Augenhöckern, wurde in Schweden bisher nur in Dalekarlien angetroffen und scheint daselbst nach den obenstehenden Angaben TÖRNQVIST's, wie auch HOLM bemerkt, den Grenzlagern des Cystideenkalks und Orthocerenkalks anzugehören; das einzige bis jetzt von dort bekannte vollständige Specimen ist WAHLENBERG's Urstück. Interessant ist es, dass ein vorzügliches Exemplar jener Originalart in einem der Sorauer Geschiebe von grauem Orthocerenkalk vorliegt, welches dem Berliner paläontol. Museum gehört (cf. DAMES, Zeitschr. d. deutsch. geolog. Ges., XXXII. p. 819). Viel häufiger in den schwedischen Orthocerenkalken, und auch mehrfach in norddeutschen Geschieben beobachtet, ist eine zweite Art, welche WAHLENBERG etwas später und demnächst auch DALMAN unter demselben Speciesnamen beschrieben hat. Diese, der eigentliche *Ill. crassicauda* auct., kommt in zwei Varietäten vor, welche HOLM folgendermaassen benennt: a) *Ill. Dalmani* VOLB. = *Ill. crassicaudae* var. *Dalmani* bei v. VOLBORTH (russ. Trilobiten, pag. 13), mit beträchtlich gewölbter Glabella, in Schweden, Norwegen und den russischen Orthocerenkalken allgemein verbreitet; b) *Ill. Dalmani* var. *Volborthi* = *Ill. crassicauda* WAHLENB. bei v. VOLBORTH (ib. pag. 10), mit flacher Glabella, nach STEINHARDT in den ostpreussischen Geschieben häufiger.

Remopleurides sp. (ähnlich *R. radians* BARR.), *Euomphalus Gualteriatus* SCHLOTH. var., *Pleurotomaria elliptica* HIS. sp., *Leptaena imbrex* PAND., *L. sericea* Sil. Syst., *L. quinquecostata* M'COY, *Spirifer (Platystrophia) lynx* EICHW., *Monticulipora Petropolitana* (gemein), endlich Bryozoen, Crinoïden-Stiele und *Diplograptus* sp. (t. LINNARSSON).

Bei Furudal, wo das Gestein dunkler, sehr dickschichtig und fast frei von Schieferlagen ist, beobachtete LINNARSSON im Cystideenkalk ausser mehreren der vorgenannten Arten: *Ptychopyge* cf. *glabrata* ANG., *Beyrichia costata* LINRS., *Primitia strangulata* SALT., eine reguläre Orthoceratiten-Art und *Strophomena* sp.

Auf dem eigentlichen Cystideenkalk lagert zunächst als Zwischenglied von geringer Mächtigkeit ein grauer knolliger Kalkstein, in welchem keine Sphäroniten beobachtet wurden, und bei dem es noch zweifelhaft ist, wohin er gerechnet werden soll.

7. Trinucleusschiefer.

Aus drei Schieferlagen mit zwischenliegendem Kalk bestehend.

a) Grauer oder graugrüner Mergelschiefer.

Versteinerungen: *Chasmops macroura* SJÖGR., *Trinucleus seticornis* HIS., *Remopleurides (Brachypleura) 4-lineatus* ANG. (= *Rem. radians* nach LINNARSSON), *Sphaerocoryphe granulata* ANG., *Illaenus limbatus* LINRS. (nach LINNARSSON wahrscheinlich = *Ill. glaber* KJER.), *Illaenus* sp., *Leptaena sericea* Sil. Syst., *Lept. quinquecostata* M'COY, *Lept.* sp., *Orthis parva* PAND. (?), *Spirifer (Platystrophia) lynx* EICHW., *Cyathaxonia? Törnqvisti* LINDSTR. (von LINDSTRÖM gegenwärtig zu seiner neuen Gattung *Coelostylis* gestellt, von TÖRNQVIST früher als *Streptelasma corniculum* HALL = *Streptel. Europaeum* F. ROEM. bezeichnet), *Monticulipora Petropolitana* PAND., *Cladopora aedilis* EICHW. (?) nebst verschiedenen Bryozoen. Von LINNARSSON wurden noch *Bellerophon* sp., *Pleurotomaria* sp., *Strophomena* sp. und *Ptilodictya* sp. angeführt[1]).

---

[1]) LINNARSSON giebt der Etage des Cystideenkalks (6) mit Einschluss der untersten Lage von TÖRNQVIST's Trinucleusschiefer-Zone (7. a) den Namen Chasmopskalk, indem er bemerkt, dass dieser Schichtencomplex mit seinem Beyrichiakalk in Westgothland äquivalent und die entsprechende Bildung in Norwegen von KJERULF als Chasmopsregion bezeichnet worden sei. Diese Benennung sei nicht allein die ältere, sondern auch deshalb besonders glücklich gewählt, weil sie auf einen für die ganze Ablagerung vorzugsweise bezeichnenden Gattungstypus hinweise. Hiergegen wird jedoch von TÖRNQVIST eingewendet, dass KJERULF den Namen „Chasmopskalk" für seine 4. norwegische Etage aufgestellt habe, der die Sphäroniten fehlten, und welche den dalekarlischen Trinucleusschiefer (7) umfasse, während KJERULF's 3. Etage faunistisch z.Th. ein Parallelglied des Cystideenkalks sei. Indessen ist nicht zu läugnen, dass der Ausdruck „Chasmopskalk" in dem von LINNARSSON gebrauchten Sinne sich ziemlich allgemein bei den schwedischen Geologen eingebürgert hat. Letzterer Forscher schrieb mir aber doch, dass man den dalekarlischen Chasmopskalk in zwei Abtheilungen zerlegen müsse, von denen die untere mit dem Cystideenkalk TÖRNQVIST's zusammenfällt.

Aus dem Chasmopskalk Dalarnes wird fernerhin angegeben *Orthis Actoniae* Sow. (?) und *Orthis (Platystrophia) dorsata* HIS. (Fragmenta Silurica, p. 27 u. 28).

b) Härterer grauer Kalk.

Theilweise sehr knorrig oder breccienartig und von dünnen Kalkspathpartien durchzogen; von LINNARSSON keine Versteinerungen, von TÖRNQVIST bloss eine *Orthis*-Art darin beobachtet. Nach Ersterem ist das Gestein im Aussehen ähnlich einem in Westgothland (besonders an der Kinnekulle und am Billingen) im tieferen Theil des Trinucleusschiefers auftretenden Kalk.

c) Schwarzer Trinucleusschiefer.

Dünnblättriger Thonschiefer von schwarzer Farbe. Häufigste Versteinerungen: *Trinucleus seticornis* HIS., *Tr. affinis* ANG., *Ampyx tetragonus* ANG. (nach LINNARSSON identisch mit *Raphiophorus depressus* ANG.), *Remopleurides radians* BARR., *Proetus* sp., *Calymene* sp., *Orthoceras* sp., *Orthis argentea* HIS., *Leptaena sericea* Sil. Syst., *Leptaena* sp., *Lingula* (*Obolella?*) *nitens* HIS., *Discina* sp., *Diplograptus pristis* HIS. und *Didymograptus* sp., denen TÖRNQVIST später noch zwei *Dicellograptus*-Arten (darunter *Dic. anceps* NICHOLS.) hinzugefügt hat. Seltener sind *Telephus Wegelini* ANG., *Lonchodomas* sp. und *Triarthrus* sp.[1]).

d) Grauer Kalk

in etlichen Bänken und wenig mächtig. Versteinerungen spärlich; von TÖRNQVIST *Remopleurides* sp. und sonst nur unbestimmbare Fragmente beobachtet, nach LINNARSSON *Proetus* sp. und *Murchisonia* sp.

e) Rother (resp. rothbrauner) Mergelschiefer oder mergeliger Kalk.

Wieder mehr Versteinerungen, aber meistens nur in Fragmenten: *Remopleurides radians* BARR. (?), *Trinucleus* cf. *seticornis* HIS., *Agnostus trinodus* SALTER (zu Gulleråsen nach LINNARSSON), *Proetus* sp., *Leptaena sericea* Sil. Syst. und andere Arten desselben Genus, *Orthis* und *Discina* sp.

Auf den rothen Trinucleusmergel folgt als Zwischenglied von zweifelhafter Stellung ein harter, grauer, kleinkörniger Kalk mit *Orthis* sp., der nach STOLPE möglicherweise mit LINNARSSON's Brachiopodenschiefer in Westgothland übereinstimmt. TÖRNQVIST äussert Zweifel darüber, und LINNARSSON selbst bemerkt, dass sein Brachiopodenschiefer in Dalekarlien noch nicht sicher nachgewiesen sei.

---

[1]) LINNARSSON giebt an, dass auch ein Cirrhopode, wahrscheinlich zu *Turrilepas* H. WOODWARD gehörig, hier vorkomme. Letzterer hat dieses zu den Rankenfüssern gerechnete Genus aus dem Wenlock-Schiefer von Dudley beschrieben (cf. Neues Jahrb. für Mineralogie u. s. w., Jahrg. 1866, p. 126), während sonst oft behauptet worden ist, dass jene Crustaceen-Familie den paläozoischen Gebilden fremd sei.

Aus dem schwarzen Trinucleusschiefer von Draggå in Dalarne bringen die „Fragmenta Silurica" (p. 18 und 29) ferner noch: *Nucula?* spec. indet., *Strophomena arachnoidea* TÖRNQV. in lit. und *Leptaena quinquecostata* M'COY var.

8. Oberer Graptolithenschiefer.

a) Kallholnkalk.

Harter, deutlich geschichteter Kalkstein oder Mergelschiefer, theils auch Kalkbänke (ähnlich dem Stygforskalk, aber dunkler) mit zwischenliegenden Schieferblättern. Versteinerungen: *Climacograptus teretiusculus* HIS. (nach TÖRNQVIST identisch mit *Diplograptus rectangularis* M'COY, den LINNARSSON aus dem Schiefer ad b von Kallholn und Enån im Kirchspiel Orsa anführt), *Orthis argentea* HIS. und *Leptaena sericea*.

b) Kallholnschiefer.

Dunkelgrauer bis schwarzer Thonschiefer mit sphäroïdischen Knollen von beinahe schwarzem bituminösem Kalk oder mit Mergelconcretionen. Versteinerungen: *Climacograptus teretiusculus* HIS., *Diplograptus pristis* HIS., *Dipl. palmeus* BARR., *Graptolithus (Monograptus) sagittarius* HIS., *Gr. Beckii* BARR., *Gr. convolutus* HIS., *Rastrites peregrinus* BARR., *Orthis argentea* HIS., *Leptaena sericea*, *Orthoceras*-Reste, *Proetus* sp., *Calymene* sp.

c) Osmundsbergschiefer.

Fast schwarzer Schiefer mit *Graptolithus (Monograptus) turriculatus* BARR., *Gr. proteus* BARR. (?) und wenigen, schlecht erhaltenen Trilobitenfragmenten. Findet sich in unmittelbarem Contact mit dem Leptaenakalk, ohne dass sich die nähere stratigraphische Beziehung beider zueinander feststellen liess. Die Lagerungsverhältnisse scheinen am Osmundsberg, wo der fragliche Schiefer auftritt, nicht normal zu sein. TÖRNQVIST hat letzteren jedoch später, als Aequivalent von LAPWORTH's Zone des *Rastrites maximus* CARR. in Schottland, in den oberen Theil des sogen. Lobiferusschiefers (s. die nächste Anm.) verlegt, und zugleich noch aus demselben eine Form des *Monograptus spiralis* GEIN. angegeben.

d) Stygforskalk (Cementkalk).

Bestehend aus dünnen harten Bänken eines unreinen, schiefrigen, röthlichen oder bläulichen Kalks mit zwischengelagerten dünneren oder dickeren Schieferpartien. Versteinerungen: *Graptolithus (Monograptus) priodon* BRONN, *Gr. convolutus* HIS., *Retiolites Geinitzianus* BARR., *Arethusina* sp., *Euomphalus* sp., *Spirigerina* sp. und *Favosites Lonsdalei* D'ORB. Bei Stygforsen findet sich nach G. LINDSTRÖM auch *Favosites Forbesii* EDW. & HAIME (Privatmittheilung).

Die Lagerung dieses Gliedes unter dem nächstfolgenden unterliegt noch einigem Zweifel, beide stehen aber jedenfalls in naher Beziehung zueinander.

e) Stygforsschiefer (Sphaeroïdenschiefer).

Ziemlich lockerer und stark zerklüfteter, graublauer oder grünlicher Schiefer mit linsen- oder kugelförmigen Mergelconcretionen. Fauna wesentlich mit der des Stygforskalks übereinstimmend, die Graptolithen des letzteren zeigen sich hier in zahlloser Menge; ausserdem spärlichere Reste regulärer Orthoceratiten und nach TÖRNQVIST eine *Cryptonymus*-Art, verwandt mit *Crypt. (Encrinurus) punctatus* WAHLENB. sp.[1]).

9. Leptaenakalk.

Dieses Glied, das jüngste untersilurische Gebilde in Schweden, war von HISINGER und MURCHISON noch mit den älteren Silurkalken vereinigt worden, und wurde zuerst durch ANGELIN davon getrennt, welcher es als Typus seiner Regio VII Harparum = D E ansah (Palaeont. Scandin. p. VII). Erst TÖRNQVIST hat es genauer untersucht, und

---

[1]) TÖRNQVIST erklärte in seiner eingangs citirten Arbeit (p. 25), dass es, vorbehaltlich späterer genauerer Untersuchungen, gerechtfertigt sein möchte, den unter 8. a bis e excl. c angeführten Schichtencomplex in 2 Hauptzonen, die Kallholn- und die Stygfors-Zone, zu theilen, denen nach den bisherigen Ermittlungen nur 2 Fossilien, *Graptolithus convolutus* und *Leptaena sericea*, gemeinsam seien. In späteren Aufsätzen (s. speciell „Några jakttagelser öfver Dalarnes graptolitskiffrar", Geolog. Fören. Förhandl., Bd. IV. Nr. 14, 1879) unterscheidet er beim oberen Graptolithenschiefer Dalekarliens, ebenso wie in Schonen und Ostgothland, noch bestimmter (abgesehen von der Aufstellung mehrerer untergeordneter Schieferzonen) folgende zwei Hauptstufen: 1. Lobiferusschiefer (Kallholn, Gulleråsen etc.) mit *Monograptus leptotheca* LAPWORTH, *Diplograptus cometa* GEINITZ, *Monogr. Sedgwickii* PORTL. (= *M. spinigerus* LAPW. angenommen), *M. Hisingeri* CARRUTHERS, *M. lobiferus* M'COY, *M. spiralis* GEIN., *Rastrites peregrinus* BARR., *Climacograptus scalaris* HIS. var. norm. LAPW., *Diplograptus palmeus* BARR. var. *superstes* TÖRNQV. u. s. w.; 2. Retiolitesschiefer (Stygforsen etc.) mit *Retiolites Geinitzianus* BARR., *Monograptus priodon* BRONN u. s. w. LINNARSSON (ib. Bd. IV. Nr. 9, p. 256) nennt als eine gemeine Art des dalekarlischen Retiolitesschiefers noch *Monograptus vomerinus* NICHOLS., bemerkt aber ausserdem, dass die dortige, früher stets für *Monogr. convolutus* HIS. — wozu schon GEINITZ, Graptolithen, p. 45, einen Theil seines *Monogr. spiralis* gerechnet hat — ausgegebene Form vielleicht ein *Cyrtograptus* sei. Von TÖRNQVIST (loc. cit. p. 455) wird dies jedoch entschieden bestritten, indem er hier zugleich den fraglichen Graptolithen als *Monogr. spiralis* var. *subconica* aufführt.

Später noch hat TÖRNQVIST (Om några graptoliter från Dalarne, Geol. För. Förh., Bd. V. Nr. 10, 1881, p. 434) aus dem Retiolitesschiefer von Styforsen und Nitsjö mehrere neue Arten (*Monogr. cultellus, nodifer, crenulatus, continens*) beschrieben, sowie *Monogr. sartorius* nov. sp. aus einer Schicht, welche dessen Unterlage bei Kallholn bildet und als oberster Abschluss des Lobiferusschiefers aufgefasst wird. Darin findet sich neben *Diplograptus palmeus* var. *superstes* TÖRNQV. auch schon *Monogr. priodon*, obwohl diese Art ganz hauptsächlich dem Retiolitesschiefer angehört und in allen dessen Theilen gemein ist. Zunächst darunter soll der Schiefer 8. c mit *Monogr. turriculatus* BARR. liegen (ib. Bd. IV. Nr. 14, p. 453 u. 456).

Aus dem Retiolitesschiefer von Stygforsen erwähnen die „Fragmenta Silurica" (p. 34 u. 35) noch zwei Korallen-Arten: *Cyathophyllum dalecarlicum* LINDSTR. und *Syringopora* sp.

Erwähnung verdient hier endlich ein eigenthümlicher Graptolithenschiefer, den schon HISINGER von Furudal kannte und TÖRNQVIST auch bei Enån beobachtet hat (Öfvers. etc., 1874. Nr. 4, p. 22, und Geol. För. Förh., Bd. IV. Nr. 14, p. 454). Derselbe enthält vorzugsweise *Diplograptus folium* HIS., „*Rastrites peregrinus* var. *convolutus* HIS." und *Monograptus spiralis* (?). Obwohl sicher zum Lobiferusschiefer gehörig, hat sich doch seine nähere Beziehung zu andern Theilen dieser Zone nicht nachweisen lassen.

ausser in der eingangs (p. XXVII) erwähnten Arbeit von 1874 bereits in zwei früheren Aufsätzen[1]) besprochen. Dem Alter nach glaubte er die Ablagerung mit KJERULF's Etage 5. α in Norwegen und dem englischen Llandovery (zunächst vielleicht mit dessen unterem Theil) vergleichen zu müssen; FR. SCHMIDT hatte schon vorher[2]) auf eine grosse Uebereinstimmung zwischen den hierher gehörigen Schichten des Osmundsbergs und den höheren untersilurischen Bildungen in Ehstland, nämlich der Lyckholmer und Borkholmer Zone, hingewiesen, und hat dann später[3]) den schwedischen Leptaenakalk in bestimmterer Weise für ein Parallelglied der Borkholm'schen Schicht erklärt. Der Name Leptaenakalk wurde von TÖRNQVIST, nachdem er anfangs den Ausdruck „Crinoidenkalk" gebraucht hatte, in der Abhandlung von 1871 vorgeschlagen wegen der besonderen Wichtigkeit, welche das betreffende Brachiopodengeschlecht hier zeigt, und weil er meinte, dass von 14 in Dalarne gefundenen *Leptaena*-Arten 10 der fraglichen Stufe angehörten. Die Etage, deren Gesammtmächtigkeit auf mindestens 500 schwed. Fuss oder beinahe 150 Meter zu veranschlagen ist, besteht aus weissen, grauen oder rothen, stellenweise auch schwarz gefärbten Kalken, zumeist von richtungsloser Textur, jedoch in gewissen, mit Crinoïdengliedern überfüllten Horizonten plattig abgesondert mit eingeschalteten Thon- oder Schieferpartien.

Eine Sonderung des Leptaenakalks in scharf begrenzte Unterabtheilungen erscheint nicht durchführbar: obschon in den oberen Theilen mehrere Arten hinzutreten, die unten fehlen, und namentlich Korallen dort eine grössere Bedeutung erlangen, bewahrt die Fauna doch im Ganzen einen sehr gleichartigen Charakter. Dieselbe ist an Gattungen und Arten äusserst reich. Von Korallen werden genannt: *Favosites Forbesii* E. & H., *Heliolites favosus* M'COY[4]), *Halysites escharoides* LAMCK., *Plasmopora conferta* E. & H., *Syringophyllum organum* L. Ausser den Crinoïdengliedern werden noch cystideenartige Körper, sodann Bryozoen erwähnt. Am grössten in der ganzen Bildung ist aber die Zahl der Brachiopoden, vornehmlich durch die Gattungen *Leptaena* (incl. *Strophomena*) und *Orthis* repräsentirt. Als gemeinste Arten erscheinen *Leptaena quinquecostata* M'COY, *Lept. equestris* EICHW. (?), *Lept.* sp., *Spirifer* (*Platystrophia*)

---

[1]) Om lagerföljden i Dalarnes undersiluriska bildningar, Lund 1867, p. 7—8 u. p. 16; Geologiska jakttagelser öfver den kambriska och siluriska lagföljden i Siljanstrakten, Öfvers. etc., 1871. Nr. 1, p. 89.

[2]) Beitrag zur Geologie der Insel Gotland, im Archiv f. d. Naturkunde Liv-, Ehst- und Kurlands, Ser. I, Bd. II. p. 459 (Dorpat 1859).

[3]) cf. Zeitschr. d. deutsch. geolog. Ges., XXV. p. 696, in LINNARSSON's Bericht über eine Reise nach Böhmen u. d. russ. Ostseeprovinzen im Sommer 1872.

[4]) So bei TÖRNQVIST 1874 aufgeführt nach LINDSTRÖM, Förteckning på svenska undersiluriska Koraller, Öfvers. etc., 1873. Nr. 4, p. 23; jetzt von letzterem Autor (wie auch 1867 schon von TÖRNQVIST) zu *Heliolites dubius* FR. SCHMIDT gerechnet.

lynx EICHW., *Spirigerina marginalis* DALM.[1]), *Pentamerus angulosus* TÖRNQV. (nach LINDSTRÖM zur Gattung *Camerella* BILLINGS gehörig) und *Rhynchonella* sp.[2]); für die crinoïdenreichen Bänke werden die erstgenannte *Leptaena* und *Orthis biloba* LINNÉ speciell hervorgehoben. In TÖRNQVIST's Arbeit von 1867 sind weiterhin angegeben: *Leptaena transversalis* DALM. und var. *plicata*, *Strophomena rhomboidalis* WAHLENB. var. *rugosa* DALM., *Stroph.* (*Orthis*) *pecten* DALM., *Orthis obtusa* PAND. (?), *O. calligramma* DALM., 3 Arten von „*Pentamerus*" ausser der genannten, *Patella antiquissima* HIS. (vielleicht eine *Discina*), und von Bryozoen *Stictopora scalpelliformis* EICHW. Seltener sind im Allgemeinen Lamellibranchiaten, Gastropoden und Cephalopoden, worunter *Macrocheilus fusiformis* SOW. (?) und *Lituites cornu-arietis* SOW. (?) namhaft gemacht werden. Dagegen zeigt sich wieder ein grosser Reichthum an Trilobiten: *Lichas dalecarlica* ANG., *L. cicatricosa* ANG., *Sphaerocoryphe granulata* ANG., *Sphaerexochus angustifrons* ANG. (gemein), *Sphaerex. conformis* ANG., *Cheirurus speciosus* HIS., *Platymetopus planifrons* ANG., *Pl. lineatus* ANG., *Bronteus laticauda* WAHLENB. (in den höheren Partien), *Isocolus Sjögreni* ANG., *Forbesia brevifrons* ANG., *Cryptonymus* (*Encrinurus*) *multisegmentatus* PORTL. (?), sodann noch mehrere specifisch nicht bestimmbare[3]) oder von ANGELIN angeführte Arten[4]); ferner findet sich ein Ostracode: *Leperditia brachynotos* FR. SCHMIDT.

Von der Parallelisirung des Leptaenakalks mit dem Lower Llandovery sind die schwedischen Geologen jetzt so ziemlich zurückgekommen, und betrachten denselben als namhaft jünger. Nach TÖRNQVIST ist es zum wenigsten höchst wahrscheinlich, dass diese merkwürdige Bildung in Dalarne den Retiolitesschiefer überlagert, und im Allgemeinen gilt heute in Schweden der Leptaenakalk für jünger als die obersten Graptolithenschiefer Dalarnes sowohl, als West- und Ostgothlands. Auf letztere folgt aber in Schonen noch ein sehr mächtiges, zuerst von LINNARSSON unterschiedenes graptolithenführendes Schichtensystem, welches in seiner untern Partie durch eine Menge von *Cyrtograptus*-Arten charakterisirt ist. Einem Theil dieser Cyrtograptusschiefer ist nun nach LINNARSSON's Auffassung der Leptaenakalk vielleicht äquivalent,

---

[1]) Die echte *Spirigerina* (*Terebratula*) oder richtiger *Atrypa marginalis* DALM. kommt nur obersilurisch vor.

[2]) Bei Östbjörka und am Osmundsberg soll der Kalk stellenweise in solchem Grade von Resten einer *Spirigera* (*Athyris?*) erfüllt sein, dass die umhüllende Gesteinsmasse nur noch als ein zurücktretendes Bindemittel erscheint.

[3]) Darunter *Remopleurides sp.* und ein *Illaenus* mit 9 Thoraxgliedern, der hiernach zu *Dysplanus* BURMEISTER zu rechnen wäre. LINNARSSON nannte mir auch die Gattung *Telephus*.

[4]) Letztere sind: *Cheirurus glaber*, *Cheir. punctatus*, *Sphaerexochus Wegelini*, *Deiphon laevis*, *Deiph. punctatus*, *Harpes Wegelini*, *Harp. costatus*, *Cryptonymus* (*Cybele*) *striatus*, *Cybele brevicauda* und *Bronteus? nudus* (sämmtlich von ANGELIN selbst aufgestellt).

und danach wäre letzterer bereits von obersilurischem Alter. Allerdings stützt sich diese Annahme, wie ich aus einem Schreiben des eben genannten Forschers entnehme, bloss auf die äussere Stellung in der Schichtenfolge, da die beiderseitigen Faunen total verschieden sind; immerhin muss ihr auch die unverkennbare faunistische Analogie mit der Borkholm'schen Schicht entgegengehalten werden.

Aus einem weiteren Briefe LINNARSSON's sei hier noch Folgendes mitgetheilt. Der unter dem Leptaenakalk liegende Retiolitesschiefer enthält schon eine obersilurische Fauna (z. B. *Arethusina* und eine obersilurische *Phacops*-Art) und ist nicht älter als die Upper Gala Group, während eine zwischen dem Lobiferus- und Retiolitesschiefer liegende Schieferbildung, über die ein im Mai-Heft 1881 der „Geolog. Fören. Förhandlingar" erscheinender Aufsatz von LINNARSSON handelt, dem Lower Gala entspricht. Wenn man also lediglich nach den beobachteten Lagerungsverhältnissen urtheilen will, so erscheint der Leptaenakalk jünger als die Gala-Gruppe in Schottland und somit auch als das englische Llandovery. Indessen ist seine Fauna mit keiner britischen zu vergleichen. Dazu kommt, dass dieselbe nur wenige bekannte obersilurische Arten, hingegen einige untersilurische Genera, wie *Cybele*, *Telephus*, *Remopleurides* und *Porambonites*, aufweist. Die Stellung des Leptaenakalks ist somit etwas räthselhaft.

Bei Rättvik am Siljansee tritt ein eigenthümlicher Kalksandstein von weisser oder hellrother Farbe mit dunkelgrünen Knötchen auf, welchen TÖRNQVIST, obwohl keine Versteinerungen darin gefunden wurden und auch über die Lagerung kein näherer Aufschluss zu gewinnen war, vorläufig dem Leptaenakalk anschliesst.

Die in ANGELIN's und LINDSTRÖM's „Fragmenta Silurica" aus dem schwedischen Leptaenakalk mitgetheilten Fossilien werden bei den zugehörigen Geschieben zur Sprache kommen.

II. Nerike.

Nach LINNARSSON[1]).

A. Cambrische Formation.

1. Sandstein mit Psammichnites und Scolithus.

Von egalem feinem Korn und mit ziemlich spärlichem Bindemittel, nicht sehr hart, hellgrau, öfter mit einem Stich ins Gelbliche. Darin *Psammichnites gigas* und *Gumaelii* TOR. und *Scolithus pusillus* TOR.

---

[1]) Öfversigt af Nerikes öfvergångsbildningar, Öfvers. af Kongl. Vetensk.-Akad. Förhandl., 1875. Nr. 5.

Entspricht petrographisch und durch die Art des Vorkommens dem Fucoïdensandstein von der Kinnekulle und Falbygden. Eine tiefere, dem Eophytonsandstein Westgothlands analoge Sandsteinablagerung wurde in Nerike anstehend noch nicht beobachtet; doch findet man an gewissen Stellen dieses Gebietes zahlreiche lose Blöcke, welche einerseits dem typischen Eophytonsandstein in Westgothland, einem härteren, mehr quarzitähnlichen Gestein, andererseits dem an dessen Basis auftretenden Conglomerat gleichen (s. unten). Das Muttergebirge dieser Blöcke ist wohl in Nerike selbst zu suchen. Uebrigens erscheint der zuerst erwähnte Sandstein an der Oberfläche vorwiegend auch in Trümmern, deren Verbreitung eine sehr bedeutende ist.

2. Paradoxidesschiefer.

Schiefer und Kalke[1]).

a) Zone des Paradoxides Tessini.

Bläulichgrüner Schieferthon mit eingelagertem blaugrauem oder grüngrauem Kalk. Häufigste Versteinerungen: *Paradoxides Tessini* BRONGN. und *Ellipsocephalus muticus* LINRS. (non ANG.)[2]). Ferner *Liostracus aculeatus* ANG., *Agnostus gibbus* LINRS. und *Agn. fallax* LINRS.

Petrographisch ist zwar diese Ablagerung ähnlich der auf Oeland nach SJÖGREN über dem dortigen Sandsteinschiefer mit *Paradoxides Tessini* liegenden Schicht, jedoch enthält letztere eine andere Fauna (*Paradoxides Oelandicus* SJÖGR. etc.).

b) Zone des Paradoxides Forchhammeri Ang. (Andrarumkalk).

Führt ausser der genannten *Paradoxides*-Art *Orthis exporrecta* LINRS.[3]) und *Acrothele coriacea* LINRS.

---

[1]) In petrographischer Hinsicht sind in der ganzen Schieferablagerung Nerikes (incl. 3) zwei scharf geschiedene Glieder zu unterscheiden, ein unteres, hauptsächlich von bläulichgrünem Schieferthon gebildetes und ein oberes, welches aus schwarzem Alaunschiefer mit Stinkkalk besteht und alle Etagen über 2. a bis zur oberen Grenze des Olenusschiefers umfasst. Die paläontologischen Hauptabtheilungen fallen mit den petrographischen nicht zusammen.

Die Uebergangsbildungen in Nerike überhaupt stehen am nächsten denen in Westgothland, ein Theil der cambrischen Schieferschichten ist jedoch schwächer entwickelt. Von den drei Etagen des Paradoxidesschiefers und den zweien des Olenusschiefers, welche LINNARSSON in Westgothland unterschieden hat, sind nur die untere des ersteren und die beiden letzteren in Nerike gut entwickelt, die beiden oberen des Paradoxidesschiefers dagegen sehr unvollkommen.

[2]) cf. loc. cit. pag. 40, Taf. V. Fig. 4—7. Dass die genannte Art von ANGELIN's *Ellipsocephalus* (*Liostracus*) *muticus* verschieden sei, hat LINNARSSON in einer späteren Arbeit v. 1877 (Om Faunan i lagren med Paradoxides Oelandicus, p. 15) ausgesprochen, und dieselbe zugleich mit dem Namen *Ellipsocephalus granulatus* neu benannt. Ebendaselbst wird aber noch bemerkt, dass auch der echte *Ellipsocephalus muticus* ANG. sp., wie auf Oeland, so auch in Nerike in der gegenwärtig betrachteten Zone vorkomme.

[3]) Beschrieben in LINNARSSON's Abhandlung „On the Brachiopoda of the Paradoxides beds of Sweden", Stockholm 1876, p. 12, Taf. II. Fig. 13—19 u. Taf. III. Fig. 20, 21.

c) Zone des Agnostus laevigatus Dalm.

Enthält ausser dieser Art *Liostracus costatus* Ang., *Leperditia primordialis* Linrs. und höchst selten *Kutorgina cingulata* Bill. var. *pusilla* Linrs.[1]).

Die schwach ausgebildeten Zonen b und c bestehen bereits aus Alaunschiefer mit Stinkkalk (vgl. die 1. Anm. zu vor. S.).

3. Olenusschiefer.

Schwarzer dünnblättriger Alaunschiefer mit dunkelgrauem bis schwarzem, theils dichtem, theils krystallinischem und dann auch öfter stengeligem Stinkkalk in Concretionen oder zusammenhangenden Bänken.

a) Untere Stufe.

Ueberall in Nerike am meisten constant und am besten entwickelt, mit *Olenus gibbosus* Dalm., *Ol. truncatus* Brünnich und *Agnostus pisiformis* Linné sp., selten *Agn. reticulatus* Ang., *Lingula* sp. und *Acrotreta socialis* v. Seebach (?).

b) Stufe der Beyrichia Angelini Barr.[2]).

Ganz isolirt bei Tomta auftretend.

c) Parabolina-Stufe.

Mit *Olenus (Parabolina) spinulosus* Wahlenb. und *Orthis lenticularis* Wahlenb. Nur an einigen Stellen beobachtet, an andern fehlend.

d) Stufe des Leptoplastus stenotus Ang.[3]).

Bloss bei Hjulsta nachgewiesen.

e) Obere oder Peltura-Stufe.

Hauptsächlich durch 2 Trilobiten, *Olenus (Peltura) scarabaeoïdes* Wahlenb. sp. und *Sphaerophthalmus alatus* Boeck sp., charakterisirt; ausserdem nur noch *Lingula* s. *Lingulella* sp. indet. Von relativ bedeutender Mächtigkeit und in den meisten Schieferbrüchen zugänglich.

B. Untersilurformation.

4. Orthocerenkalk.

Ist vorzugsweise dem entsprechenden Schichtensystem in West- und Ostgothland analog. Mehrere Abtheilungen sind zu unterscheiden, die aber doch weniger scharf begrenzt sind als die des unterliegenden Schiefercomplexes.

a) Glaukonitkalk.

Phosphoritführend, und dem von Falbygden in Westgothland in petrographischer Beziehung sowie durch die Lagerung vollkommen entsprechend, Glaukonit in zahl-

---

[1]) Brachiop. of the Parad. beds, p. 25, Taf. IV. Fig. 53 u. 54.
[2]) Nerikes öfvergångsbildn. p. 45, Taf. V. Fig. 11.
[3]) ib. p. 43, Taf. V. Fig. 8—10.

reichen kleinen schwärzlichgrünen Körnern; Phosphorit fast nur im untersten Theil des wenig mächtigen Lagers, in unregelmässig geformten, verschieden grossen, doch selten über 1 Zoll dicken Knollen, wodurch das Gestein theilweise ein conglomeratartiges Aussehen gewinnt; daneben reichlich Schwefelkies.

An Versteinerungen ist dieser Glaukonitkalk, besonders der phosphoritführende, äusserst arm. Eigenthümliche Arten scheint das Gestein nicht zu enthalten, sondern nur höchst spärliche Repräsentanten einiger Formen des unmittelbar überliegenden Kalks. Jedoch wurden bei Hällebråten (Kirchspiel Kumla) zahlreichere Exemplare von *Orthis parva* PANDER im Glaukonitkalk gefunden.

b) Meist dickschichtiger, grünlich- bis bläulichgrauer Kalk.

Versteinerungen ziemlich reichlich, jedoch in geringer Artenzahl. Am häufigsten *Megalaspis planilimbata* ANG., welche Art auch anderwärts in Schweden in demselben Niveau häufig ist. Sodann *Symphysurus breviceps* ANG., *Niobe laeviceps* DALM. und *Orthis parva* PAND. (?) Höchst selten sind einige andere Trilobiten, wie *Harpes excavatus* LINRS. (loc. cit. p. 38, Taf. V. Fig. 1—3) und *Symphysurus socialis* LINRS.

Auch dieses Glied hat petrographisch wie faunistisch sein vollständiges Analogon in einer Kalksteinzone, welche dieselbe Stelle in der Schichtenfolge in Falbygden einnimmt.

c) Festerer, mehr dünnschichtiger Kalk.

Von schwach röthlicher, auf den Absonderungsflächen jedoch bläulicher Farbe. Relativ arm an organischen Ueberresten, welche insgemein auch undeutlicher als in dem vorigen Gliede sind, von dem übrigens das gegenwärtige sich nicht scharf scheidet. Am gewöhnlichsten *Nileus Armadillo* DALM., nicht selten in vollständigen Exemplaren, und *Megalaspis planilimbata*; auch kommt *Cheirurus clavifrons* DALM. bereits vor. Daneben zeigen sich hier die ersten Orthoceratiten, aber noch sehr sparsam; ferner *Euomphalus obvallatus* WAHLENB. (= *Gualteriatus* SCHLOTH.).

In demselben Niveau erscheint in Falbygden ein Kalk, der nur durch seine weissliche Farbe abweicht.

d) Grauer (resp. grünlichgrauer) Kalk.

Namentlich an den mehr oder weniger thonigen oder mergeligen Ablösungsstellen hat das Gestein eine grünliche Nüance, untergeordnet zeigt es auch einen Stich ins Bläuliche. Die ziemlich reiche Fauna entspricht fast durchweg der des fossilreichen grauen Orthocerenkalks von Husbyfjöl und a. O. in Ostgothland. Als besonders wichtig sind zu nennen: *Asaphus expansus* DALM. (LINNÉ), *Ptychopyge angustifrons* DALM., *Niobe frontalis* DALM., *Symphysurus palpebrosus* DALM., *Illaenus crassicauda* WAHLENB. (vgl. S. XXX), *Dysplanus centrotus* DALM. und *Cheirurus (Cyrtometopus) clavifrons* DALM. Hieran reihen sich noch einige andere Arten (namentlich von

Yxhult, einem Hauptfundorte für Trilobiten des Orthocerenkalks in Schweden, und von Lanna): *Phacops sclerops* DALM., *Cheirurus ornatus* DALM., *Amphion Fischeri* EICHW., *Cybele bellatula* DALM., *Lichas celorrhin* ANG., *Megalaspis extenuata* WAHLENB., *Megalaspis* nov. sp., *Asaphus raniceps* DALM., *Nileus Armadillo* DALM. und *Ampyx nasutus* DALM. Orthoceratiten wurden ziemlich sparsam gefunden, darunter *Orthoceras trochleare* HIS. und *commune* WAHLENB. sowie eine nicht näher bestimmbare reguläre Form. Im Uebrigen fast nur noch einige wenige Brachiopoden (*Orthis calligramma* DALM., *Leptaena* sp.), und vereinzelt *Pleurotomaria* sp., *Monticulipora Petropolitana* PAND. (?) sowie *Ptilodictya* sp.

Die oberen Schichten des Orthocerenkalks in Ost- und Westgothland sowie Dalarne wurden anstehend in Nerike nicht beobachtet; nur einmal fand LINNARSSON hier als losen Stein einen rothen Kalk mit Orthoceratiten, der einem höheren Niveau angehört.

III. Westgothland
(Kinnekulle am Wenernsee, Landschaft Falbygden etc.).

Nach LINNARSSON[1]), theilweise mit Bezug auf TORELL[2]).

A. Cambrische Formation.

1. Eophytonsandstein.

Diese unterste sedimentäre Bildung, deren Gesammtmächtigkeit kaum 20 Fuss betragen dürfte, lagert auf Gneiss und ist am Lugnåsberg östlich von der Kinnekulle am deutlichsten entwickelt. An der Grenze ist der Gneiss in ein Arkos-ähnliches

---

[1]) Bidrag till Westergötlands Geologi, Öfvers. af Kongl. Vetensk.-Akad. Förhandl., 1868. Nr. 1; Om Vestergötlands Cambriska och Siluriska aflagringar, Stockholm 1869 (Kongl. Svenska Vetensk.-Akad. Handlingar, Bd. 8. Nr. 2). Am Schluss der letzteren, sehr ausführlichen Abhandlung sind sämmtliche in den betreffenden Schichten Westgothlands gefundene Crustaceen zusammengestellt, und viele derselben (meist neue Arten von LINNARSSON) beschrieben und abgebildet.

Für die cambrischen Schichten wurden von demselben Autor noch folgende Arbeiten benutzt: Om några försteningar från Vestergötlands sandstenslager, Öfvers. etc., 1869. Nr. 3; Geognostika och palaeontologiska jakttagelser öfver Eophytonsandstenen i Vestergötland, Vetensk.-Akad. Handl., Bd. 9. Nr. 7, Stockholm 1871; Om några försteningar från Sveriges och Norges „Primoldialzon", Öfvers. etc., 1871. Nr. 6; On the Brachiopoda of the Paradoxides beds of Sweden, Stockholm 1876.

[2]) Bidrag till Sparagmitetagens geognosi och paleontologi, Lunds Universitets Årsskrift, Tom. IV (1867); Petrificata Suecana Formationis Cambricae, Lunds Univ. Årsskrift, Tom. VI (1869). Bezüglich des Namens „Sparagmit-Etage" bemerke ich, dass damit von KJERULF die der pri-

Gestein umgewandelt. Darauf folgt, meist nur 1 bis 2 Fuss mächtig, ein Conglomerat, welches in sandsteinartiger Grundmasse mehr oder minder abgerundete Quarzstücke und daneben Feldspathkörner (stellenweise in Kaolin verwandelt) sowie einzelne Glimmerschuppen enthält. Hieran schliesst sich der eigentliche, zuerst von Dr. WALLIN so benannte Eophytonsandstein, härter als der nachfolgende gemeine Fucoïdensandstein, von grauer Farbe, die aber an der Luft in Roth übergeht, meist dünne Schichten mit grünlichgrauen thonigen Zwischenlagen bildend; an der oberen Grenze liegt wieder ein Conglomerat, jedoch ohne die vorhin erwähnten Feldspathkörner. Angebliche Pflanzenversteinerungen: *Eophyton Linnaeanum* TORELL, *Eoph. Torelli* LINRS., *Halopoa composita* und *imbricata* TOR., *Bythothrepis* sp., *Archaeorrhiza tuberosa* TOR., *Harlania (Fraena) tenella* LINRS. Behauptete thierische Ueberreste: *Psammichnites impressus* und *filiformis* TOR., *Astylospongia radiata* LINRS., *Protolyellia princeps* TOR., *Dictyonema* sp., *Spatangospis costata* TOR., *Agelacrinus? Lindströmi* LINRS., *Micrapium erectum* TOR., *Spiroscolex (Arenicolites) spiralis* und *crassus* TOR., *Monocraterion tentaculatum* TOR., *Diplocraterion parallelum* und *Lyelli* TOR., *Hyolithus laevigatus* LINRS. und *Obolus monilifer* LINRS. Incertae sedis syst.: *Cruziana (Rhyssophycus) dispar* LINRS., *Cruziana? orbicularis* TOR., *Lithodictyon fistulosum* TOR., *Scotolithus mirabilis* LINRS.[1])

2. Fucoïdensandstein.

Bildet den oberen und bedeutenderen Theil der cambrischen Sandsteinbildung. Das Gestein ist lockerer, grauweiss, bisweilen mit einem Stich ins Gelbliche oder Rostfarbige, und erscheint in dickeren Schichten von einer nicht selten mehrere Fuss betragenden Mächtigkeit. An der Grenze zum Alaunschiefer, jedoch nur auf kaum 1 Fuss Dicke, hat es ein etwas verändertes Aussehen und enthält reichlich Schwefelkies sowie mitunter auch Thon (diese Partie ist vornehmlich im Djupadalen, Landschaft Falbygden,

---

mordialen Sandsteinablagerung Schwedens äquivalente Bildung in Norwegen bezeichnet worden ist, und zwar nach einem für dieselbe charakteristischen, grobkörnigen und oft schiefrig ausgebildeten grauwackenartigen Gestein. Dieses war nämlich schon früher von J. ESMARK sen. „Sparagmit" (nach τὸ σπάραγμα, Bruchstück) benannt worden.

[1]) Mehrere der vorgenannten Petrefacten dieser ältesten Sedimentbildung Westgothlands überhaupt, grösstentheils vermeintliche Ueberreste von Algen oder Würmern, sind wenigstens noch durchaus problematischer Art. So werden die stengelförmigen und längsgestreiften Körper, für welche TORELL, algenartige Pflanzenreste voraussetzend, die Gattung *Eophyton* aufstellte, gegenwärtig meist als anorganische Gebilde gedeutet. NATHORST hat diese Ansicht zuerst ausgesprochen und gezeigt, dass derartige längliche Erhabenheiten entstehen können durch Ausfüllung der Furchen, welche durch das Schleifen von Fucoïden am Meeresstrande hervorgebracht werden. Der Auffassung von NATHORST hat sich DAMES angeschlossen. In dieselbe Kategorie gehören vielleicht auch HALL's vielgedeutete Gattung *Rhyssophycus* (*Cruziana* D'ORB. z. Th.) und die räthselhaften quergerippten Stengel, für die GÖPPERT das Genus *Harlania* errichtet hat. Vgl. FERD. ROEMER, Lethaea palaeozoica, Textband (Stuttgart 1880), p. 129, 130 u. 135.

aufgeschlossen). Die spärlichen Versteinerungen sind: Fucoïden-Reste (*Fucoides circinnatus* und *antiquus* BRONGN. nach HISINGER und TORELL), *Lingula* sp., *Obolella* (?) *favosa* LINRS.[1]).

3. Olenidenschiefer.

Alaunschiefer mit bituminösem Kalk oder Stinkkalk.

Ersterer ist im Allgemeinen höchst dünnschiefrig, von schwarzer Farbe, glänzend schwarzem oder schwärzlichbraunem Strich, reich an Bitumen und selbst brennbar, dagegen ärmer an Schwefelkies als z. B. der Alaunschiefer in Schonen. Der Stinkkalk ist bald dicht und dann bisweilen von schieferartiger Textur, bald krystallinisch, grau bis schwarz, mitunter ins Bräunliche oder Grünliche spielend, und findet sich theils in besonderen Lagern (speciell in der oberen Abtheilung), theils unregelmässig zerstreut in linsenförmigen oder kugeligen Concretionen von verschiedener Grösse; stellenweise wird das Gestein conglomeratartig.

Das vollständigste Profil der ganzen Ablagerung ist im Djupadalen, District Falbygden, blossgelegt. Dieselbe enthält einzelne unbedeutende Einlagerungen von Anthracit.

a) Untere Abtheilung: Paradoxidesschiefer[2]).

α) Zone des Paradoxides Tessini.

Versteinerungen: *Paradoxides Tessini* BRONGN., *Liostracus aculeatus* ANG., *Agnostus parvifrons* LINRS., *Agn. gibbus* LINRS., *Agn. fallax* LINRS., *Hyolithus socialis* LINRS.;

---

[1]) LINNARSSON hat diese und die vorige Etage in den beiden oben zuerst citirten Arbeiten noch unter dem gemeinsamen Namen „Fucoïdensandstein" begriffen, später jedoch, gleich TORELL, zwischen Eophyton- und Fucoïdensandstein bestimmt unterschieden (cf. Zeitschr. d. deutsch. geolog. Ges., XXV. p. 698).

BOLL (Silur. Cephalopoden etc., p. 91) erwähnt Fucoïdensandstein als eine sehr seltene Geschiebe-Art. Das betreffende, laut der Etikette bei Neubrandenburg gefundene Stück seiner Sammlung, welches ich im dortigen städtischen Museum gesehen habe, ist ein plattiger, quarzitähnlicher Sandstein mit langgestreckten, strahlig sich kreuzenden Eindrücken von glänzend schwarzer Farbe. Mir ist anderwärts ein derartiges norddeutsches Geschiebe noch niemals begegnet. Ob hierher auch gewisse, in der Literatur schon früher genannte „weissgraue Sandsteingerölle mit Pflanzenresten" aus Mecklenburg gehören, welche anfangs für Gesteine der Steinkohlenformation gehalten wurden, nach v. HAGENOW aber mit einem Sandstein von Limbrishamm (Cimbrishamn?) in Schonen übereinstimmen sollen, vermag ich nicht zu sagen (cf. Archiv des Vereins der Freunde der Naturgeschichte in Mecklenburg, Heft I, p. 5, und Heft III, p. 2, und Zeitschrift d. deutsch. geolog. Ges., III. p. 439).

[2]) Die Anwendung des Namens „Olenidenschiefer" auf diese untere Abtheilung ist als ungeeignet schon seit Längerem aufgegeben, wenn auch die Gattung *Paradoxides* oft zur Familie der Oleniden gerechnet worden ist. Ich habe denselben in der Ueberschrift nur deshalb noch gebraucht, um mich an LINNARSSON's Darstellung in seiner grösseren Arbeit über Westgothland möglichst anzuschliessen.

ferner *Acrothele intermedia* LINRS. (nach LINNARSSON, Fauna i Kalken med Conocoryphe exsulans, Stockh. 1879, p. 26)[1]).

β) Zone des Paradoxides Forchhammeri (Andrarumkalk).

Versteinerungen: *Paradoxides Forchhammeri* ANG. (?), *Conocoryphe* sp., *Anomocare* sp., *Arionellus (Anomocare) difformis* ANG., *Trilobites aenigma* LINRS., *Agnostus laevigatus* DALM. (?), *Lingula* oder *Lingulella* (?) sp., *Discina* sp., *Acrothele coriacea* LINRS., *Acrotreta socialis* v. SEEBACH, *Iphidea ornatella* LINRS., *Obolella* sp., *Orthis Lindströmi* LINRS., *Orthis Hicksii* DAVIDS. (SALT.) aff., *Orthis exporrecta* LINRS. (in Westgothland das gemeinste Fossil dieses Horizonts), *Hyolithus tenuistriatus* LINRS. TULLBERG (Agnostus-arterna etc., p. 37) erwähnt noch *Agnostus bituberculatus* BRÖGGER aus dem Andrarumkalk von Mossebo am Hunneberg.

γ) Zone des Agnostus laevigatus.

Versteinerungen: *Liostracus costatus* ANG., *Agnostus laevigatus* DALM., *Leperditia primordialis* LINRS., *Lingula* sp., *Orthis exporrecta* LINRS. (hier weit spärlicher), *Hyolithus* sp. Ferner nach TULLBERG (loc. cit.): eine kleinere Form von *Agnostus pisiformis* L., mehrere Formen von *Agn. exsculptus* ANG. (z. Th. dem *Agn. laevigatus* sich nähernd) und *Agn. planicauda* ANG.

b) Obere Abtheilung: eigentl. Olenusschiefer.

α) Zone des Agnostus pisiformis und der älteren Oleniden.

Versteinerungen: *Olenus gibbosus* WAHLENB., *Agnostus pisiformis* LINNÉ sp., *Orthis lenticularis* WAHLENB., *Olenus (Parabolina) spinulosus* WAHLENB., *Olenus (Eurycare) latus* BOECK.

LINNARSSON bemerkt zu den vorgenannten Fossilien, dass dieselben keineswegs alle gleichaltrig seien, wenn auch bei der fraglichen Zone an der Kinnekulle und in

---

[1]) In dieser Zone ist nach den Angaben der älteren Autoren bei Oltorp an der Ostgrenze Falbygdens das Riesenexemplar von *Paradoxides Tessini* gefunden worden, welches im vorigen Jahrhundert in die Sammlung des Grafen TESSIN zu Stockholm gelangte und zuerst von LINNÉ unter dem Namen *Entomolithus paradoxus* beschrieben worden ist. Dasselbe ist verloren gegangen, und nur ein Abguss davon befindet sich noch im Universitäts-Museum zu Kopenhagen. ANGELIN hat dieses Unicum in dem 1878 publicirten Appendix zur „Palaeontologia Scandinavica" von BRONGNIART's *Paradoxides Tessini* abgezweigt und unter der Benennung „*Paradoxides Tessini* L. genuinus" mitgetheilt. In der so eben citirten Arbeit v. 1879 kommt auch LINNARSSON (pag. 8) auf dasselbe zu sprechen, und meint, dass es abgesehen von der grossen Breite keine wesentlichen Abweichungen von der gewöhnlichen Form dieses Namens darbiete; der Winkel am Stirnrand der Glabella sei wohl kein ursprüngliches Merkmal. Uebrigens sind seit Langem bei Oltorp nur mehr die beiden obersten Glieder des Olenidenschiefers (b. α u. β) gesehen worden.

In Stinkkalk von Oltorp fanden sich nach TULLBERG (Om Agnostus-arterna i de kambriska aflagringarne vid Andrarum, Stockholm 1880, p. 37) zahlreiche Exemplare von *Agnostus atavus* TULLB., der ältesten *Agnostus*-Art in Schonen.

Falbygden scharf getrennte Altersstufen sich nicht unterscheiden liessen. Als die ältesten dieser Formen werden *Ol. gibbosus* und *Agn. pisiformis* bezeichnet, die gewöhnlich zusammen, aber nie in Gesellschaft mit den andern vorkommen; darauf folgen *Ol. spinulosus* und *Orth. lenticularis*, und am jüngsten scheint *Ol. latus* zu sein.

Etwas deutlicher ist die Scheidung am Hunneberg, wo in der fraglichen Schiefer- und Stinkkalkablagerung bis hinauf zur nächstfolgenden Zone (β) nachstehende Reihenfolge zu beobachten war:

α_1) Lage mit *Agnostus pisiformis* (?) und *Beyrichia* oder *Leperditia* (?) sp. sowie einem Linguliden.

α_2) Mit *Olenus (Parabolina) spinulosus* und *Orthis lenticularis*.

α_3) Mit *Olenus (Eurycare) latus*.

Die Partie α_1 entspricht wohl den beiden untersten Stufen des Olenusschiefers in Nerike. Nach TULLBERG (loc. cit. p. 25) kommt in Westgothland zusammen mit *Olenus*-Arten auch eine von ihm als var. *socialis* bezeichnete Abart des *Agnostus pisiformis* vor, die im Alaunschiefer Schonens um ein Geringes höher als die typische Form auftritt.

β) **Zone der Peltura scarabaeoïdes.**

Versteinerungen: *Olenus (Peltura) scarabaeoïdes* WAHLENB. sp., *Olenus (Sphaerophthalmus) alatus* BOECK sp., *Olenus* sp. Am Hunneberg kommt im obersten Theil der Olenus-Region *Dichograptus tenellus* LINRS. zusammen mit *Sphaerophth. alatus* vor.

4. Dictyonemaschiefer.

Diese auf schwedischem Boden bisher nur in Schonen und Ostgothland bekannt gewesene Etage ist neuerdings von LINNARSSON[1]) auch in Westgothland bei dem Gute Orreholmen südöstlich von Falköping nachgewiesen worden. Dieselbe ruht hier unmittelbar auf der Zone mit *Peltura scarabaeoïdes*, welcher anderwärts in Westgothland sowie auch in Nerike glaukonitführende Kalke mit untersilurischen Versteinerungen direct aufgelagert sind, und besteht immer noch aus Alaunschiefer und Stinkkalk. In beiden Gesteinen fanden sich *Dictyonema*-Reste.

B. Untersilurformation.

5. Ceratopygekalk.

Kalke und Schiefer von verschiedener Färbung.

Erstere hart, hellgrau und meist mit einem Stich ins Blaue oder Grüne, oft zahlreiche kleine schwärzlichgrüne Glaukonitkörnchen enthaltend (Kinnekulle), oder von

---

[1]) Dictyonemaskiffer vid Orreholmen i Vestergötland (Geolog. Fören. Förhandl., Bd. V. Nr. 3, 1880, p. 108).

wechselnder, bald schwarzer, bald grauer Farbe, dicht oder späthig und oft mit Schwefelkies (Hunneberg). Schiefer (nur am letzteren Orte beobachtet) schwarz, aber von hellerem Strich als der Alaunschiefer.

Besonders charakterisirt durch verschiedene, z. Th. eigenthümliche Trilobitenformen. Am häufigsten: *Euloma ornatum* Ang., *Ceratopyge forficula* Sars, *Symphysurus socialis* Linrs., *Triarthrus Angelini* Linrs., *Orthis* sp. und *Lingula* sp. Daneben *Cheirurus foveolatus* Ang., *Pliomera primigena* Ang., *Harpides rugosus* Sars & Boeck, *Remopleurides dubius* Linrs., *Dikelocephalus (Centropleura?) dicraeurus* Ang., *Megalaspis planilimbatae* Ang. aff., *Niobe obsoleta* Linrs., *Niobe insignis* Linrs. und *Agnostus Sidenbladhii* Linrs. Nach Angelin auch noch *Dikelocephalus (Centropleura) angusticauda* Ang., *Ampyx domatus* Ang. und *Holometopus? elatifrons* Ang. Ausserdem wurden nur einige wenige Brachiopoden der Gattungen *Orthis* und *Lingula* beobachtet.

6. Unterer Graptolithenschiefer.

Von Linné schon unter dem Namen „Griffelstein" unterschieden.

Aussehen an den einzelnen Fundorten etwas verschieden. An der Kinnekulle ein weicher, gewöhnlich grüner, doch auch schwärzlicher Schiefer oder Schieferthon, am Hunneberg ein härterer, meist schwarzer Thonschiefer.

Bezeichnend für die Fauna sind besonders Graptolithen der Gattungen *Phyllograptus*, *Didymograptus*, *Tetragraptus* und *Cladograptus*, namentlich der beiden ersteren; speciell genannt werden: *Phyllogr. angustifolius* Hall (nach einer Privatmittheilung Linnarsson's jedenfalls gleich der englischen so benannten Art, wenn auch vielleicht nicht der ursprünglichen amerikanischen), sodann *Didymogr. hirundo* Salt. und *Tetragr. quadribrachiatus* Hall. Daneben zeigen sich Vertreter der Brachiopoden-Geschlechter *Lingula*, *Orthis* und *Leptaena*. An Trilobitenresten hatte sich nur ein undeutliches Pygidium einer *Niobe*-Art gefunden (*Niobe obsoleta* Linrs.?)[1].

7. Orthocerenkalk.

Bedeutendste geschichtete Ablagerung Westgothlands, sowohl der Mächtigkeit nach, als auch bezüglich der Oberflächenverbreitung.

a) Unterer rother Orthocerenkalk der Kinnekulle.

Arm an Versteinerungen. Am gemeinsten *Megalaspis planilimbata* Ang. (?);

---

[1] Früher waren die beiden letzten Etagen in Westgothland nur am Hunneberg und an der Kinnekulle bekannt. In neuerer Zeit hat jedoch Linnarsson (Ceratopygekalk och undre graptolitskiffer på Falbygden i Vestergötland, Geolog. Fören. Förhandl., Bd. IV. Nr. 9, 1879, p. 269) den Ceratopygekalk als einen gleichmässig grauen Kalk mit *Euloma ornatum* und den unteren Graptolithenschiefer als einen grünlichgrauen Schieferthon mit *Phyllograptus angustifolius* auch in Falbygden (wofür im Neuen Jahrb. f. Mineralogie, 1880. Bd. I, Refer. p. 73, „die Falband-Gruben an der Kinnekulle" gesetzt ist) nachgewiesen.

nicht selten auch *Nileus*-Fragmente. Sonst wurde nur noch ein *Orthoceras* und eine *Orthis*-Art beobachtet.

a_1) Unterste Orthocerenkalk-Zone in Falbygden.

Aequivalent des Lagers a, jedoch petrographisch und z. Th. auch in anderer Hinsicht abweichend.

α) Glaukonitkalk.

Dünne, kaum über 1 Fuss mächtige Schicht eines conglomeratartigen Kalksteins, welcher in grauer Kalkgrundmasse Phosphoritknollen und zahlreiche kleine Glaukonitkörnchen sowie oft auch Schwefelkieskrystalle enthält[1]). Versteinerungen noch sehr spärlich, am häufigsten *Megalaspis planilimbata* ANG., seltener *Symphysurus breviceps* ANG. und *Orthis* sp.

β) Mehr homogener, meist grauer Kalk.

Zuweilen ins Grünliche spielend, selten schwarz, mitunter dünne bläulichgrüne Schieferthonlagen eingeschaltet enthaltend.

Reicher an Trilobiten als irgend ein anderer Theil der betreffenden Ablagerung (a_1): *Megalaspis planilimbata* ANG., *Symphysurus breviceps* ANG., *Niobe emarginula* ANG., *Pliomera (Amphion) Fischeri* EICHW. und andere Arten derselben Gattungen. Orthoceratiten noch verhältnissmässig selten.

γ) Härterer und mehr dünnschichtiger Kalk.

Gewöhnlich von weisslicher Farbe und viel mächtiger.

Versteinerungen sparsam und meist fast unkenntlich, doch scheinen sie mit denen in β übereinzustimmen. —

Der glaukonitführende Kalk an der Basis von a_1 dürfte z. Th. vielleicht eher mit dem Ceratopygekalk zu vereinigen sein, so wenigstens bei Klefva am Mösseberg (Mittheilung von LINNARSSON).

b) Hauptlager von unterem grauem Orthocerenkalk.

Dieser Theil des Schichtensystems bildet in dem weiten Umkreis der Kinnekulle ringsum einen breiten, langsam aufsteigenden Absatz, der ein grosses Stück der Aussenseite des Berges einnimmt, und auf welchem die Dörfer Vester-, Öster- und Medelplana

---

[1]) Die erwähnten Knollen wurden ursprünglich für Stinkkalktrümmer angesehen, bis P. T. CLEVE ihre wahre Natur nachwies. Durch diese Einschlüsse sowie den Glaukonit- und Schwefelkiesgehalt entspricht das Gestein vollkommen dem glaukonithaltigen Kalkstein an der Basis des Orthocerenkalks in Nerike. LINNARSSON selbst (Zeitschr. d. deutsch. geolog. Ges., XXV. p. 693) sagt von dem glaukonitführenden Kalke, der in Falbygden in Westgothland sowie in Nerike die Basis des Orthoceraskalksteins bilde, dass er gewöhnlich Phosphoritknollen nebst grösseren Mengen Schwefelkies enthalte. Sodann bemerkt noch TÖRNQVIST (Om Siljanstraktens paleozoiska formationsled, 1874, p. 7), der glaukonitische Kalk in Dalarne entspreche am nächsten dem „phosphoritführenden Lager in West- und Ostgothland und auf Oeland".

liegen. Die hier auftretenden Kalksteine, welche z. Th. zu Hausteinen verarbeitet werden, sind seit Längerem Gegenstand eines ausgedehnten Steinbruchbetriebs gewesen; mit Rücksicht auf Aussehen, Verwendung u. s. w. hat man mehrere verschieden benannte Lagen unterschieden, die jedoch, abgesehen von der Dicke der Schichten, nur wenig voneinander abweichen.

Fauna reicher und mannichfaltiger als in den übrigen Partien der Etage, indess sind die Versteinerungen meistens schlecht erhalten. Besonders charakteristisch *Sphaeronites pomum* GYLL., von dessen Resten eine mittlere, von den Steinbrechern „likhall" (nach der Verwendung zu Grabsteinen) genannte Lage mitunter fast allein gebildet wird[1]), ferner *Phacops sclerops* DALM., *Megalaspis limbata* BOECK, *Asaphus (Ptychopyge) applanatus* ANG. und *Illaenus crassicauda* WAHLENB. (vgl. S. XXX). Cephalopoden sind noch wenig zahlreich und, wie es scheint, auf Orthoceratiten beschränkt. Ausserdem einige Gastropoden (*Euomphalus* und *Pleurotomaria*) und Brachiopoden (*Orthis*), welche hier häufiger als in den übrigen Stufen der Etage vorkommen.

In Falbygden findet sich ein ähnlicher grauer Kalk mit entsprechenden Petrefacten. Von Trilobiten wird daraus noch *Asaphus platyurus* ANG. (?) angeführt, von Orthoceratiten werden *Orthoceras commune* WAHLENB. und *Orthoc. trochleare* HIS. genannt; sodann noch die Pteropoden-Gattung *Conularia*.

c) Oberer rother Orthocerenkalk.

Auch diese Zone ist sowohl an der Kinnekulle, als in Falbygden entwickelt, wo übrigens der vorhin erwähnte graue Kalk ohne scharfe Abgrenzung in den aufliegenden rothen Kalk übergeht. Cephalopoden sind weitaus überwiegend, am gemeinsten *Orthoceras commune* WAHLENB. und *Orthoc. trochleare* HIS. (womit wohl vornehmlich *vaginatum* SCHLOTH. gemeint ist); ferner u. a. *Orthoc. centrale* HIS., sowie *Lituites convolvens* SCHLOTH.[2]). Ausserdem finden sich fast nur noch einige Asaphiden[3]).

Mit dieser Ablagerung schliessen die dem Vaginatenkalk FR. SCHMIDT's äquivalenten schwedischen Kalksteinschichten nach oben hin ab. Es entspricht derselben der tiefere Theil des oberen rothen Orthocerenkalks in Dalarne (p. XXIX).

---

[1]) Es ist dies die einzige Cystideen-Art der hier betrachteten, als echter Vaginatenkalk charakterisirten Kalkzone an der Kinnekulle wie in Falbygden, während dieselbe im Chasmopskalk (einschliesslich des Cystideenkalks von TÖRNQVIST) fehlt.

[2]) Hiermit ist jedenfalls einer der imperfecten schwedischen Lituiten (*convolvens* HIS. oder *lamellosus* HIS.) gemeint.

[3]) In rothem Orthocerenkalk, der jedenfalls in diese Stufe gehört, ist an der Kinnekulle die grösste schwedische Trilobiten-Art, *Megalaspis heros* ANG., vorgekommen, desgl. an einzelnen Punkten in Falbygden. ANGELIN hat fernerhin *Asaphus platyurus*, *Megal. rotundata* und *Megal. explanata* sowie *Nileus (Symphysurus) palpebrosus* DALM. und *Cyrtometopus (Cheirurus) clavifrons* DALM. aus dem Orthocerenkalk der Kinnekulle und einiger anderer Orte in Westgothland beschrieben.

d) Oberer grauer Orthocerenkalk.

An der Kinnekulle ein mächtiges Lager von grauem, meist ins Grünliche spielendem Kalk, welcher lockerer und weniger homogen ist und im Volksmunde „lefversten" (Leberstein) genannt wird; zwischen seinen Schichten liegen mitunter dünne Bänder von Mergelschiefer. Faunistisch ist insbesondere *Lituites perfectus* Wahlenb. bezeichnend. Daneben findet sich reichlich ein regulärer Orthoceratit, *Euomphalus* sp. und eine Cystideen-Art. Ein dunklerer und dichterer Kalk, der hier anscheinend ganz zu oberst liegt, enthält zumeist *Bellerophon* sp. und Fragmente von *Asaphus* (*Ptychopyge*) sp.

Etwas abweichend und weniger gleichmässig ist dieses Glied in Falbygden entwickelt. Am Berge Billingen, wo ein sehr vollständiges Profil zu sehen war, liegt zunächst auf dem oberen rothen Kalk ein grünlichgrauer, darüber ein roth und grau oder grünlich gesprenkelter Kalkstein, ersterer fast petrefactenleer, letzterer ziemlich reich an Versteinerungen (*Euomphalus* sp., *Nileus Armadillo* Dalm., reguläre Orthoceratiten und *Lituites* sp.); noch höher erscheint ein hellgrauer Kalk mit Röhren, die von Schwefelkies ausgefüllt sind, während sich nur Spuren organischer Ueberreste darin gezeigt haben. Bei Klefva am Mösseberg beginnt die Zone mit einem an *Orthoceras regulare* His. überreichen, sonst aber sehr fossilarmen Kalklager, dessen in vielen Steinbrüchen gewonnenes Gestein unten dunkelgrau, höher hinauf roth und grau gesprenkelt ist; darauf folgt ein grünlicher (dem „lefversten" der Kinnekulle im Aussehen nicht unähnlicher) Kalk mit Fragmenten von Asaphiden, der wahrscheinlich den obersten Abschluss des Orthocerenkalks bildet. Das erwähnte Kalklager von Klefva findet sich auch bei Agnestad zwischen Falköping und dem Alleberg, ist hier jedoch höchst bemerkenswerth durch seinen Reichthum an z. Th. seltenen Cephalopoden, welche besonders in einer bestimmten, durch dunkelrothe Färbung an der oberen Schichtfläche leicht kenntlichen Bank vorkommen. Unter den Orthoceratiten fehlen die Vaginaten, welche in den tieferen Regionen des Schichtensystems wenigstens nach der Zahl der Individuen überwiegen, beinahe gänzlich, nur ein einzelnes Exemplar von *Orthoc. commune* wird von Linnarsson erwähnt; an ihrer Statt findet man *Orthoceras regulare* und *lineatum* His. sowie andere reguläre Formen (darunter *Orthocer. acutum* Ang., Fragm. Sil. p. 3, T. VI. Fig. 7—11). Die Lituiten sind mindestens durch drei Species vertreten, *Lit. perfectus* Wahlenb., *Lit. undulatus* Boll und eine neue Art. Bezeichnend ist ferner *Pleurotomaria baltica* Vern., wogegen Trilobiten in unbedeutenden Resten bloss sparsam gefunden wurden. Dieser Kalk von Agnestad dürfte etwas älter sein, als der übrige graue Kalk der oberen Zone in Falbygden und der „lefversten" der Kinnekulle. —

Nach Angelin-Lindström's „Fragmenta Silurica" kommen im Orthocerenkalk Westgothlands ausser den angeführten Arten folgende vor: *Orthoceras duplex* Wahlenb.,

Discoceras (Lituites) convolvens His. (beide in rothem Kalk); ferner *Orthoc. fasciatum* Ang. und *Euomphalus Gualteriatus* Schloth. Für *Orthoc. lineatum* His. wird ebendaselbst ausser Falköping „rother" Kalk bei Klefva am Mösseberg angegeben.

8. Beyrichiakalk = Chasmopskalk [1]).

Zuerst schon von Gyllenhal und dann auch von Wahlenberg ist diese Abtheilung, wenn auch nicht in ihrer Vollständigkeit, unterschieden worden.

Die Gesteinsbeschaffenheit ist ziemlich variabel. Theils ist der hierher gehörige Kalk hart, dunkelgrau und kieselig, theils und in grösserer Ausdehnung noch von geringerer Härte und hellerer Färbung, grünlich- oder bläulichgrau sowie auch rein grau und mehr dem Orthocerenkalk im Aeussern ähnlich. Daneben zeigt sich ein ziemlich lockerer grünlicher Schiefer (theilweise kalkig).

Schon in den Trilobiten-Formen bekundet sich ein namhafter Unterschied vom Orthocerenkalk. Unter den zahlreichen, dabei aber doch durch relativ wenige Species vertretenen Gattungen sind die gemeinsten *Phacops (Chasmops)*, *Asaphus*, *Illaenus*, *Remopleurides* und *Ampyx*; seltener *Cheirurus*, *Staurocephalus (Sphaerocoryphe)*, *Cybele*, *Acidaspis*, *Lichas*, *Harpes*, *Ogygia*, *Proetus*, *Calymene*, *Triarthrus*, *Trinucleus* und *Agnostus*. Von Arten werden genannt: *Phacops (Chasmops) conicophthalmus* Boeck & Sars (besonders charakteristisch, z. B. einziges beobachtetes Petrefact in einem zugehörigen harten dunkelgrauen Kalk am Högstenaberg in Falbygden), *Ph. (Chasm.) macroura* Sjögr. (?), *Asaphus (Ptychopyge) glabratus* Ang., *Illaenus limbatus* Linrs. (vgl. S. XXXI), *Remopl. sex-lineatus* Ang., *Ampyx costatus* Boeck, *Amp. (Lonchodomas) rostratus* Sars, *Cheirurus variolaris* Linrs.[2]), *Staurocephalus (Sphaerocoryphe) granulatus* Ang. (?), *Cybele aspera* Linrs., *Acidaspis furcata* Linrs., *Lichas laxata* M'Coy, *Lichas valida* Linrs., *Ogygia (?) concentrica* Linrs., *Triarthrus Beckii* Green und *Agnostus trinodus* Salter (= *glabratus* Ang.)[3]). Häufig, zumal in dem an der Kinnekulle die Etage vorwiegend

---

[1]) Linnarsson hat den in seiner S. XLI zuerst citirten Arbeit (p. 58) vorgeschlagenen Namen „Beyrichiakalk" wenige Jahre später durch die viel passendere Bezeichnung „Chasmopskalk" ersetzt (Öfvers. af Kongl. Vetensk.- Akad. Förhandl., 1871. Nr. 3, p. 345). Vgl. hierzu die Anm. auf S. XXXI.

[2]) Nach einer Mittheilung Fr. Schmidt's ist das von Linnarsson (Vestergötlands aflagr., p. 60, T. I. Fig. 6) unter diesem Namen beschriebene Petrefact der Schwanz zu einer Art des Ehstländischen Echinosphäritenkalks, welche Nieszkowski (Trilobiten, Zus. p. 33, T. I. Fig. 14 u. 15) zu seinem *Sphaerexochus cephaloceros* aus dem Brandschiefer gezogen hat, jedoch sicher davon specifisch verschieden ist; Fr. Schmidt nimmt hier eine Unterabtheilung von *Cheirurus* an. Später hat Linnarsson von seinem *Cheir. variolaris* auch ein Kopffragment gefunden, und danach selbst auf jene Uebereinstimmung hingewiesen (cf. Zeitschr. d. deutsch. geolog. Ges., XXV. p. 695).

[3]) Von Beyrich (cf. Zeitschr. d. deutsch. geolog. Ges., XIV. p. 584) wurde vor längerer Zeit unter den Geschieben bei Berlin ein grauweisser mergeliger Kalk mit *Agn. trinodus* Salt., resp. *glabratus* Ang., aufgefunden; ebendaher (von Rixdorf bei Berlin) erhielt ich ein Stückchen des näm-

ausmachenden grünen Schiefer, ist sodann *Beyrichia costata* LINRS.; ausserdem findet sich noch ein anderer Ostracode: *Primitia strangulata* SALT. Von Mollusken sind anzuführen: spärliche Cephalopoden (besonders ein regulärer Orthoceratit, höchst selten eine Lituiten-Art); *Euomphalus Gualteriatus* SCHLOTH., *Pleurotomaria* und *Murchisonia* sp., *Conularia* sp., *Bellerophon bilobatus* SOW.; *Orthis*, *Leptaena* und *Lingula* sp. Endlich werden noch *Diplograptus* sp., Crinoïdenglieder und *Echinosphaerites aurantium* GYLL. namhaft gemacht.

9. Trinucleusschiefer.

Hauptsächlich lockere und stark zerklüftete Mergelschiefer, untergeordnet Kalke und Thonschiefer.

a) Schwarzer Schiefer.

Ziemlich dünnblättrig und locker, nach oben an der Kinnekulle in ein mehr dickschiefriges und schwer zerspaltendes, schwarz und grün gesprenkeltes Schiefergestein übergehend.

Dieses hauptsächlich an der Kinnekulle[1]) und ausserdem bloss am Billingen und Ålleberg in Falbygden beobachtete Glied enthält fast nur einige Brachiopoden, *Leptaena* und *Discina* sp.[2]), sowie Spuren von Graptolithen (*Didymograptus*); am Ålleberg auch *Trinucleus Wahlenbergii* ROUAULT.

b) Vorwiegend grüner Schiefer (resp. Mergelschiefer).

Theils dunkelgrün und oft mit helleren gelblichgrünen Streifen oder Flecken, theils von gleichmässiger und lebhafterer grüner Farbe, nur vereinzelt mit rothen oder schwärzlichen Partien.

Fauna viel reichhaltiger: *Trinucleus Wahlenbergii* ROUAULT, *Ampyx tetragonus* ANG., *Remopleurides radians* BARR., *Dindymene ornata* LINRS., *Phacops recurva* LINRS., *Agnostus trinodus* SALT.; im Allgemeinen seltener *Dionide euglypta* ANG., *Cheirurus latilobus* LINRS., *Cheirurus* sp., *Sphaerexochus laticeps* LINRS., *Lichas laxata* M'COY, *Phillipsia parabola* BARR. (?), *Ogygia* sp., *Asaphus laevigatus* ANG., *Asaph. (Ptychopyge) applanatus* ANG. (?), *Acidaspis* sp.; vielleicht auch *Aeglina? oblongula* ANG. Von diesen Trilobiten scheinen *Dindymene ornata* und *Phacops recurva* dem unteren

---

lichen Gesteins, welches ein sehr gut bestimmbares Pygidium der genannten Art einschliesst. Welchem Formationsglied aber diese Geschiebe angehören, ob dem Chasmopskalk, oder dem Trinucleusschiefer, oder endlich gar dem Brachiopodenschiefer, ist schwer zu sagen.

[1]) Das ganze Schichtensystem der jüngeren Schiefer bildet zugleich mit Trappgesteinen an diesem Bergrücken den oberen, über den Kalkterrassen steil sich erhebenden Theil, welcher den besonderen Namen „Högkullen" führt, und an dessen Basis also der Trinucleusschiefer beginnt.

[2]) In der S. XXVII, Anm. 2, citirten Abhandlung wird p. 347 von LINNARSSON noch *Orthis* sp. hinzugefügt, dagegen die „*Discina*" als fraglich erwähnt.

Niveau des Trinucleusschiefers besonders eigenthümlich zu sein. Von Mollusken finden sich einige Arten der Gattungen *Leptaena, Orthis, Lingula, Hyolithus* und *Orthoceras*. Die im Trinucleusschiefer Westgothlands überhaupt seltenen Graptolithen sind am Mösseberg durch *Didymograptus* und *Diplograptus* sp.[1] vertreten.

Es gehören dieser Stufe noch Kalksteine an, meist dicht und dunkelgrau, stellenweise auch schwarz oder buntfarbig, welche an der Kinnekulle und auf der Ostseite des Billingen sowie am Mösseberg in Falbygden in Form von Concretionen, an mehreren anderen Punkten des letztgenannten Bezirkes als selbständige Bänke auftreten. Grösstentheils sind dieselben frei von Versteinerungen; eine Ausnahme machen Concretionen von schwarzem Kalk, welche in dem grünen Schiefer bei Rustsäter an der Kinnekulle liegen und reichlich *Trinucleus seticornis* HIS. sp., ausserdem *Acidaspis* sp., *Calymene* sp. sowie einige Mollusken enthalten; ferner solche von grauem, mehrfach ins Röthliche spielendem Kalk bei Anneberg östlich vom Billingen, in denen u. a. *Trinucl. Wahlenbergii* und *Amp. tetragonus* gefunden wurden.

Die Zonen a und b entsprechen ungefähr dem schwarzen Trinucleusschiefer in Dalekarlien.

c) Rother Mergelschiefer.

Theilweise, aber doch in geringerer Ausdehnung ist das mergelige Gestein dieses Niveau's auch von grüner Farbe; die Schieferung ist vielfach weniger deutlich, petrefactenleere Kalkconcretionen sind nur ganz local (am Högstenaberg) anzutreffen. Bildet den oberen und mächtigsten Theil des versteinerungsführenden Trinucleusschiefers, tritt fast an allen Aufschlusspunkten hervor und ist unter den höheren Schieferlagern dasjenige, welches am meisten Gleichförmigkeit in petrographischer und faunistischer Beziehung zeigt.

Die gemeinsten, fast nirgends fehlenden Versteinerungen sind: *Trinucleus Wahlenbergii* ROUAULT, *Ampyx tetragonus* ANG., *Cybele verrucosa* DALM., *Dionide euglypta* ANG., *Agnostus trinodus* SALT. und ein paar *Leptaena*-Arten. Mehr oder weniger local und z. Th. selten erscheinen: *Remopleurides radians* BARR., *Panderia megalophthalmus* LINRS., *Niobe lata* ANG., *Calymene* sp., *Cheirurus subulatus* LINRS., *Acidaspis* sp., *Primitia tenera* LINRS., *Orthis* sp., *Lingula* sp. sowie spärliche Gastropoden-Reste[2].

Etwas abweichend ist die Entwicklung dieser Zone am Fårdalaberg in Falbygden. Unten ist hier der rothe Trinucleusschiefer wie gewöhnlich locker und sehr zerklüftet, und enthält auch die gewöhnlichen Fossilien, daneben noch *Cheirurus latilobus* LINRS.

---

[1] LINNARSSON nennt an der in vor. Anm. angeführten Stelle *Diplograptus pristis* HIS.

[2] Als Brachiopoden-Formen des Trinucleusschiefers Westgothlands werden in den „Fragmenta Silurica" (p. 23, 26 u. 30) mitgetheilt: *Rhynchonella?* spec. indet., *Orthis nodulosa* LINDSTR. und *Leptaena trabeata* LINDSTR.

und *Cheir.* sp. indet. Höher hinauf dagegen ist das Gestein härter, weniger klüftig, während zugleich die schiefrige Textur verschwunden ist. Dabei ist die Fauna in diesem obersten Theile eine andere, indem mehrere der sonst gemeinen Arten fehlen und durch neue Formen ersetzt sind. Am häufigsten finden sich *Trinucleus latilimbus* LINRS., *Cybele Lovéni* LINRS., *Remopleurides dorsospinifer* PORTL. und eine grosse Form von *Ampyx tetragonus*; ausserdem aber noch viele andere Trilobiten, wie *Cheirurus subulatus* LINRS., *Sphaerexochus laticeps* LINRS., *Staurocephalus granulatus* ANG. (?), *Acidaspis* sp., *Lichas laxata* M'COY, *Proetus (Forbesia) brevifrons* ANG. (?), *Phillipsia parabola* BARR. (?), *Stygina latifrons* PORTL., *Illaenus* sp., *Dionide euglypta* ANG., *Agnostus trinodus* SALT.

Vermuthlich ist das Glied c dem rothen Trinucleusmergel Dalekarliens und dem analogen Gebilde bei Motala in Ostgothland gleichzustellen.

d) Versteinerungsleerer Thonschiefer.

Meist von schwarzer Farbe, doch manchmal (besonders im unteren Theile) auch roth; seltener grünlich oder grau. Scheint an der Kinnekulle zu fehlen, bildet aber an den verschiedenen Bergen Falbygdens einen gut ausgeprägten Horizont. Mächtigkeit verschieden, z. Th. aber nicht unbeträchtlich.

10. Brachiopodenschiefer.

Eine Ablagerung von Schiefern und Kalken, welche trotz ihrer unbedeutenden (z. B. am Ålleberg, einem Hauptaufschlusspunkte, kaum 10 Fuss erreichenden) Mächtigkeit mehr als die übrigen Etagen in der Gesteinsbeschaffenheit und bis zu einem gewissen Grade auch in paläontologischer Hinsicht variirt.

a) Sprenkeliger Thonschiefer (Staurocephalusschiefer).

Das Gestein ist ein schwarz und grün, seltener grün und grau oder schwarz und grau gesprenkelter Thonschiefer, an den meisten Punkten (ausgenommen am Ålleberg) ziemlich hart und schwer zerspringend. An der Kinnekulle wurde es nicht beobachtet, in Falbygden tritt diese Stufe hauptsächlich am Ålleberg auf, ausserdem besonders noch am Fårdalaberg und Högstenaberg.

Die Fauna weist vornehmlich eine Anzahl von Trilobiten auf, und zeigt dabei eine auffallende Vermischung von Formen des Trinucleusschiefers mit solchen des typischen Brachiopodenschiefers. Es liegt hier also eine Art Grenzbildung vor, welche übrigens nach oben hin unmittelbar in die nächstfolgende Zone übergeht. Von Arten des Trinucleusschiefers finden sich: *Agnostus trinodus* SALT., *Trinucleus Wahlenbergii* ROUAULT, *Remopleurides radians* BARR., *Phillipsia parabola* BARR. (?), *Panderia megalophthalmus* LINRS., *Sphaerexochus laticeps* LINRS.[1]); von denen des eigentlichen

---

[1]) Ein einzelnes Exemplar seiner *Cybele Lovéni*, vermuthlich aus der Basis des Lagers a, fand LINNARSSON am Ålleberg.

Brachiopodenschiefers: *Phacops mucronata* Brongn., *Calymene tuberculata* Brünnich, *Proetus brevifrons* Ang., *Acidaspis centrina* Dalm.; ferner *Staurocephalus clavifrons* Ang. Als vorzugsweise charakteristisch muss *Staurocephalus clavifrons* gelten, weil diese Species ausschliesslich in der gegenwärtig betrachteten Schieferzone vorgekommen ist; Linnarsson glaubte daher den Namen „Staurocephalusschiefer" vorschlagen zu dürfen. Die noch kärglich vertretenen Brachiopoden (hauptsächlich zu *Orthis* und *Leptaena* gehörend) stehen denen des Trinucleusschiefers am nächsten. Weiterhin fanden sich *Orthoceras* - Reste, ein Bryozoon und höchst selten Fragmente eines Cystideen.

b) Eigentlicher Brachiopodenschiefer.

Die petrographischen Verschiedenheiten sind sehr erheblich. An gewissen Stellen ist ein dickplattiger, gewöhnlich hellgrauer oder grünlicher kalkiger Schiefer überwiegend, an anderen erscheint hauptsächlich ein schwärzlicher oder dunkelgrauer Thonschiefer mit besser entwickelter Schieferung. Im mittleren und tieferen Theil der Ablagerung finden sich allgemein Bänke eines in sich undeutlich abgesonderten harten grauen Kalks.

Von den hier vorkommenden zahlreichen Petrefacten sind einige (zumal Trilobiten) schon von Wahlenberg und Dalman beschrieben worden. Trilobiten haben nicht mehr das Uebergewicht, und keine bestimmten Familien oder Gattungen derselben treten charakteristisch hervor. Auch Cephalopoden und Gastropoden sind mehr oder weniger zurücktretend. Dagegen sind Brachiopoden sehr häufig, und übertreffen alle andern Gruppen an Artenreichthum und Individuenzahl, wonach eben Linnarsson den obigen Namen gewählt hat. Lamellibranchiaten erscheinen zuerst mit einigen Arten. Sonst sind noch Korallen, Echinodermen und Graptolithen, grösstentheils in sehr dürftigen Resten, vertreten. Bemerkenswerth ist das erste Auftauchen obersilurischer Organismen.

Im Ganzen lassen sich von unten nach oben folgende zwei diesem Gliede untergeordnete Schieferzonen unterscheiden, welche in dem Silurgebiet Westgothlands ungleich vertheilt vorkommen:

α) Dickplattiger kalkhaltiger Schiefer.

Hellgrau, grauweiss, grünlichgrau.

Reich an Brachiopoden: *Strophomena rhomboïdalis* Wahlenb., *Atrypa crassicostis* Dalm., *Spirigerina (Atrypa) reticularis* Lin. sp., *Strophomena (Orthis) pecten* Lin. sp., diverse *Orthis*- und *Pentamerus*-Arten. Unter den Trilobiten sind die Hauptformen: *Homalonotus platynotus* Dalm., *Calymene tuberculata* Brünn., *Phacops mucronata* Brongn. Von Lamellibranchiaten werden Aviculaceen (besonders *Pterinea* sp.) und Mytilaceen erwähnt. Ferner finden sich: *Orthoceras* sp., geringfügige Gastropoden-Reste, *Tenta-*

culites sp., einzelne Bryozoen (speciell ein Fenestellide), Crinoïdenstiele und *Cyathophyllum* sp.[1]).

Der harte graue Kalk, welcher gewöhnlich im oberen Theile dieser Stufe auftritt, ohne aber doch wohl eine durchaus zusammenhangende Schicht zu bilden, enthält übereinstimmende Organismen, am häufigsten die zuletzt erwähnten Stielglieder und *Cyathophyllum*-Reste und an der Kinnekulle (wo er mehr eine mittlere Lage in derselben Stufe einnimmt) zugleich noch *Phacops pulchella* LINRS.

Am Ålleberg liegt hier zu oberst ein härterer sandiger Schiefer, gleichfalls hellgrau, jedoch ganz oben grün gesprenkelt, welcher neben verschiedenen der vorhin genannten Petrefacten *Lichas laciniata* WAHLENB., *Lich. polytoma* ANG. und *Discina concentrica* WAHLENB. enthält.

Auch am Mösseberg zeigen sich in der nämlichen Zone gewisse Besonderheiten. Das Gestein ist theils der gewöhnliche kalkhaltige Schiefer, theils ein unreiner plattiger Kalkstein, die Farbe unten hellgrau, höher hinauf grau mit grünlichen Streifen. Ausser den drei zu Anfang genannten wichtigsten Trilobitenformen erscheinen hier noch *Lichas laciniata* WAHLENB., *Acidaspis centrina* DALM. und *Proetus brevifrons* ANG. Von derselben Fundstelle hat ferner ANGELIN in der „Palaeont. Scandinavica" *Staurocephalus dentatus*, *Harpes (Arraphus) corniculatus*, *Holometopus aciculatus* und *Holomet. ornatus* beschrieben[2]).

β) Ziemlich dünnschiefriger Thonschiefer (Acidaspisschiefer Linnarsson's).

Dunkelgrau bis schwärzlich, z. Th. mit gelblichgrünen Punkten. Versteinerungen: *Acidaspis centrina* DALM., *Calymene tuberculata* BRÜNN., *Leptaena* sp., sparsamer ein paar anderweitige Brachiopoden, *Phacops mucronata* BRONGN., *Illaenus* sp., *Encrinurus* sp. und *Orthoceras* sp.; zugleich kommen die ersten Spuren der für die folgende Etage bezeichnenden Graptolithen-Fauna zum Vorschein.

In diesem Niveau stellt sich nur stellenweise (am Billingen) ein hellgrauer und schiefrig ausgebildeter Kalkstein ein. —

---

[1]) LINDSTRÖM theilt zwei Anthozoen aus der gegenwärtig besprochenen Partie des Brachiopodenschiefers mit: *Ptychophyllum Linnarssoni* LINDSTR. (Fragmenta Silurica, p. 34, T. I. Fig. 12—13, gemein am Ålleberg) und *Plasmopora conferta* EDW. & HAIME (ib. p. 33, T. I. Fig. 6—7, Ålleberg und Mösseberg).

[2]) BEYRICH (Unters. über Trilobiten, 2. Stück, p. 22, T. III. Fig. 4 u. 5) hat noch eine andere Art, *Odontopleura (Acidaspis) cornuta*, aus einem Gesteinsstück vom Mösseberg bekannt gemacht, welches zugleich mehrere Reste von *Lichas laciniata* (und zwar der unter diesem Namen von DALMAN und LOVÉN beschriebenen .Art des Brachiopodenschiefers von Borenshult in Ostgothland, die von WAHLENBERG's so benanntem Fossil vom Mösseberg specifisch verschieden ist) einschliesst, also bestimmt hierher gehört. Indessen wird das Gestein (ib. I. p. 26) als ein „weisser Sandstein" bezeichnet.

Von den beiden besprochenen Unterabtheilungen des eigentlichen Brachiopodenschiefers erscheint die untere allein an den südlichen Bergen Falbygdens (Ålleberg, Mösseberg, Gisseberg) und überdies ebenso an der Kinnekulle, während bloss die obere im nördlichen Theil von Falbygden (Billingen, Borgundaberg) entwickelt ist. Dagegen kommen beide Schieferzonen im mittleren Theil der vorgenannten Landschaft (Högstenaberg, Fårdalaberg) zusammen vor.

Als ein in dem ganzen Gebiete verbreitetes Fossil des Brachiopodenschiefers wird in den „Fragmenta Silurica" (p. 20) *Meristella crassa* Sow. angeführt.

11. Oberer Graptolithenschiefer.

Grösstentheils ein dünnblättriger Thonschiefer von schwarzer oder ins Graue fallender Farbe, bisweilen mit einem Stich ins Grünliche, Gelbliche oder Rostfarbige; selten von mehr dickschiefriger Textur. Ab und zu sind Kalkconcretionen eingeschlossen. Die Mächtigkeit ist viel bedeutender als bei der vorigen Etage. Nachdem verschiedene Autoren früher dieser Zone irrthümlich eine tiefere Lage zugeschrieben hatten, wurde ihre richtige Stellung in der Schichtenfolge zuerst von LINNARSSON festgestellt.

Die Fauna ist nicht ganz so eintönig als im unteren Graptolithenschiefer, doch sind auch hier Graptolithen, die meist in ausserordentlicher Menge auftreten, stark überwiegend, obwohl sie in den tiefsten Schichten zunächst sparsam vorkommen. Am reichlichsten sind die Gattungen *Graptolithus* s. strict. (= *Monograptus* GEIN.) und *Diplograptus* vertreten, seltener *Rastrites* und *Retiolites*. Von Arten, denen die oft sehr verdrückten Reste angehören, werden angeführt: *Monograptus priodon* BRONN, *Monogr. Beckii* BARR. (= *Graptolithus lobiferus* M'COY), *Diplograptus pristis* HIS., *Rastrites convolutus* HIS.[1]) und *Retiolites* sp. (Kinnekulle). Demnächst am häufigsten zeigen sich Orthoceratiten, obschon sie nicht überall angetroffen wurden[2]); dieselben sind stets plattgedrückt und daher schwer bestimmbar, scheinen aber durchweg zur Gruppe der Regulares zu gehören. Ferner fanden sich noch *Lingula* sp., einzelne Lamellibranchiaten (aus denselben Gattungen wie im Brachiopodenschiefer) und Gastropoden

---

[1]) LINNARSSON hat später (Om graptolitskiffern vid Kongslena i Vestergötland, Geolog. Fören. Förhandl., Bd. III. Nr. 13, 1877, p. 404) HISINGER's *„Prionotus convolutus"* mit *Rastrites peregrinus* BARR. identificirt. Indess ist der HISINGER'sche Speciesname jedenfalls auch auf Reste, die zu *Monograptus* gehören, bezogen worden (vgl. die Anm. auf S. XXXIV).

[2]) Früher ist für den oberen Schiefer am Mösseberg *Orthoceras tenue* WAHLENB. angegeben worden (cf. HISINGER, Leth. Suecica, p. 23). Auch TÖRNQVIST hatte dieselbe Art in seiner ersten Arbeit über Dalarne v. 1867 (p. 18) aus der dortigen jüngeren Schieferbildung genannt. Bekanntlich wird darauf ein Theil der plattgedrückten *Orthoceras*-Formen in der erdigen Abänderung des Graptolithengesteins aus unserm Diluvium bezogen.

(besonders *Euomphalus* sp.), sehr dürftige Bryozoen-Reste und von Trilobiten bloss eine *Cheirurus*-Art (verwandt mit *Cheir. bimucronatus* MURCH.) und *Calymene tuberculata* BRÜNNICH.

IV. Ostgothland.

Grösstentheils nach TÖRNQVIST[1]).

Die paläozoischen Bildungen Ostgothlands nehmen ein Gebiet von mässiger Grösse ein, welches an demjenigen Theile des Göta-Canals liegt, der den Wettern- und Roxen-See durch die Motala-Elf verbindet. Wenig nördlich vom Canal stösst dasselbe an die azoischen Gesteine, während es in südlicher Richtung sich weiter erstreckt. Obwohl in diesem Bezirke einige der am häufigsten genannten Aufschlusspunkte der schwedischen Silurformation liegen, wie namentlich Husbyfjöl, vor Zeiten der berühmteste Fundort von Trilobiten des scandinavischen Orthocerenkalks, und Ljung, wo früher ausgezeichnete Marmorbrüche betrieben wurden, sind doch die sedimentären Ablagerungen Ostgothlands weniger genau als in anderen Provinzen Schwedens untersucht worden, und die Literatur darüber ist ziemlich dürftig.

A. Cambrische Formation.

1. Primordiale Sandstein-Zone.

Nordwestlich von Motala treten, wie TÖRNQVIST angiebt, am Wetternsee dicke Schichten eines feinkörnigen grauen oder etwas ins Röthliche spielenden Sandsteins auf, welcher dem in der Gegend von Orsa in Dalekarlien gebrochenen sogen. Schleifsandstein (p. XXVII) ähnlich, aber viel quarzreicher ist. Unweit Husbyfjöl erscheint am südlichen Ufer des Motala-Flusses eine kleine Sandsteinpartie in deutlichen, durch „Grauwackenschiefer" getrennten Schichten; an den Oberflächen des Schiefers zeigen sich dem genannten Geologen zufolge Spuren von Würmern sowie *Cruziana dispar* LINRS., was für die Zugehörigkeit dieser Ablagerung zum Eophytonsandstein spricht. Beim Omberg wurden von ihm lose Blöcke eines grobkörnigen quarzreichen Sandsteins mit *Lingula* sp. gefunden.

Genauer ist die älteste Sandstein- und Schieferbildung am Wetternsee in neuerer

---

[1]) Berättelse om en geologisk resa genom Skånes och Östergötlands paleozoiska trakter, sommaren 1875, inlemnad till Kongl. Vetenskaps-Akademien, Öfvers. af Kongl. Vetensk.-Akad. Förhandl., 1875. Nr. 10, p. 58—70.

Zeit durch NATHORST[1]) und LINNARSSON[2]) untersucht worden. Dieselbe tritt stellenweise auch südlich von Motala am Oststrande dieses Sees und an seinem Südende bei Jönköping, sowie ferner auf mehreren darin gelegenen Inseln hervor. Nach einer grösseren Insel im südlichen Theil des Sees hat NATHORST ihr den Namen Visingsöformation gegeben. Auf dem Sandsteingürtel im NW. Motala's zunächst am Seestrande, nach LINNARSSON von dickschichtigem gelblich- oder grauweissem, ziemlich losem Sandstein mit undeutlichen Schichtfugen gebildet, lagert ein lockerer, glimmerführender, theils rother, theils grüner Thonschiefer, welcher durchaus dem seit Längerem bekannten sogen. Grauwackenschiefer an einigen südlicheren Punkten dieser Visingsöformation (Omberg, Visingsö, Grenna) gleicht. Local enthält derselbe Einlagerungen von Sandsteinen und grauem sandig-thonigem Kalkstein. Gewisse Partien werden durch Aufnahme grösserer Feldspathkörner conglomeratartig. Zugleich kommt anscheinend in derselben Zone ein Conglomerat mit arkosartiger Grundmasse und Trümmern von feinkörnigen schiefrig-krystallinischen Gebirgsarten (Eurit, Protogingneiss), weniger häufig von Granit, vor; Bruchstücke der anstehenden klastischen Gesteine der Umgegend fehlen darin vollständig, solche der ebendaselbst auftretenden alten krystallinischen Gesteine fast ganz. Oestlich von dem bezeichneten Gebiet und nördlich von dem cambrisch-silurischen District bei Motala herrscht ein grober rother Granit, weiter nach N. tritt noch Diorit hinzu.

Ueber das Verhältniss jener Sandstein- und Schiefermassen zu den fossilführenden paläozoischen Schichten Ostgothlands hat sich nichts Sicheres ermitteln lassen. LINNARSSON hat in dem Sandstein keine Spur von thierischen oder pflanzlichen Ueberresten beobachtet, in dem aufliegenden Thonschiefer bloss kleine kreisrunde, noch problematische Körper, welche möglicherweise organischen Ursprungs sind. Einige glaubten annehmen zu müssen, dass die ganze Bildung in eine weit entlegnere Zeit zurückreiche, als die gewöhnlichen cambrischen Sandsteine Schwedens. TORELL[3]) hat sie für muthmasslich gleichaltrig mit Westgothlands Eophytonsandstein erklärt. Nach NATHORST's Auffassung ist dieselbe entweder älter als dieser nebst folgenden Theilen des cambrischen Systems, oder damit äquivalent. Die erstere Ansicht wird von LINNARSSON immerhin für die wahrscheinlichere gehalten.

2. Alaunschiefer und Stinkkalk mit Agnostus und Olenus.

Dieses Schichtensystem ist hier in geringerer Deutlichkeit und Vollständigkeit entwickelt, als in verschiedenen anderen Gegenden Schwedens; die unteren Paradoxides-

---

[1]) Om de äldre sandstens- och skifferbildningarne vid Vettern, Geolog. Fören. Förhandl., Bd. IV. Nr. 14, 1879, p. 421.

[2]) De äldsta paleozoiska lagren i trakten kring Motala, ib. Bd. V. Nr. 1, 1880, p. 23.

[3]) Bidrag till Sparagmitetagens geognosi och paleontologi, Lund 1867, p. 26.

Lager wurden noch nicht nachgewiesen. Am meisten Analogie zeigt dasselbe immerhin mit den entsprechenden Schieferzonen in Westgothland. Hauptsächlich tritt es bei Knifvinge, Sjögestad und Pålstorp in der Nähe von Berg und dem Roxensee auf.

a) Andrarumkalk (?).

Ueber einem nicht näher untersuchten Alaunschiefer fand sich ein grauer zäher Kalk mit *Acrotreta* sp. und Linguliden, sowie mit grossen, dicht zusammengepackten Trilobitenfragmenten, fast ausschliesslich Thoraxgliedern, die an *Selenopleura*-Arten erinnern; auf demselben ruhend wurde eine mehrere Fuss mächtige Thonschieferlage beobachtet, welche bloss Reste eines Linguliden, diese jedoch überaus massenhaft, enthielt. Vielleicht entspricht die fragliche Ablagerung dem Andrarumkalk.

b) Zone des Agnostus laevigatus.

Zwischen Kungs-Norrby und Husbyfjöl trifft man zu beiden Seiten des Göta-Canals lose Anhäufungen von Alaunschieferstücken und Stinkkalktrümmern, in welchen theils Versteinerungen der Olenus-Region, theils aber auch *Agnostus laevigatus* Dalm. gefunden wurde. Angeblich kommt der Alaunschiefer nahebei anstehend vor. In derselben Zone hat man in Ostgothland gewisse Formen von *Agnostus exsculptus* Ang. angetroffen[1]).

c) Zone des Agnostus pisiformis.

Die genannte Linné'sche Art hat sich mehrfach gefunden, z. Th. zusammen mit *Olenus gibbosus* Wahlenb. und *Lingula* sp.

d) Zone der Parabolina spinulosa Wahlenb.

Nur in den unter b erwähnten losen Gesteinstrümmern wurde diese Art, sowie auch *Orthis lenticularis* Dalm. (Wahlenb.), beobachtet.

e) Zone des Eurycare latum Boeck.

Genannte Art findet sich bei Knifvinge reichlich vertreten in einem etwas höheren Niveau, als *Agnostus pisiformis*; die vorhergehende Stufe, welche dazwischen liegen müsste, wird für diese Oertlichkeit nicht angegeben.

f) Zone der Peltura scarabaeoïdes Wahlenb.

Unter den Oleniden scheint diese Species in Ostgothland die häufigste zu sein. Begleitet wird sie hauptsächlich von *Sphaerophthalmus alatus* Boeck, ferner von *Orthis* sp. Die Trilobitenreste liegen vorwiegend in Stinkkalk, seltener in dem zugehörigen Schiefer.

3. Dictyonemaschiefer.

Ueber der Peltura-Zone lagert noch Alaunschiefer, welcher zahlreiche Exemplare

---

[1]) Nach Tullberg, Agnostus-arterna i de kambr. aflagringarne vid Andrarum, Stockholm 1880, p. 37.

von *Dictyonema flabelliforme* Eichw. einschliesst. Am deutlichsten treten diese Reste an solchen Stücken hervor, die eine Zeitlang der Verwitterung ausgesetzt gewesen sind.

B. Untersilurformation.

Im Ganzen zeigen die silurischen Ablagerungen Ostgothlands am meisten Aehnlichkeit mit denen Dalekarliens.

Der Orthocerenkalk ist an einer grösseren Zahl von Punkten aufgeschlossen, jedoch lassen die Profile, wie es scheint, vielfach an Deutlichkeit zu wünschen übrig. Die nach dem Orthocerenkalk abgesetzten Silurschichten treten dagegen in Ostgothland nur in einem sehr beschränkten Umkreis, nördlich und südlich von Motala am Wetternsee, auf.

4. Orthocerenkalk.

Aus den Mittheilungen Törnqvist's lässt sich, obwohl nur partielle Durchschnitte beobachtet wurden, die nachstehende Reihenfolge von unten nach oben entnehmen.

a) Glaukonitführender Kalk.

Liegt bei Knifvinge, vielleicht auch bei Pålstorp am Roxensee und bei Berg, zunächst über dem Dictyonemaschiefer, nur durch eine dünne Lage einer grünen plastischen Thonmasse von demselben getrennt. Gestein vorwiegend ein hellgrauer bis grünlicher Kalk. Die tiefsten Lagen sind glaukonithaltig und ziemlich reich an einer *Orthis*-Art. In den oberen kommen Pygidien von Trilobiten hinzu, die aufwärts an Menge zunehmen, welche sich aber nicht mit Sicherheit bestimmen liessen.

Törnqvist bezeichnet diese Ablagerung als übereinstimmend mit dem gleichgefärbten glaukonitischen Kalk der in Dalarne an der Basis des Orthocerenkalks auftritt, und äussert sich dahin, dass dieselbe in ihrem unteren Theil vielleicht auch dem Ceratopygekalk angehören könne (vgl. S. XXVIII)[1]).

b) Bläulichgrüner bis bläulichgrauer Kalk.

Enthält stellenweise zahlreiche Trilobitenreste (Schwanzschilder von Asaphiden), die jedoch keine zuverlässige Bestimmung gestatteten; als möglicherweise darin vorhanden werden von einem zwischen Kungs-Norrby und Husbyfjöl gelegenen Punkte

---

[1]) Daneben bemerkt Törnqvist noch (loc. cit. p. 69), die Obolus-Zone Dalarnes müsse deshalb cambrisch sein, weil die dem unmittelbar darüber liegenden grünen Kalk entsprechende Kalkstufe in Ostgothland an der Grenze des cambrischen und silurischen Systems sich zeige. Offenbar kann darin aber kein Beweis für jene Behauptung liegen, und es widerspricht dies auch der Auffassung, welche derselbe Autor in seiner p. XXVII angeführten Abhandlung niedergelegt hat.

genannt: *Niobe laeviceps* DALM.[1]), *Asaphus platyurus* ANG. und *As. acuminatus* BOECK[2]).

In einem anscheinend demselben Niveau angehörigen grauen, etwas dünnschichtigen Kalk mit eingeschalteten Schieferlagen bei Berg am Göta-Canal fanden sich *Nileus Armadillo* DALM. nebst zahlreichen Resten der Gattungen *Ptychopyge* und *Megalaspis*, während im Uebrigen doch die Fauna verhältnissmässig arm zu sein schien.

c) Unterer rother oder röthlicher Orthocerenkalk.

TÖRNQVIST erwähnt an mehreren Stellen einen auf b zunächst folgenden rothbraunen oder braunrothen, z. Th. in dicken Bänken abgelagerten Kalk, welcher Orthoceratiten, besonders *Orthoceras commune* WAHLENB., enthalte; sodann auch einen bräunlichgrauen Kalk, der bei Kungs-Norrby am Göta-Canal auftritt und vielleicht in den nämlichen Horizont gehört.

Dagegen theilte mir LINNARSSON mit, dass sich in dem hier betrachteten Niveau in Ostgothland ein röthlicher Kalk mit bläulichgrauen Schichtflächen zeigt, ganz dem in Nerike vorkommenden gleichend, welcher p. XL unter 4. c angeführt ist.

d) Hauptlager von grauem Orthocerenkalk.

Zunächst über dem von TÖRNQVIST angeführten rothbraunen Kalk liegt nördlich vom Omberg am Wetternsee (bei Borghamn) ein heller, etwas krystallinischer Kalk, welcher durch seine grossen *Megalaspis*-Fragmente bemerkenswerth ist.

Darauf folgt der gemeine graue Orthocerenkalk Ostgothlands, der an verschiedenen Punkten zu Tage tritt und früher wohl namentlich um Husbyfjöl gebrochen wurde.

Die Fauna dieses Gesteins weist einen grossen Reichthum an Trilobiten, Orthoceratiten, Brachiopoden, Crinoïdengliedern und Korallen auf. Von Arten kommen vor: *Nileus Armadillo* DALM., *Symphysurus palpebrosus* DALM., *Asaphus expansus* LIN. sp., *Ptychopyge applanata* ANG., *Ptych. angustifrons* DALM., *Ptych. lata* ANG. (?), *Megalaspis rudis* ANG. und andere Asaphiden, *Illaenus crassicauda* WAHLENB. (vgl. S. XXX), *Cyrtometopus (Cheirurus) clavifrons* DALM.[3]), *Sphaerexochus* sp. (*deflexo* ANG. aff.), *Pha-*

---

[1]) Diese Art ist übrigens in DALMAN's „Palaeaden" nach Stücken ostgothländischen Herkommens (von Husbyfjöl) aufgestellt worden.

[2]) Bei dieser Gelegenheit macht TÖRNQVIST (loc. cit. p. 64) die sehr richtige Bemerkung, dass es nach den kurzen Diagnosen in ANGELIN's „Palaeontologia Scandinavica" schwer und mitunter unmöglich sei, die Asaphiden zu bestimmen.

[3]) TÖRNQVIST erwähnt diese Art, DALMAN's ursprüngliche „*Calymene clavifrons*", fraglich von Borghamn am Omberg. Zuerst aufgestellt wurde sie nach Exemplaren von Husbyfjöl. Von derselben hat ANGELIN einen von DALMAN später ebenso benannten, obwohl durchaus verschiedenen Trilobiten von Ljung, welcher zu e gehört, unter dem Namen *Cyrtometopus affinis* abgetrennt (cf. Palaeont. Scandin. p. 78 u. 32).

cops sclerops DALM., *Lichas celorrhin* ANG., *Orthoceras commune* WAHLENB., *Orthoc. vaginatum* SCHLOTH. (?) neben anderen Formen derselben Gattung, *Euomphalus Gualteriatus* SCHLOTH., *Orthis calligramma* DALM., *Spirigerina (Atrypa) nucella* DALM.

Hierher gehören wohl auch folgende Trilobiten, welche ANGELIN von Husbyfjöl und theilweise zugleich von einigen andern Orten Ostgothlands anführt: *Cryptonymus (Cybele) bellatulus* DALM., *Megalaspis heros* DALM., *Megal. extenuata* WAHLENB., *Megal. stenorhachis* ANG., *Ampyx nasutus* DALM., *Cheirurus ornatus* DALM., *Dysplanus centrotus* DALM., *Asaphus rimulosus* ANG., *Asaph. raniceps* DALM., *Asaph. fallax* DALM., *Lichas pachyrrhinus* DALM., *Cyrtometopus tumidus* ANG. und *gibbus* ANG. Ohne nähere Fundortsangabe wird *Rhodope (Panderia* VOLB.) *lineata* ANG. aus der Regio C Asaphorum in Ostgothland mitgetheilt (Palaeont. Scandin. p. 39).

e) Oberer rother Orthocerenkalk.

Diese Ablagerung ist anscheinend nur südlich vom Göta-Canal bei Ljung sowie in der Nachbarschaft dieses Ortes bei Skarpåsen blossgelegt, und tritt dort an die Bodenoberfläche heran. Unter derselben wird zwar von TÖRNQVIST grauer Kalk angegeben, jedoch ohne nähere Mittheilungen über dessen geognostische Charaktere. Der rothe Kalk wechsellagert hier und da mit dünneren blaugrauen Bänken.

Im unteren Theil dieser Zone sind Orthoceratiten und Lituiten ziemlich reichlich vertreten, von ersteren hauptsächlich *Orthoc. commune* WAHLENB. und *Orthoc. vaginatum* SCHLOTH. In den oberen rothen Kalklagen ist die Fauna an einzelnen Stellen eine reichere; es fanden sich dort: *Euomphalus Gualteriatus* SCHLOTH., *Cheirurus* sp., *Pliomera (Amphion) Fischeri* EICHW., *Phacops sclerops* DALM., *Asaphus expansus* LIN. sp., *Niobe frontalis* ANG., *Megalaspis gigas* ANG., *Agnostus trinodus* SALT. var.[1]) und *Primitia* sp. Eigenthümlich ist die geringe Grösse eines Theiles der hier vorkommenden Petrefacten (wie *As. expansus*, *Amph. Fischeri* und *Niobe frontalis*). Speciell von Ljung oder Skarpåsen hat ANGELIN noch folgende von ihm benannte Trilobiten mitgetheilt: *Megalaspis multiradiata*, *Celmus granulatus*, *Lichas convexa* und *Cyrtometopus affinis*; ferner ebendaher 2 Asaphiden, *Megalaspis extenuata* WAHLENB. und *Asaphus raniceps* DALM., welche schon bei d angeführt wurden.

Der besprochene Orthocerenkalk von Ljung entspricht dem oberen rothen Kalk von der Kinnekulle, obwohl jener in gewissen Schichten Trilobiten enthält, welche dem

---

[1]) An den typischen *Agnostus trinodus* SALTER schliessen sich nach TÖRNQVIST (loc. cit. p. 62) zwei Formen, von denen die eine, durch LINNARSSON aus höheren untersilurischen Horizonten Westgothlands beschriebene und zumal im rothen Trinucleusmergel dort wie auch in Ostgothland vorkommende ein kürzeres, die andere ein gestreckteres hinterstes Rhachisglied, als die Hauptform, und überhaupt eine längere Schwanzschildaxe zeige. Diese letztere Varietät, welche bei Skarpåsen in dem gegenwärtig betrachteten rothen Kalk gefunden wurde, stehe ANGELIN's *Agnostus glabratus* am nächsten.

letzteren fehlen. Mehrere Arten des ersteren rothen Kalksteins pflegen überdies sonst, z. B. in Dalarne, aber auch in Ostgothland selbst, in grauem Orthocerenkalk vorzukommen. —

Für den ostgothländischen Orthocerenkalk seien nach ANGELIN's und LINDSTRÖM's „Fragmenta Silurica" noch erwähnt: *Orthoceras duplex* WAHLENB. und *vaginatum* SCHLOTH. aus grauem Kalk von Husbyfjöl, *Discoceras* (*Lituites*) *convolvens* HIS. und *lamellosum* HIS. (beide im rothen Kalk bei Ljung) und *Orthis callactis* DALM. var.

Ueber den oberen Abschluss des Orthocerenkalks in Ostgothland lässt sich nichts Bestimmtes sagen, da dieses Schichtensystem im Contact mit dem nächstjüngeren Formationsgliede nicht beobachtet wurde.

5. Cystideenkalk (Chasmopskalk).

Vornehmlich bei Norra Freberga nordwestlich von Motala aufgeschlossen, wo das Gestein in steil aufgerichteten, mit Sphäroniten gewissermassen gespickten Schichten ansteht. In dem S. LVIII (Anm. 2) citirten Aufsatz erwähnt LINNARSSON beiläufig aus derselben Gegend einen grünlichen Kalkstein mit Crinoidengliedern als wahrscheinlich dem Chasmopskalk angehörig.

Besonders bezeichnende Versteinerungen sind *Caryocystites granatum* WAHLENB. und *Echinosphaerites aurantium* GYLLENH., welche zwar in der Hauptsache verschieden hoch, jedoch auch zusammen vorkommen. Ausserdem finden sich Brachiopoden, Gastropoden, Crinoidenstiele, Korallen und eine in Dalarnes Cystideenkalk gemeine *Ptychopyge*-Art. In den „Fragmenta Silurica" werden folgende Anthozoen für mehrere Fundpunkte dieses Chasmopskalks (Motala, Råsnäs, Södra Freberga) angegeben: *Favosites Forbesii* E. & H., *Fav. Lonsdalei* D'ORB. und *Cölostylis Törnqvisti* LINDSTR.

Bei dem Chasmopskalk Ostgothlands müssen ebenso, wie bei dem dalekarlischen, zwei Abtheilungen unterschieden werden (Privatmittheilung von LINNARSSON, vgl. Anm. zu S. XXXI).

6. Trinucleusschiefer.

a) Schwarzer Trinucleusschiefer.

Hauptaufschlusspunkt ist Hamra am Wetternsee zwischen Motala und Vadstena. Das Gestein hat das gewöhnliche Aussehen und wird von ähnlichen grauen Kalken (z. Th. mit *Leptaena sericea* Sil. Syst. und kleinen Trilobiten) begleitet, wie sie in Dalarne bei der Draggå-Brücke (Draggåbro) und bei Fjecka das nämliche Schieferlager umgeben. Fauna ganz mit der des darlekarlischen schwarzen Trinucleusschiefers übereinstimmend: *Trinucleus seticornis* HIS. (nebst *Trin. affinis* ANG.), *Remopleurides radians* BARR., *Raphiophorus depressus* ANG., *Calymene* sp., *Orthis argentea* HIS., *Leptaena sericea* Sil. Syst., *Orbicula? (Obolella?) nitens* HIS., *Orbicula* sp., *Diplograptus pristis* HIS., *Dicellograptus Moffatensis* CARRUTHERS (?). Ferner wird genannt: *Leptaena quinquecostata* M'COY var. (Fragm. Silur. p. 29).

b) Rother Trinucleusmergel.

Rother mergeliger Kalkstein oder Kalkschiefer, welcher an zwei Landspitzen bei Motala (Rödbergsudden und Råsnäs) zu Tage tritt. Gemein sind Brachiopoden, sodann auch verschiedene Trilobiten, die allerdings meist nur in Bruchstücken gefunden wurden: *Remopleurides dorsospinifer* PORTL., *Agnostus trinodus* SALT. (LINRS.), Arten von *Proëtus*, *Cheirurus*, *Sphaerexochus* und *Illaenus*. Weniger gewöhnlich sind Korallen, Bryozoen, Lituiten sowie hochkammerige und grosse Orthoceratiten.

Auch diese Stufe hat ihr vollständiges Analogon in dem rothen Mergelschiefer der Trinucleus-Region in Dalekarlien, und ebenso in demjenigen Westgothlands, wie dies LINNARSSON zuerst ausgesprochen hat; nur ist hier das Gestein weniger kalkig und hart, als in Ostgothland[1]).

7. Brachiopodenschiefer.

In typischer Ausbildung und mit dem Vorkommen in Westgothland wesentlich übereinstimmend[2]) kennt man dieses Glied auf ostgothländischem Gebiete bloss bei Borenshult am Borensee nordöstlich von Motala. Es besteht dort aus dunkel- oder hellgrauem oder auch grünlichem Kalk und Mergel mit zahlreichen Petrefacten. *Lichas affinis* ANG. (= *Lich. laciniata* α LOVÉN)[3]), *Phacops mucronata* BRONGN. und *Calymene tuberculata* BRÜNN. sind nicht selten; weit häufiger und bezeichnender aber sind Brachiopoden, u. a. *Leptaena (Strophomena) depressa* DALM., *Lept. (Orthis) pecten* LIN. sp., *Lept. quinquecostata* M'COY, *Orthis testudinaria* DALM. und *Rhynchonella borealis* SCHLOTH. (womit hier *Rhynch. canaliculata* DALM. gemeint ist, cf. „Fragm. Silurica", p. 23). Stellenweise ist das Gestein geradezu eine von Trümmern des letzteren Fossils gebildete Breccie. Von demselben Fundort hat DALMAN[4]) auch *Atrypa reticularis* LIN. sp. angegeben.

Aus dem Brachiopodenschiefer bei Borenshult sind nach den „Fragmenta Silurica", resp. nach Privatmittheilungen von Prof. G. LINDSTRÖM, weiterhin zu nennen: *Goniophora carpomorpha* DALM. sp., *Favosites Forbesii* E. & H., *Plasmopora conferta* E. & H. und *Ptychophyllum craigense* M'COY.

TÖRNQVIST erwähnt noch graue knorrige Kalkschichten mit eingeschalteten Schieferlagen, die am Råsnäs den rothen Trinucleusschiefer überlagern und, wenn auch entfernt, einige Beziehung zum Brachiopodenschiefer zu haben scheinen. Ein darin gefundener Trilobitenkopf erinnert an *Cheirurus punctatus* ANG., womit LUNDGREN ein

---

[1]) cf. LINNARSSON, Om Vestergötlands Cambr. och Silur. aflagringar, p. 21.

[2]) S. ebendaselbst, p. 24.

[3]) cf. BEYRICH, Trilobiten, I. p. 26, und ANGELIN's Palaeont. Scandin. p. 69.

[4]) Några petrifikater, funna i Östergötlands öfvergångskalk, Kongl. Svenska Vetensk.-Akad. Handl. för 1824, p. 2.

Fossil des Brachiopodenschiefers bei Röstånga in Schonen verglichen hat. Ausserdem zeigten sich noch etliche andere Trilobitenreste, darunter *Trinucleus* sp. und *Remopleurides* cf. *radians* BARR., sowie spärliche Brachiopoden. Diese paläontologischen Daten, in Verbindung mit der Lagerung, erinnern etwas an LINNARSSON's Staurocephalusschiefer.

8. Oberer Graptolithenschiefer.

Nach TÖRNQVIST's Angaben stellt sich Gliederung und Fauna folgendermassen dar:

a) Lobiferusschiefer.

An der Basis der Etage erscheint am Råsnäs unweit Motala ein dunkelfarbiger dichter Kalk („Cementkalk"), welcher dem Kallholnkalk in Dalarne entspricht. Der darüber folgende Schiefer enthält *Graptolithus (Monograptus) lobifer* M'COY und *Climacograptus teretiusculus* HIS. (i. e. *rectangularis* M'COY, cf. p. XXXIII u. Zus.).

Zwischen Borenshult und Motala fand sich am Canal eine lose Schiefermasse mit einer eigenthümlichen reichen Graptolithenfauna, darunter *Graptolithus (Monograptus) proteus* BARR., *Grapt. turriculatus* BARR. und *Rastrites Linnaei* BARR. Augenscheinlich liegt hier eine Schicht vor, welche mit dem S. XXXIII angeführten Osmundsbergschiefer übereinkommt[1]).

b) Retiolitesschiefer.

Brauner Schiefer mit Mergelknollen, welche letzteren *Graptolithus (Monograptus) priodon* BRONN, *Grapt. convolutus* HIS. (womit *Cyrtograptus? spiralis* GEIN. gemeint sein dürfte) und *Retiolites Geinitzianus* BARR. enthalten. TÖRNQVIST selbst hat diese Schieferbildung in Ostgothland anstehend nicht beobachtet, jedoch ist ihr Gestein in grösseren Massen bei Erdarbeiten in der Gegend von Motala ausgegraben worden. —

Seitdem Vorstehendes niedergeschrieben war, ist nun die Arbeit LINNARSSON's, auf welche schon S. XXXVII hingewiesen wurde, unter dem Titel „Graptolitskiffrar med Monograptus turriculatus vid Klubbudden nära Motala" in den Geolog. Fören. Förhandl., Bd. V. No. 12, Mai 1882, erschienen. Aus derselben ist Einiges hier mitzutheilen. Im unteren Haupttheile des oberen Graptolithenschiefers zeigen sich zahlreiche Arten von *Rastrites*, *Monograptus*, *Diplograptus* und *Climacograptus*; die beiden erstgenannten Gattungen treten dort zuerst auf. Vorzugsweise bezeichnend ist *Rastrites*, da dieses Genus weder höher hinauf, noch tiefer vorkommt, und deshalb hält LINNARSSON den Namen **Rastritesschiefer** für den angemessensten zur Bezeichnung des fraglichen Schiefercomplexes, d. h. des eigentlichen, mit der schottischen Birkhill-Gruppe

---

[1]) cf. auch TÖRNQVIST, Berättelse om en resa i England, Wales och Skotland, Öfvers. af Kongl. Vetensk.-Akadem. Förhandl., 1879. Nr. 2, p. 74.

in Parallele zu stellenden „Lobiferusschiefers" Törnqvist's[1]), während letztere Benennung am passendsten nur für die besonderen Schieferpartien beizubehalten wäre, in denen hier *Monograptus lobifer* M'Coy thatsächlich sich findet. Was den typischen „Retiolitesschiefer" betrifft, so fehlen ihm *Rastrites*, *Diplograptus* und *Climacograptus*; neben *Monograptus* enthält derselbe bloss *Retiolites* und *Cyrtograptus*, und am häufigsten erscheinen *Monograptus priodon* Bronn, *Monogr. vomerinus* Nich. sowie *Retiolites Geinitzianus* Barr.

Die paläontologische Scheidung zwischen dem Rastrites- und dem Retiolitesschiefer in ihrer typischen Ausbildung ist überall eine scharfe. Auf dem Klubbudde (udde = Landspitze), nordwestlich von Motala am Wetternsee, hat nun Linnarsson graptolithenführende Schiefer beobachtet, welche ein Uebergangsglied zwischen beiden darstellen. Dieselben wurden zwar nicht direct anstehend gesehen, jedoch beweist die Art des Vorkommens, dass ihr festes Lager in unmittelbarer Nähe der Fundstelle vorhanden sein muss. Zunächst am Fusse eines an der bezeichneten Oertlichkeit vorhandenen Abhanges wurde ein schwarzer Schiefer von eigenthümlichem Aussehen angetroffen, in welchem sich folgende Graptolithenformen fanden: *Monograptus jaculum* Lapw. (?), *M. priodon* Bronn, *M. rhynchophorus* n. sp., *M.* cf. *lobifer* M'Coy, *M. dextrorsus* n. sp., *M. tortilis* n. sp. (?), *M. resurgens* n. sp., *M. turriculatus* Barr., *Rastrites Linnaei* Barr.[2]), *Rastr. Linnaei* var. (?)[3]), *Diplograptus palmeus* Barr. und *Retiolites perlatus* Nich. (?). In der Höhe des nämlichen Abhangs zeigte sich sodann ein milder, grauer, ziemlich dickplattiger Schiefer mit *Monograptus jaculum*[4]), *M. priodon* (?), *M.* cf. *crassus* Lapw., *M. runcinatus* Lapw., *M. tortilis*, *M. resurgens*, *M. turriculatus*, *Rastrites Linnaei* und *Diplograptus palmeus*. Die gesperrt gedruckten Arten sind in den betreffenden Gesteinen die häufigsten.

Durch die vielen gemeinsamen Petrefacten wird der Beweis geliefert, dass diese beiden Schiefer, von denen der graue wahrscheinlich den schwarzen überdeckt, in nächster Beziehung zueinander stehen und als Theile einer und derselben Bildung anzusehen sind. Linnarsson glaubt letztere vor der Hand weder mit dem Lobiferus-, noch mit dem Retiolitesschiefer direct vereinigen zu sollen, sondern meint in ihr eher eine Zwischenstufe von mehr selbständigem Range zu erkennen. Hiernach wird die

---

[1]) Es ist hier diese Etage in der ihr ursprünglich gegebenen Ausdehnung aufzufassen, wobei aufwärts die Schichten mit *Monograptus turriculatus* noch nicht eingerechnet sind.

[2]) Nach Linnarsson ist diese Art sehr nahe verwandt mit dem englischen *Rastrites maximus* Carr., und könnte vielleicht gar damit identisch sein, falls sie ähnlich bedeutende Dimensionen erreichen sollte.

[3]) Linnarsson vergleicht diese Form zugleich mit *Rastrites distans* Lapw.

[4]) Diese von Lapworth aufgestellte Form ist vom Autor selbst (Geolog. Magazine, 1876, p. 351) als Varietät von *Monogr. Hisingeri* Carr. bezeichnet worden.

Bezeichnung Schiefer mit *Monograptus turriculatus* oder Klubbuddschiefer vorgeschlagen, wobei der schwarze Schiefer speciell als Schiefer mit *Monograptus dextrorsus*, der graue als Schiefer mit *Monograptus runcinatus* sich bezeichnen liesse. Die im Lobiferusschiefer häufige Gattung *Diplograptus* erlischt hier, und *Climacograptus* fehlt schon ganz. Vorwiegend trifft man Monograpten vom Typus des *Monograptus lobifer*; aber gleichzeitig erscheint zuerst *Monogr. priodon*, der mitsammt seinen nächsten Anverwandten für höher liegende Horizonte charakteristisch ist. Was die beiden angeführten *Rastrites*-Formen betrifft, so wurden sie nur spärlich angetroffen. Für die gegenwärtige Arbeit empfiehlt es sich, das besprochene Gebilde noch beim Lobiferusschiefer zu belassen, was übrigens auch an sich zu rechtfertigen ist (s. bei Schonen unter 12).

Offenbar gehört hierher das oben erwähnte, vermuthlich beim Canalbau ausgegrabene Schiefergestein, welches TÖRNQVIST zwischen Motala und Borenshult aufgefunden hat.

Ohne Zweifel sind ferner die von TÖRNQVIST auf der Grenze des Lobiferus- und Retiolitesschiefers in Dalekarlien angetroffenen Schieferzonen (vgl. S. XXXIII, XXXIV u. Zusätze zu dens.), der von ihm für äquivalent mit LAPWORTH's Zone des *Rastrites maximus* erklärte Osmundsbergschiefer mit *Monogr. turriculatus* und das als darüber liegend angenommene Lager von Skräddaregården bei Kallholn mit *Monograptus priodon* etc.[1]), als gleich- oder wenigstens sehr nahestehend dem Klubbuddschiefer LINNARSSON's zu erachten.

Zu bemerken ist noch, dass letzterer ziemlich genau der Lower Gala Group in Schottland entspricht, welcher auch die vorhin erwähnte Zone mit *Rastrites maximus* CARR. angehören dürfte, obwohl LAPWORTH dieselbe früher als jüngstes Glied des Upper Birkhill betrachtet hat.

Anmerkung. — Die vorstehende geognostische Skizze des ostgothländischen paläozoischen Gebietes war bis S. LXIV incl. seit nahe einem Jahre schon gedruckt, als die Section „Vreta Kloster" der geologischen Specialkarte Schwedens nebst den zugehörigen Erläuterungen „Beskrifning till Kartbladet Vreta Kloster af G. LINNARSSON och S. A. TULLBERG", Stockholm 1882, mir zuging. Dieses Blatt umfasst die Gegend nördlich und südlich des Boren-Sees und des zwischen letzterem und dem Roxen-See liegenden Motala-Laufs, der durch den kleineren Norrby-See hindurchführt[2]). In diesem Bezirke trifft man nicht nur überhaupt die meisten,

---

[1]) Obschon TÖRNQVIST in Geol. Fören. Förh., Bd. IV. Nr. 14, p. 456, gleich über diesem letzteren graptolithenführenden Horizont in der Schieferfolge den Retiolitesschiefer notirt hat, so bemerkt er doch ebendaselbst p. 450, dass seine Fauna auf ein **Uebergangslager** zwischen dem Lobiferus- und Retiolitesschiefer hindeute.

[2]) Es sei hier zu S. LVII bemerkt, dass der Göta-Canal zwischen Wettern- und Roxen-See zwar durchweg in mehr oder weniger geringen Abständen dem Lauf der Motala-Elf folgt, dabei

sondern zugleich auch die Mehrzahl der wichtigsten Aufschlusspunkte der fossilführenden paläozoischen Gebilde Ostgothlands, wie Husbyfjöl, Ljung, Knifvingé und Berg¹). Die Gliederung der cambrisch-silurischen Schichten, welche in der citirten, auf mehrjährigen Specialaufnahmen von LINNARSSON u. A. beruhenden Arbeit für das Gebiet der Karte durchgeführt ist, bin ich genöthigt im Folgenden nachträglich mitzutheilen, schon weil darin verschiedene Localitäten in Betracht gezogen sind, welche TÖRNQVIST weniger genau oder selbst gar nicht untersucht hatte; es gestaltet sich hiernach auch die Schichtenreihe etwas vollständiger, als sie vordem ermittelt war.

1. Cambrischer Sandstein.

Tritt nur an einigen wenigen Punkten an der Svartå (einem südlich von Berg in den Roxen-See mündenden Bach) und dem Motala-Fluss zu Tage. Gestein ein im Aussehen dem Fucoïdensandstein Westgothlands sehr ähnlicher, lockerer, gelblichweisser Sandstein, stellenweise auch mit rostbraunen Streifen und Flecken, nach unten z. Th. härter und quarzitartig. Petrefacten wurden darin noch nicht gefunden.

2. Paradoxidesschiefer.

a) Zone des *Paradoxides Oelandicus* und *Parad. Tessini*.

Grünlichgrauer Thonschiefer mit Kalk von gleicher Färbung; nur in losen Blöcken (bei Berg, Myra s. w. von da, Husbyfjöl), worin sich fanden: *Paradoxides Oelandicus* SJÖGR., *Parad. Tessini* BRONGN., *Ellipsocephalus muticus* ANG., *Agnostus gibbus* LINRS., *Hyolithus socialis* LINRS., *Lingula* sp., *Acrothele granulata* LINRS., *Iphidea ornatella* LINRS. und *Acrotreta socialis* v. SEEB. Das Gestein stimmt fast ganz mit dem des Oelandicus-Lagers auf Oeland überein, während die Fauna ein Uebergreifen in die nächsthöhere schwedische Tessini-Zone anzeigt, weshalb jene Funde als Trümmer einer Grenzbildung zwischen diesen beiden Stufen aufgefasst werden²).

b) Zone des *Paradoxides Forchhammeri*.

Hier beginnt der Alaunschiefer, der wie gewöhnlich Bänke oder zerstreute Knollen von dunkelgrauem bis schwärzlichem, theils dichtem, theils krystallinischem Stinkkalk einschliesst. Obwohl derselbe mehrorts ansteht, ist sein Hauptbezirk doch die Gegend von Berg (Kirchspiel Vreta Kloster). Das unterste Lager enthält *Paradoxides Forchhammeri* ANG. sowie auch *Agnostus* sp. neben zahlreichen Exemplaren kleiner Brachiopoden, wie *Acrothele* und *Acrotreta*. Der S. LIX nach TÖRNQVIST fraglich angeführte Andrarumkalk ist also in der That vorhanden, z. B. bei Knifvinge und bei Råby im Kirchspiel Ljung³).

---

aber an keiner Stelle dort unmittelbar mit letzterer in Verbindung steht. Der oben einige Male genannte Ort Kungs-Norrby (auf der Karte „Kongs-Norrby" geschrieben) liegt an diesem Flusse, dort wo er in das westliche Ende des Norrby-Sees eintritt.

¹) Dieser Ort liegt, ebenso wie Pålstorp, bei Vreta Kloster auf der Westseite des Roxen-Sees nahe der Einmündung des Göta-Canals; etwas weiter westlich ist Sjögestad gelegen.

²) Die ersten Beobachtungen über dieses Vorkommen sind von LINNARSSON und von NATHORST (bei Berg) gemacht worden (cf. Geol. Fören. Förh., Bd. V. p. 623 u. Bd. VI. p. 110). Ein sehr ähnliches Gestein enthält die Tessini-Zone in Nerike (vgl. S. XXXVIII).

³) Uebrigens hatte LINNARSSON bereits 1873 in dem Aufsatz „Trilobiter från Vestergötlands

c) Zone mit *Liostracus costatus* und *Leperditia primordialis*.

Dieses bei Knifvinge sowohl, als auch bei Sjögestad, Berg und Pålstorp nachgewiesene Glied des Paradoxidesschiefers deckt sich offenbar mit der Zone 2. b auf S. LIX, und ist hauptsächlich durch Knollen von schwarzem Stinkkalk mit *Agnostus laevigatus* DALM., *Liostracus costatus* ANG. und *Leperditia primordialis* LINRS. repräsentirt.

3. Olenusschiefer.

a) Zone des *Agnostus pisiformis* L.

Im tiefsten Theile des gleichfalls von Alaunschiefer und bituminösem Kalkstein gebildeten Olenenschiefers, der meist auch an den Fundstellen der vorerwähnten Lager angetroffen wird, tritt neben der genannten Art auch *Olenus gibbosus* WAHLENB. auf. Jedoch liegt ganz zu unterst (ebenso wie in Schonen) in der Nähe von Vreta Kloster eine Schicht, die bloss jenen *Agnostus* enthält, weshalb hier noch zwischen einer Stufe mit *Agnostus pisiformis* allein und einer darüber liegenden Stufe mit *Olenus gibbosus* unterschieden wird.

b) Zone der *Parabolina spinulosa* WAHLENB.

Daneben *Orthis lenticularis* WAHLENB.

c) Zone mit *Eurycare* und *Leptoplastus*.

Enthält *Eurycare latum* ANG. und *Leptoplastus* sp.

d) Zone der *Peltura scarabaeoïdes* WAHLENB.

Darin finden sich zugleich mehrere *Sphaerophthalmus*-Arten, am häufigsten *Sph. alatus* BOECK[1]).

4. Dictyonemaschiefer.

Diese jüngste Ablagerung des Alaunschiefers mit *Dictyonema flabelliforme* EICHW. wurde 1,7—3 Meter mächtig gefunden; sie kommt anstehend bei Knifvinge, Husbyfjöl und Storberg (Kirchspiel Kristberg, am Nordufer des Boren-Sees) vor, ausserdem in losen Steinen bei Berg und an anderen Orten. Dieselbe wird in der Schrift von LINNARSSON und TULLBERG noch beim Olenusschiefer als dessen oberste Zone aufgeführt.

5. Ceratopygekalk?

Bei Berg wird der Orthocerenkalk von einem graugrünen, lockeren mergelartigen Schiefer unterlagert, der eine eigenthümliche Fauna enthält, wesentlich mit derjenigen übereinstimmend, welche G. HOLM neuerdings in dem Phyllograptusschiefer bei Skattungby in Dalarne nach-

---

Andrarumskalk" (Geol. Fören. Förh., Bd. I) das Vorkommen loser Schieferstücke mit *Paradoxides Forchhammeri* und *Agnostus laevigatus* bei Husbyfjöl erwähnt.

[1]) Nach einer Angabe von DAMES enthält die Peltura-Stufe bei Knifvinge eine durch hellfarbige Kalkspathpartien ausgezeichnete Stinkkalkabänderung (vgl. unten bei VII. 3). — Bemerkenswerth ist sodann, dass ebendaselbst zwischen dieser Zone und dem Dictyonemaschiefer eine 2—8 Centimeter dicke Bank von kalkigem Sandstein lagert, in der bloss Fragmente von Brachiopoden auftreten. LINNARSSON hat diese zuerst von DR. WALLIN beobachtete eigenthümliche Zwischenschicht schon in seinem Reisebericht über Schonen (Geol. Fören. Förh., Bd. II, 1875, p. 272) erwähnt.

gewiesen hat (vgl. unten bei den Nachträgen zu S. XXVIII). Die aufgefundenen Fossilien sind: *Megalaspis Dalecarlica* Holm, *Ampyx pater* Holm, *Agnostus Sidenbladhii* Linrs. (?), *Ceratopyge* sp. indet., *Symphysurus* sp., *Acrotreta* sp. und *Orthis* sp. sowie einige Graptolithen, die vielleicht zu *Phyllograptus* und *Didymograptus* gehören. Es wird vor der Hand vermuthet, dass dieses auch bei Knifvinge als ein blaugrüner Kalk mit dem genannten *Ampyx* gespürte Lager möglicherweise dem Ceratopygekalk Westgothlands entspreche.

6. Orthocerenkalk.

Gewöhnlich scheint indessen der Dictyonemaschiefer unmittelbar bedeckt zu werden von einer glaukonitreichen kalkigen Schicht, für welche Linnarsson den Namen „Grünsand" gewählt hat. Dieselbe, deren Mächtigkeit übrigens selten 3 Decimeter übersteigt, wird als die muthmassliche unterste Zone des Orthocerenkalks angesehen.

Die Schichtenfolge innerhalb des eigentlichen Orthocerenkalks konnte am sichersten in dem „Vestanå-Steinbruch" unweit Husbyfjöl festgestellt werden. Nachstehende Stufen sind hier nach Linnarsson von unten ab zu unterscheiden:

a) Planilimbatakalk.

Grauer, ins Bläulichgrüne spielender, flachmuschelig brechender dichter Kalk mit *Megalaspis planilimbata* Ang., *Meg. limbata* Boeck, *Niobe laeviceps* Dalm., *Amphion* sp., *Symphysurus breviceps* Ang., *Illaenus* sp. etc.

b) Röthlicher Kalk

mit bläulichgrünen Absonderungsflächen und ähnlichen Streifen, sehr fossilarm.

c) Grauer Kalk

von nahezu homogener Färbung, in ziemlich dicken Bänken abgelagert.

d) Heroskalk.

Bildet eine $\frac{1}{2}$ Meter dicke Schicht, und besteht aus einem grauen Kalkstein, in dessen tieferem Theil zahlreiche Glaukonitkörnchen eingesprengt sind. Gemein ist hier *Megalaspis heros* Dalm., welches Fossil, wie S. LXII bemerkt, auch Angelin für Husbyfjöl citirt hat.

e) „Likhall"-Kalk.

Grau und z. Th. mit einem Stich ins Röthliche, ähnlich dem unter c angeführten Gestein; gleicht dem Kalk, welcher an der Kinnekulle „likhall" genannt wird.

f) Expansuskalk.

Das Gestein ist ein grauer, besonders auf den Schichtflächen grünlicher, lockerer und etwas erdiger Kalk, gewöhnlich reich an Petrefacten. Genannt werden: *Asaphus expansus* L., *Ptychopyge angustifrons* Dalm., *Megalaspis extenuata* Wahlenb., *Symphysurus palpebrosus* Dalm., *Niobe frontalis* (Dalm.) Ang., *Cybele bellatula* Dalm., *Ampyx nasutus* Dalm., *Phacops sclerops* Dalm., *Illaenus Dalmani* Volb., *Dysplanus centrotus* Dalm., *Pliomera (Amphion) Fischeri* Eichw., *Cyrtometopus (Cheirurus) clavifrons* Dalm., *Agnostus glabratus* Ang.[1]), *Orthis calligramma* Dalm., *Orthis obtusa* Pander, *Atrypa nucella* Dalm.

---

[1]) Die Fundortsangabe Angelin's für das Original des genannten *Agnostus* lautet: „In schisto margaceo variegato regionis D, Vestrogothiae ad Bestorp in monte Mösseberg." Linnarsson hat

Zu den angeführten Schichten von Husbyfjöl kommt dann noch der rothe Orthocerenkalk von Ljung, der auch weiter nach S. bei Sjögestadlund, Täcktö und Skeppsås auftritt, mit *Asaphus expansus* L., *Pliomera (Amphion) Fischeri* EICHW., *Niobe frontalis* (DALM.) ANG., *Agnostus glabratus* ANG., *Cyrtometopus (Cheirurus) clavifrons* DALM., sowie „*Lituites convolvens* HALL"[1]), *Orthoceras trochleare* HIS., *Orthoc. conicum* HIS. und *Orthoc. commune* WAHLENB. Darunter lagert grauer Kalk. Wegen der Uebereinstimmung der Fauna jenes rothen Kalksteins mit der des Expansuskalks von Husbyfjöl wird derselbe als eine Unterabtheilung des letzteren betrachtet, und beim Expansuskalk α) grünlichgrauer, β) rother unterschieden[2]).

7. Chasmopskalk.

Wie schon S. LXIII bemerkt werden konnte, hat LINNARSSON die hierher gehörigen, von Schiefer und Kalk gebildeten Schichten in zwei Abtheilungen getrennt:

a) **Aelterer Chasmopskalk (Cystideenkalk).**

Aufgeschlossen bei Karstorp (im Kirchspiel Lönsås nach Husbyfjöl zu). Gestein ein grauer, kleinbröcklig zerfallender Kalk mit stellenweise zwischenliegendem grünen Mergelschiefer. Die im Kalk seltenen, im Schiefer häufigen Versteinerungen sind: *Illaenus* sp., *Remopleurides* sp., *Beyrichia costata* LINRS., *Plumulites* sp., *Leptaena sericea* Sow., *Caryocystites granatum* WAHLENB. nebst anderen Cystideen.

b) **Oberer Chasmopskalk.**

Zugänglich bei Ulfåsa am Südufer des Boren-Sees, wo das fragliche Lager aus einem

---

früher (Vestergötlands Cambr. och Silur. aflagringar, p. 83) diese Species für identisch mit *Agnostus trinodus* SALTER gehalten, einer Form, die ihm zufolge in jüngeren Theilen der schwedischen Untersilurformation angetroffen wird. Es scheint, dass er später bezüglich jener Gleichstellung anderer Ansicht geworden ist (vgl. auch die Anm. zu S. LXII).

[1]) Der missliche Speciesname „*convolvens*" erscheint hier mit einer Autorangabe, deren Sinn nicht ganz klar ist. In HALL's Palaeontology of New-York, Vol. I, Albany 1847, p. 53, T. XIII Fig. 2 u. 2a, wird als „*Lituites convolvans?*" unter Berufung auf die so von HISINGER benannte Art ein Fossil des Black-river limestone mitgetheilt, dessen Identität mit HISINGER's *Lit. convolvens* in den citirten Abbildungen keineswegs sich ausspricht und mindestens sehr zweifelhaft erscheint. Letztere Species wird doch oben wohl anzunehmen sein, um so mehr als deren Original selbst nach HISINGER (Leth. Suecica, p. 27) von Ljung stammt.

[2]) Von den vorstehend unter 6. f angeführten Arten hätten *Niobe frontalis* und *Amphion Fischeri* auch schon S. LXII bei 4. d genannt werden können, da ANGELIN beide von Husbyfjöl erwähnt, daneben ersteren Trilobiten noch von Ljung, Heda (zwischen Berg und Sjögestadlund) etc., letzteren von Berg und Ljung. Ferner bemerke ich zu S. LXII, dass ANGELIN *Lichas celorrhin* nicht nur von Husbyfjöl, sondern auch von Skarpåsen (bei Ljung) angegeben hat. In dem Orthocerenkalk von Husbyfjöl findet sich ausserdem *Phacops (Pterygometopus) trigonocephalus* FR. SCHMIDT (Ostbalt. silur. Trilobiten, p. 81 u. 84).

Der Vollständigkeit halber mögen hier noch für Ostgothland nach der Palaeont. Scandinavica folgende Trilobiten nachgetragen werden: *Pliomera (Amphion) actinura* DALM., Reg. C (?), Berg (?); *Euloma laeve* ANG., Reg. C. (?) bei Berg; *Bumastus* (?) *glomerinus* DALM., Reg. C (?), Ostgothland (?); *Sphaerexochus* (?) *deflexus* ANG., Reg. C.

grauen Kalk mit grünen mergeligen Ablösungen besteht, in dem folgende Petrefacten gefunden wurden: *Chasmops macrourus* Sjögren, *Illaenus glaber* Kjerulf (?), *Cyrtometopus* sp., *Ampyx rostratus* Sars, *Orthis (Platystrophia) biforata* Schloth., *Strophomena (Leptaena) imbrex* Pander, *Leptaena sericea* Sow., *Monticulipora (Dianulites) Petropolitana* Pand. sp. etc.[1]

8. Trinucleusschiefer.

Die nächstjüngere Silurablagerung, ein augenscheinlich zur unteren Abtheilung des Trinucleusschiefers gehöriger schwarzer Schiefer, ist im Bereich des Kartenblattes „Vreta Kloster" erst nach dessen Fertigstellung zwischen Ulfåsa und dem südlich von da gelegenen Stora Åby im Kirchspiel Ekebyborna aufgefunden worden. Die beobachteten Fossilien sind: *Trinucleus seticornis* His., *Remopleurides radians* Barr., *Calymene trinucleina* Linrs. mscr., *Orthis argentea* His., *Leptaena sericea* Sow. sowie *Diplograptus pristis* His.

9. Oberer Graptolithenschiefer.

Diese hauptsächlich ausserhalb des Gebietes der angezogenen Specialkarte nachgewiesene, von Linnarsson und Tullberg bereits zum Obersilur gerechnete Etage wurde kürzlich auch an der vorhin bezeichneten Oertlichkeit, etwas nordwestlich von St. Åby, angetroffen. Es zeigt sich hier ein schwarzer graptolithenführender Schiefer mit mehreren gekrümmten, anscheinend noch unbeschriebenen *Monograptus*-Arten, sowie *Monograptus Hallii* Barr., *Cephalograptus* nov. sp. und *Climacograptus scalaris* L. Seiner geognostischen Stellung nach wird derselbe für etwas älter, als der unweit Motala auftretende Klubbuddschiefer Linnarsson's mit *Monogr. turriculatus*, gehalten[2]).

V. Schonen.

Nach Nathorst, Torell, Linnarsson, Törnqvist und Tullberg[3]).

Das geologische Bild dieser südlichsten Landschaft Schwedens übertrifft dasjenige der übrigen schwedischen Landestheile bedeutend an Mannichfaltigkeit, indem neben einem ziemlichen Reichthum an versteinerungsleeren Gesteinen (darunter auch Basalt) ganz besonders eine weit grössere Zahl von fossilführenden Formationsgliedern auftritt.

---

[1]) Offenbar stimmt dieser „obere Chasmopskalk" mit dem Macrouruskalk auf Oeland überein (vgl. unten bei VII. 8).

[2]) In der Beschreibung zur Section „Vreta Kloster" heisst es, dass jener schwarze Schiefer mit *Monograptus Hallii* vom Alter des Lower Gala sein dürfte. Dies kann wohl nicht genau richtig sein, da nach Linnarsson selbst der „Klubbuddschiefer" am nächsten der Lower Gala-Gruppe in Schottland entspricht (vgl. S. LXVII), und die unterliegenden Zonen des Lobiferusschiefers mit Theilen des schottischen Birkhill parallelisirt werden.

[3]) A. G. Nathorst: Om lagerföljden inom cambriska formationen vid Andrarum i Skåne, Öfvers. af Kongl. Vetensk.-Akad. Förhandl., Årg. 26 (1869), p. 51 ff.; Om de kambriska och siluriska lagren

Abgesehen von den allgemein verbreiteteten quartären Schuttmassen sind nicht allein die cambrische und die Untersilurformation vertreten, sondern ausserdem typisches Obersilur in beträchtlicher Mächtigkeit (welches, wenn von der Insel Gotland abstrahirt wird, auf schwedischem Boden sonst nur noch in Jemtland bekannt ist), darüber eine vorwiegend rothe Thon- und Sandsteinbildung, die wahrscheinlich zum Keuper gehört, ein gegenwärtig zum Rhät und unteren Lias gerechnetes kohlenführendes Schichtensystem und endlich die obere Kreideformation. Die cambrischen und andererseits die mesozoischen Schichten sind von den scandinavischen Geologen zunächst eingehender erforscht worden[1]), während die silurischen Ablagerungen Schonens, z. Th. in Folge des Mangels an guten Aufschlüssen, bis vor wenigen Jahren noch sehr unvollkommen untersucht waren. Eigenthümlich ist, dass die cambrisch-silurischen

vid Kiviks Esperöd i Skåne, jemte anmärkningar om primordialfaunans lager vid Andrarum, Geolog. Fören. Förhandl., Bd. III. Nr. 9, 1877, p. 263 ff.

OTTO TORELL: Bidrag till Sparagmitetagens geognosi och paleontologi, Lund 1867; Petrificata Suecana Formationis Cambricae, Lund 1869.

G. LINNARSSON: Anteckningar från en resa i Skånes silurtrakter, Geol. Fören. Förh., Bd. II. Nr. 8, 1875, p. 260 ff.; On the Brachiopoda of the Paradoxides beds of Sweden, Stockholm 1876; Jakttagelser öfver de graptolitförände skiffrarne i Skåne, Stockh. 1879 (aus Geol. Fören. Förh., Bd. IV); Om Faunan i Kalken med Conocoryphe exsulans („Coronatuskalken"), Stockh. 1879; Om försteningarne i de svenska lagren med Peltura och Sphaerophthalmus, Geol. Fören. Förh., Bd. V. Nr. 4, 1880, p. 132 ff.

Sv. LEONH. TÖRNQVIST: Om Fågelsångstraktens undersiluriska lager, Lund 1865; Berättelse om en geologisk resa genom Skånes och Östergötlands paleozoiska trakter, Öfvers. af K. Vet.-Akad. Förh., 1875. Nr. 10, p. 43—58.

SVEN A. TULLBERG: Om lagerföljden i de kambriska och siluriska aflagringarne vid Röstånga, Geol. Fören. Förh., Bd. V. Nr. 3, 1880, p. 86 ff.; Om Agnostus-arterna i de kambriska aflagringarne vid Andrarum, Stockholm 1880.

Die für Schonen zu gebende Uebersicht hatte ich im Wesentlichen bereits fertiggestellt, als mir TULLBERG's Arbeit „Skånes Graptoliter. I. Allmän öfversigt öfver de siluriska bildningarne i Skåne och jemförelse med öfriga kända samtidiga aflagringar, Stockholm 1882" vom Verfasser gleich nach ihrem Erscheinen freundlichst übersandt wurde. Es war von grosser Wichtigkeit, diese werthvolle Abhandlung hier noch zu benutzen, was allerdings vielfache Umarbeitungen und Ergänzungen nöthig gemacht hat. Gleichzeitig erhielt ich TULLBERG's „Beskrifning till Kartbladet Övedskloster", Stockholm 1882. Dieses Erläuterungsheft zu einer neuen Section der geologischen Specialkarte Schwedens, welche die besonders wichtige Gegend von Andrarum umfasst, wurde ebenfalls noch nachträglich berücksichtigt. Zu bemerken ist noch, dass in diesen neuesten Publicationen von TULLBERG mehrfach auf eine nachgelassene Arbeit LINNARSSON's „De undre Paradoxideslagren vid Andrarum", welche demnächst in „Sveriges Geologiska Undersökning. Ser. C" erscheinen soll, Bezug genommen ist.

[1]) Ueber das sandig-thonige kohlenführende Gebirge in Schonen ist kürzlich eine werthvolle paläontologische Arbeit von B. LUNDGREN „Undersökningar öfver Molluskfaunan i Sveriges äldre mesozoiska bildningar, Lund 1881" veröffentlicht worden.

Schichten Schonens im Ganzen mehr den britischen, die der übrigen Landschaften Schwedens mehr denjenigen der russischen Ostseeprovinzen entsprechen. Jene bilden hauptsächlich einen von der Südostspitze Schonens ungefähr durch die Mitte der Provinz bis zum Söderås von SO. nach NW. sich erstreckenden Gürtel von 10 bis 20 Kilometer Breite und etwa 11 Myriameter Länge; in gleicher Richtung läuft auf seiner Südwestseite noch ein schmaler Streifen paläozoischer Gebilde, welcher den aus Gneiss bestehenden Romeleklint umfasst.

A. Cambrische Formation.

Die ältesten fossilführenden Schichten sind bekanntlich vor Allem bei Andrarum in einer Weise entwickelt, welche diese Oertlichkeit zu einem classischen Punkte der cambrischen Formation Schwedens gestempelt hat. Die ersten genaueren Untersuchungen über die Gliederung der dortigen Ablagerungen rühren von A. G. NATHORST her.

1. Cambrischer Sandstein.

Der Hauptmasse nach ein grauer oder weisslichgrauer, zuweilen ins Rothe, Violette oder Bräunliche spielender, feldspatharmer und quarzitartiger, in dicken Bänken abgesonderter und oft zerklüfteter Sandstein, welcher schon durch seine compacte Textur und bedeutende Härte sich von den der steinkohlenführenden Ablagerung angehörigen sandigen Gebirgsarten unterscheidet. Vielfach erscheint das Gestein bei quarzigem Bindemittel als ein echter Kieselsandstein; theilweise ist es auch von gröberem Korn, und nach oben hin stellenweise schwefelkiesführend. Die Gesammtmächtigkeit soll einige hundert Meter betragen. Besonders entwickelt in der Gegend von Cimbrishamn, Brösarp und Andrarum, ausserdem u. a. bei Hardeberga östlich von Lund und bei Röstånga nordwestlich vom Ringsjö. Enthält an verschiedenen Orten röhrenförmige Gebilde, die als Spuren oder Ueberreste von Würmern gedeutet wurden, ihrer wahren Natur nach aber noch zweifelhaft sind: *Psammichnites gigas* TOR., *Scolithus errans* TOR., *Scolithus linearis* HALL[1]), *Diplocaterion* sim. *parallelo* TOR.; ferner *Hyolithus* sp. sowie fragliche pflanzliche Eindrücke, welche TORELL *Cordaites* (?) *Nilssoni* benannt hat.

Die vorerwähnten Sandsteinmassen dürften hauptsächlich dem Fucoïdensand-

---

[1]) Die in norddeutschen Sandsteingeschieben vorkommenden geraden parallelen Röhren, welche als *Scolithus linearis* HALL bezeichnet zu werden pflegen, sind in Schweden von TORELL zuerst aus Sandsteingeröllen im geologischen Museum zu Lund (nach NILSSON wahrscheinlich z. Th. aus der Nähe von Kalmar stammend) mitgetheilt, später auch im anstehenden cambrischen Sandstein der gegenüber der Småländischen Küste liegenden Insel Runö nachgewiesen worden. NATHORST hat die nämliche Form jedoch auch in losen Sandsteinblöcken bei Forsemölla unweit Andrarum beobachtet.

stein entsprechen, obschon letzterer in seiner gewöhnlichen Ausbildungsart petrographisch etwas abweicht. Auf ANGELIN's geologischer Uebersichtskarte von Schonen ist zwischen „Hardeberga-Sandstein" und „Lugnås-Sandstein", und daneben noch ein Quarzitconglomerat unterschieden. In dem begleitenden Texte[1]) hat ANGELIN als Glieder der untersten Sandsteingruppe oder älteste Uebergangsbildungen Schonens folgende Gesteinslager aufgestellt:

a) Lugnås-Sandstein (nach dem Berge gleichen Namens in Westgothland, wo eine analoge Felsart ansteht), nur im S. von Kiviks-Esperöd bei Delperöd und Rörum aufgefunden, an letzterem Orte etwa 60 schwed. Fuss oder 18 Meter mächtig; ist ein grobkörniger, neben Quarz auch reichliche rothe Feldspathkörnchen und etwas Glimmer enthaltender Sandstein, somit als Arkose zu bezeichnen.

b) Quarzit, der theils als ein normaler harter Quarzit von meist gelblicher oder röthlicher Farbe, theils als quarzitisches Conglomerat entwickelt ist und vornehmlich an einigen Punkten des Süd- und Südwestrandes des Söderås auftritt, wo eine Mächtigkeit desselben von 150 bis 200 schwed. Fuss ($44^1/_2$ bis $59^1/_2$ Metern) constatirt wurde.

ANGELIN hat in der von *a* und *b* gebildeten Abtheilung keine Petrefacten beobachtet. Nach TORELL und HOLMSTRÖM ist dieselbe, wenigstens der Lugnås-Sandstein, als eine den Hardeberga-Sandstein unterteufende Ablagerung anzusehen; sie dürfte hiernach dem Eophytonsandstein entsprechen.

c) Hardeberga-Sandstein (nach dem Vorkommen bei Hardeberga benannt), gewöhnlich ein ziemlich grobkörniger fester Sandstein mit quarzigem oder thonigem Bindemittel, nach oben oft in einen feinkörnigen und grauwackeähnlichen Schiefer übergehend, vorwiegend weisslichgrau, von hornsteinartigem Aussehen und muscheligem Bruch; seine Mächtigkeit wird zu 600 schwed. Fuss = beinahe 180 Meter angegeben. Diese Ablagerung zeigt eine grössere Verbreitung, namentlich bei Cimbrishamn, und kann als Aequivalent des Fucoïdensandsteins gelten. Die z. Th. noch problematischen organischen Ueberreste finden sich besonders in ihren oberen Theilen.

Ueber dem Hardeberga-Sandstein wird sodann in dieser ältesten sedimentären Schichtenfolge als ein viertes, übrigens wenig verbreitetes Glied noch Grauwackenschiefer angeführt, welcher ebenso wie jener auf der Karte bezeichnet ist (s. die nächste Anm.).

Die cambrische Sandsteinbildung Schonens überlagert unmittelbar den Gneiss, und die unterste Arkose zeigt selbst Uebergänge in dieses Gestein.

---

[1]) Von B. LUNDGREN veröffentlicht zu Lund 1877 unter dem Titel „Geologisk Öfversigts-Karta öfver Skåne med åtföljande Text, på uppdrag af Malmöhus och Christianstads läns Kongl. Hushållnings-Sällskap utarbetad af N. P. ANGELIN", wovon jedoch die 3 ersten Bogen schon 1862 gedruckt waren. Ausz. im Neuen Jahrb. f. Mineralogie u. s. w., 1878, p. 699.

2. Schiefer und Kalke mit Paradoxides.

Hierher gehört, ausser einem zu unterst auftretenden sandigen Thonschieferlager, der untere Theil der mächtigen Alaunschieferbildung mit verschiedenen Kalkeinlagerungen. Die gesammte Mächtigkeit wird zu ungefähr 48 Meter angegeben.

a) Zone des Paradoxides (Olenellus) Kjerulfi.

Vorwiegend ein grünlich- bis bläulichgrauer Thonschiefer oder auch ein feingeschieferter, theilweise in Thonschiefer übergehender Sandstein, bei Forsemölla nördlich von Andrarum 1,5—1,8 Met. mächtig; von NATHORST mit dem von den schwedischen Geologen vielfach gebrauchten Namen „Grauwackenschiefer" belegt[1]). Charakterisirt durch *Paradoxides Kjerulfi* LINRS. (jetzt meist zu *Olenellus* HALL gestellt), *Ellipsocephalus* sp.[2]), *Arionellus primaevus* BRÖGGER[3]), *Hyolithus* sp. indet., *Lingulella* (?) *Nathorsti* LINRS.

Nach oben geht das Lager stellenweise in einen grossentheils dunkler gefärbten Kalkstein (mit *Lingulella* sp. indet. LINRS. und *Acrothele* sp. indet. LINRS.) über, und nimmt gleichzeitig Phosphoritknollen auf.

Diese in Schweden auf Schonen (Andrarum und östlich davon bei Kiviks-Esperöd am Meeresstrand) beschränkte Stufe tritt auch in Norwegen auf, und zwar besonders in der Nähe von Ringsaker am Mjösen-See, von wo sogar die für dieselbe bezeichnendste Art, *Parad. (Olenellus) Kjerulfi*, zuerst von LINNARSSON[4]) beschrieben worden ist.

Ueber dem „Grauwackenschiefer", nur getrennt von demselben durch eine schwarze, bröcklichte, 0,6 Met. mächtige Alaunschieferlage („ritskiffer" = Zeichenschiefer NATHORST'S) mit einzelnen Brachiopoden (*Lingulella*, *Acrothele* und *Acrotreta* sp. sowie

---

[1]) Der Name „Gråvackeskiffer" ist übrigens schon in dem 1862 gedruckten Theile von ANGELIN's Erläuterungen zu seiner geolog. Uebersichtskarte von Schonen (loc. cit. p. 18) gebraucht. Das betreffende Gestein, welches meist grau oder grünlich gefärbt und feinkörnig, jedoch zuweilen auch conglomeratartig sei, wird noch, wie oben bemerkt, zur ältesten Sandsteinbildung gerechnet; als Aufschlusspunkte werden Röstånga, Forsemölla, Kiviks-Esperöd und Gislöfshammar angegeben.

[2]) Diese Art hat LINNARSSON 1877 (Om Faunan i lagren med Paradoxides Ölandicus, p. 15) zunächst als spec. indet. erwähnt; in seinen hinterlassenen Manuscripten wird sie (t. TULLBERG) als *Ellipsocephalus Nordenskiöldi* LINRS. aufgeführt.

[3]) cf. W. C. BRÖGGER, Om paradoxidesskifrene ved Krekling, Christiania 1877, p. 58. — Es ist dies wohl die von LINNARSSON früher schon als *Arionellus* sp. indet. mitgetheilte Form, welche NATHORST bereits 1868 beobachtet hatte.

[4]) Om några försteningar från Sveriges och Norges „Primordialzon", Öfvers. af K. Vet.-Akad. Förh., 1871. Nr. 6, p. 790. — TORELL hatte diesen Trilobiten, welcher übrigens bereits von NATHORST 1869 bei Andrarum aufgefunden, aber unbeschrieben gelassen wurde, unter der Benennung „*Paradoxides Wahlenbergii*" angegeben und zugleich die in Rede stehende Zone als „Paradoxidis Wahlenbergii strata" bezeichnet.

t. TULLBERG auch schon *Obolella sagittalis)*, findet sich am Verka-Bach bei Forsemölla in 0,3—0,6 Met. Mächtigkeit ein grauer, mit unbestimmbaren Fragmenten von Trilobiten erfüllter Kalkstein, welcher mit Rücksicht hierauf „Fragmentkalk" genannt worden ist. TULLBERG hat ein unvollständiges Schwanzschild daraus anfangs mit *Paradoxides Sjögreni* LINRS., später mit *Parad Hicksii* SALT. verglichen. Ausserdem enthält diese, z. Th. auch phosphoritführende Schicht einige Brachiopoden, darunter eine von LINNARSSON mit Fragezeichen zu seiner *Acrothele coriacea* gezogene Form sowie eine mit *Acrotreta socialis* SEEB. verwandte Art, ferner *Lingulella* sp. indet. LINRS.

Es folgt sodann bei Forsemölla ein 1,5—1,8 Met. mächtiges Alaunschieferbett mit aufliegenden grösseren Stinkkalkknollen. Hier erscheint die älteste schwedische *Agnostus*-Art, *Agn. atavus* TULLB., neben *Liostracus* sp., *Lingulella* sp. indet. LINRS. und *Obolella sagittalis* (SALT.) DAV., ferner auch bereits *Protospongia fenestrata* SALT. Von LINNARSSON ist diese Ablagerung letzthin als die „Zone des *Agnostus atavus* TULLB." bezeichnet worden.

Die auf das Kjerulfi-Lager folgenden Zwischenbildungen hat man nicht in bestimmterer Weise mit der nächsten Zone vereinigt, obschon freilich TULLBERG eine gewisse Analogie des „Fragmentkalks" mit dem Exsulanskalke zu erkennen glaubte.

b) Zone des Paradoxides Tessini.
α) Exsulanskalk.

Bildet die untere Abtheilung der Tessini-Stufe in Schonen, und wurde von NATHORST 1870 bei Fagelsång unweit Hardeberga und 1876 bei Kiviks-Esperöd, sodann durch v. SCHMALENSEE bei Gislöf im S. von Cimbrishamn und bei Andrarum nachgewiesen. Das Gestein ist theils ein harter, grauer, kaum bitumenhaltiger, theils ein schwärzlicher bituminöser Kalk, und bildet muthmasslich eine einigermassen zusammenhangende Schicht. Die gewöhnlichste Versteinerung in diesem Lager ist ein Trilobit, der anfangs der spanischen Form von *Conocephalites coronatus* BARR. gleichgestellt worden war, wonach NATHORST für jenes den Namen „Coronatuskalk" vorschlug. LINNARSSON erkannte später dieses Fossil als eine neue Art der CORDA'schen Gattung *Conocoryphe*, und benannte es *C. exsulans*.

Die reiche Fauna des betrachteten Gliedes, deren Beschreibung von LINNARSSON gegeben wurde, weist folgende Arten auf: *Paradoxides Tessini* BRONGN., *Parad. Hicksii* SALT. var. *palpebrosus* LINRS., *Liostracus aculeatus* ANG., *Selenopleura parva* LINRS., *Conocoryphe exsulans* LINRS., *tenuicincta* LINRS., *Dalmani* ANG. und *impressa* LINRS., *Agnostus gibbus* LINRS. (sehr gemein), *Agn. fissus* LUNDGR. mscr., *Agn. fallax* LINRS., *Metoptoma Barrandei* LINRS., *Hyolithus* sp. indet. LINRS., *Lingulella* sp. indet. LINRS., *Acrothele intermedia* LINRS., *Obolella sagittalis* (SALT.) DAV.

β) Alaunschiefer und Stinkkalk mit Paradoxides Tessini und Hicksii.

Mit dieser oberen Abtheilung der· Tessini-Zone — von TORELL „Paradoxidis

Hicksii strata" benannt — beginnt bei Andrarum die Hauptmasse des Alaunschiefers, welcher nunmehr, bloss noch durch den Andrarumkalk unterbrochen, bis zur oberen Grenze der cambrischen Formation vorhält. Seine ersten Anfänge zeigen sich allerdings schon, wie oben bemerkt, unmittelbar über dem Kjerulfi-Lager.

Die wichtigsten Versteinerungen sind: *Paradoxides Tessini* BRONGN., *Paradox. Hicksii* SALT., *Liostracus Linnarssoni* BRÖGGER[1]), *Conocoryphe Dalmani* ANG. u. a. Arten ders. Gattung, *Microdiscus Scanicus* LINRS., *Agnostus fissus* LUNDGR. (häufig), *Agn. fallax* LINRS. f. *typica*, *Agn. gibbus* LINRS., *Agn. parvifrons* LINRS. f. *typica* et var. (forma 2. TULLB.), *Agn.* aff. *laevigato* DALM., *Hyolithus* sp.; mehr nach oben kommen hinzu: *Agnostus intermedius* TULLB., *Agn. Cicer* TULLB. var., *Agn. nudus* BEYR. var. *Scanicus* TULLB., *Agn. rex* BARR. und *Protospongia fenestrata* SALT.[2]).

Die beiden Abtheilungen α und β sind bei Andrarum anfänglich nicht getrennt worden. Sie sondern sich voneinander jedoch nicht allein durch die Lagerung und die Gesteinsbeschaffenheit, sondern in gewissem Grade auch durch ihre organischen Einschlüsse. Im Exsulanskalk findet sich eine Anzahl für denselben speciell charakteristischer Arten, und andererseits fehlen ersterem einige in der Tessini-Hicksii-Stufe häufige Fossilien. TULLBERG macht namentlich noch darauf aufmerksam, dass *Agnostus gibbus*, der in α überaus häufig ist, in β nach oben hin allmählich verschwinde, während hier *Agnostus fissus* und *fallax* in Menge auftreten, von denen ersterer sparsam, letzterer höchst selten in α gefunden wird.

LINNARSSON hat neuerdings in der Stufe β noch 3 besondere Horizonte unterschieden, nämlich von unten nach oben: 1. Schiefer mit *Microdiscus Scanicus* LINRS. (1,8—2,3 Met. mächtig); 2. Schiefer mit *Agnostus intermedius* TULLB.; 3. Schiefer mit *Agnostus rex* BARR.

c) Zone des Paradoxides Davidis.

Diese für Schonen eigenthümliche Alaunschieferstufe (mit Stinkkalkknollen) ist zuerst von NATHORST bei Andrarum unterschieden, und demnächst von TORELL (als

---

[1]) Diese Form, zu welcher ihrem Autor zufolge *Liostracus aculeatus* (ANG.) LINRS. theilweise zu rechnen sein dürfte, scheint in der Zone des *Paradoxides Tessini* in Schweden wie in Norwegen eine grössere Verbreitung zu besitzen (cf. BRÖGGER, loc. cit. p. 46 ff.). — Nach LINNARSSON gehört dahin sicher das von ihm als *Liostr. aculeatus* für Westgothland angeführte Fossil (cf. p. XLIII). Dagegen bezeichnet dieser ausgezeichnete Beobachter die wirklichen Unterschiede zwischen *Liostr. Linnarssoni* und *Liostr. aculeatus* als geringfügig, so dass es noch etwas zweifelhaft sei, ob ersterer als eine selbständige Art gelten könne (Faunan i Kalken med Conoc. exsulans, p. 13).

[2]) Diese älteste Spongie wurde von NATHORST 1868 bei Andrarum in der Tessini-Hicksii-Zone aufgefunden. Dass diese schwedische *Protospongia* mit der SALTER'schen Art, welche auch in Norwegen (bei Krekling unweit Kongsberg) in demselben Niveau sich findet, mindestens nahe verwandt und wahrscheinlich identisch sei, scheint zuerst BRÖGGER ausgesprochen zu haben (cf. loc. cit. p. 36, T. VI. Fig. 14).

„Paradoxidis Davidis strata") und von LINNARSSON als selbständiges geognostisches Niveau hingestellt worden; auch bei Konga im W. von Röstånga, nach NATHORST vielleicht noch bei Kiviks-Esperöd, ist dieselbe vertreten. LINNARSSON hat sie in seiner letzten, noch nicht im Druck erschienenen Arbeit über Andrarum in zwei bestimmte Unterzonen zerlegt. Die tiefere, „Schiefer mit *Conocoryphe aequalis*", enthält: *Conocoryphe aequalis* LINRS., *Paradoxides* sp. indet. LINRS., *Liostracus Linnarssoni* BRÖGGER, *Microdiscus eucentrus* LINRS., *Harpides breviceps* ANG., *Agnostus parvifrons* LINRS. var. (forma 2. TULLB.), *Agn. Cicer* TULLB., *Agn. nudus* BEYR. var. *Scanicus* TULLB., *Agn. fallax* LINRS. var., *Protospongia fenestrata* SALT. (selten); hierher scheint auch ein von NATHORST als „*Arionellus* sim. *A. ceticephalo* BARR." angeführter Trilobit zu gehören, dessen die übrigen Autoren keine Erwähnung thun. In der oberen, „Schiefer mit *Paradoxides Davidis*", finden sich: *Paradoxides Davidis* SALT.[1]), *Parad. Tessini* BRONGN., *Parad. brachyrhachis* LINRS., *Agnostus punctuosus* ANG., *Agn. fallax* LINRS. var. *ferox* TULLB., *Agn. incertus* BRÖGG., *Agn. elegans* TULLB. und *pusillus* TULLB. (letzterer sehr selten). Darauf folgt dann noch eine nur von *Agnostus Lundgreni* TULLB. erfüllte Schieferlage, die ausser bei Andrarum, wo sie von einer schwachen, schwefelkiesführenden Kalksteinschicht bedeckt wird, auch bei Tosterup beobachtet worden ist.

Uebrigens hat LINNARSSON zuletzt die ganze vom „Grauwackenschiefer" bis zur Forchhammeri-Zone reichende Alaunschieferablagerung als die „Zone des *Paradoxides Tessini*" bezeichnet[2]).

d) Zone des Paradoxides Forchhammeri (Andrarumkalk).

Diese Stufe beginnt bei Andrarum mit einem Alaunschieferlager von etwa 2,3 Met. Mächtigkeit und mit zahlreichen *Agnostus*-Formen, in seinem unteren Theil durch *Agn. Lundgreni* ausgezeichnet, im oberen durch *Agn. Nathorsti* BRÖGG. nebst *Protospongia fenestrata* SALT. sowie Resten einer grossen *Paradoxides*-Form und anderer Trilobiten, die auch im Andrarumkalk selbst auftreten; nach oben zu enthält die fragliche Schieferschicht eine dünne, an *Hyolithus*-Resten reiche Kalkbank, welche LINNARSSON deshalb „Hyolithuskalk" genannt hat[3]). Darauf folgt nun der eigentliche Andrarumkalk, eine ungefähr 0,9 Met. mächtige Ablagerung von dunkelgrauem oder schwärzlichem, stellenweise conglomeratartig werdendem Stinkkalk, welcher be-

---

[1]) Die genaue Uebereinstimmung des so benannten, durch beträchtliche Grösse sich auszeichnenden Trilobiten mit der SALTER'schen Art scheint noch nicht ganz festzustehen.

[2]) Es schliesst sich dies an BRÖGGER's Auffassung an, derzufolge die ganze scandinavische Paradoxides-Etage in drei Hauptzonen zu zerlegen wäre: eine untere mit *Parad. (Olenellus) Kjerulfi*, eine mittlere mit *Paradox. Tessini* und nach oben hin mit *Paradox. Davidis*, resp. *Parad. rugulosus* CORDA (in Norwegen), und eine obere mit *Parad. Forchhammeri*.

[3]) Früher hat man diese den Andrarumkalk direct unterlagernde Alaunschieferpartie noch der vorhergehenden Zone zugerechnet.

sonders reich an Versteinerungen ist und namentlich sehr zahlreiche, zumeist schon von ANGELIN beschriebene Trilobiten der Gattungen *Paradoxides* (*Parad. Forchhammeri* und *Lovéni* als Leitfossilien), *Anomocare, Arionellus, Selenopleura* etc., sowie verschiedene Brachiopodenformen einschliesst. Hierüber liegt sodann wieder eine Alaunschieferschicht (ca. 0,6 Met. mächtig), welche insbesondere durch ein reichlicheres Auftreten von *Agnostus laevigatus* DALM. sich kennzeichnet.

Der Name „Andrarumkalk" findet sich bereits auf der 1860 gedruckten ANGELIN'schen Karte von Schonen; gleichbedeutend sind: „strata calcarea regionis B" in ANGELIN's Palaeontol. Scandinavica und TORELL's „Selenopleurae strata". Die in der Ueberschrift angewandte Bezeichnung für die in Rede stehende Zone wurde von LINNARSSON vorgeschlagen, und hat allgemein Eingang gefunden. Uebrigens ist letztere, ausser bei Andrarum, auch bei Kiviks-Esperöd und bei Gislöf bekannt.

Die sehr reiche Fauna setzt sich aus folgenden Arten, soweit sie bis jetzt beschrieben sind, zusammen: *Paradoxides Forchhammeri* ANG., *Parad. Lovéni* ANG., *Arionellus difformis* ANG., *aculeatus* ANG. und *acuminatus* ANG.[1]), *Anomocare excavatum* ANG., *limbatum* ANG. und *laeve* ANG., *Liostracus (Anomocare) microphthalmus* ANG.[2]), *Dolichometopus Suecicus* ANG., *Conocoryphe* (?) *glabrata* ANG., *Elyx laticeps* ANG. (nach LINNARSSON sehr nahe verwandt mit *Conocoryphe exsulans* und generisch nicht davon zu trennen), *Selenopleura holometopa* ANG., *canaliculata* ANG. und *brachymetopa* ANG., *Selenopl.* (?) *stenometopa* ANG. (?)[3]), *Harpides (Erinnys?) breviceps* ANG., *Aneuacanthus acutangulus* ANG., *Corynexochus spinulosus* ANG., *Agnostus glandiformis* ANG. (gemein), *Agn. fallax* LINRS. var. *ferox* TULLB., *Agn. Lundgreni* TULLB. und *Nathorsti* BRÖGG., *Agn. nudus* BEYR. var. *marginatus* BRÖGG., *Agn. parvifrons* LINRS. var. (forma 3. TULLB.), *Agn. planicauda* ANG. (nach TULLBERG eine Form, welche etwas abweicht von der in Westgothland ein wenig höher vorkommenden, die mit ANGELIN's Figur ganz übereinstimmt), *Agn. bituberculatus* BRÖGG. (non ANG.)[4]), *Agn. aculeatus, exsculptus* u. *brevi-*

---

[1]) Diese 3 Arten sind von ANGELIN zu seiner Gattung *Anomocare* gestellt worden. BRÖGGER (loc. cit. p. 35 u. 59) betrachtet die beiden zuletzt genannten, *Ar. aculeatus* und *acuminatus*, lediglich als Varietäten von *Ar. difformis*.

[2]) In LINNARSSON's Aufsatz „Trilobiter från Vestergötlands Andrarumskalk", Geol. Fören. Förh., Bd. I, 1873, p. 242—248, in welchem die Gattung *Liostracus* als Mittelglied zwischen *Olenus* und *Conocoryphe* genauer abgegrenzt ist, wird dargelegt, dass zu *Liostr. microphthalmus*, welche Art auch in Westgothland in dem gleichen Niveau auftritt, das von ANGELIN zu *Arionellus difformis* abgebildete Pygidium (Pal. Scand. T. XVIII. Fig. 5) gehört.

[3]) Diese Art schliesst sich an *Conocoryphe* an, wie das LINNARSSON zwar nicht nach ANGELIN's Diagnose und Abbildung, aber an Exemplaren von Andrarum erkennen konnte, deren Randschilder verlängerte Hinterecken zeigten. Die Zone, in welcher sie vorkommt, ist noch nicht sicher festgestellt.

[4]) Die ANGELIN'sche Art selbst, welche diesen Namen trägt, ist von den späteren Beobachtern bis jetzt bei Andrarum nicht wiedergefunden worden.

frons ANG., *Agn. quadratus* TULLB., *Agn. Kjerulfi* BRÖGG. (sehr selten), *Agn. laevigatus* DALM., *Hyolithus tenuistriatus* LINRS., *Lingula* v. *Lingulella* sp. indet. (LINRS.), *Acrotreta socialis* SEEB., *Iphidea ornatella* LINRS., *Acrothele coriacea* LINRS., *Obolella sagittalis* (SALT.) DAV. (hier besonders zu Hause), *Kutorgina cingulata* BILLINGS var. *pusilla* LINRS., *Orthis exporrecta* LINRS.[1]) und *Protospongia fenestrata* SALT.

e) Zone des Agnostus laevigatus.

Auf der Forchhammeri-Zone ruht bei Andrarum ein Stinkkalklager (0,6—0,9 Met. mächtig), in welchem lediglich *Agnostus laevigatus* DALM.[2]) angetroffen wurde. In dem nämlichen Horizont zeigen sich in Westgothland noch verschiedene andere Petrefacten, namentlich ist dort *Liostracus costatus* ANG. ein besonders bezeichnendes Fossil, welches in Schonen noch nicht sich gefunden hat.

Nach TORELL's Angabe, der die DALMAN'sche *Agnostus*-Art in dieser Provinz — und zwar eben bei Andrarum — zuerst auffand, ist die nach derselben benannte Stufe die oberste in Schweden, in welcher die Gattung *Paradoxides* noch vertreten ist. LINNARSSON giebt daraus *Paradox. Forchhammeri* mit Fragezeichen an. In Norwegen scheint letztere Art nach BRÖGGER (loc. cit. p. 83) bestimmt in die Zone des *Agn. laevigatus* hinaufzureichen.

Vielleicht ist es übrigens richtiger, den oben (p. LXXX) erwähnten Alaunschiefer zunächst über dem Andrarumkalk, der ja auch durch diesen *Agnostus* markirt wird, noch mit zur Zone e zu ziehen; derselbe enthält nach TULLBERG noch *Agn. brevifrons* ANG. sowie *Paradoxides*-Fragmente.

3. Olenusschiefer.

Bildet, mit Einschluss des Dictyonemaschiefers, die jüngere, etwa 60 Met. mächtige Abtheilung des Alaunschiefergebirges, und besteht aus bitumenreichen, dünnspaltenden Alaunschiefern mit eingelagerten Knollen oder Bänken von Stinkkalk. Aufgeschlossen an verschiedenen Orten des südöstlichen Schonen (Andrarum, Kiviks-Esperöd, Tosterup nordöstlich von Ystad, Jerrestad südwestlich von Cimbrishamn, wo lose Stinkkalkstücke der Zone 3. e reichlich vorkommen), ferner im W. bei Sandby unweit Fågelsång, bei Åkarpsmölla (Kirchspiel Konga) sowie bei Röstånga.

Auf der Grenze dieser und der vorhergehenden Etage befindet sich eine 1,8 Met. mächtige versteinerungsleere Schicht von Alaunschiefer mit Stinkkalk.

---

[1]) Bis vor Kurzem waren die beiden letztgenannten Arten in Schonen noch nicht nachgewiesen; jedenfalls ist *Orthis exporrecta* hier weit seltener als in Westgothland in demselben Niveau.

[2]) In Westgothland kommt von dieser DALMAN'schen Art (wie ich zu S. XLIV nachträglich bemerke) ausser der gewöhnlichen ganzrandigen Form eine andere vor, welche sowohl am Kopfschild, als am Pygidium mit Stacheln versehen ist und von LINNARSSON var. *armata* genannt worden ist (Vestergötlands Cambr. och Silur. aflagr. p. 82, T. II. Fig. 58 u. 59). Diese Varietät fehlt nach TULLBERG bei Andrarum.

a) Zone des Agnostus pisiformis.

Versteinerungen: *Agnostus pisiformis* L. sp., welcher zu unterst in der typischen grösseren Form allein, sodann in Begleitung von *Leperditia* sp. auftritt; höher hinauf eine kleinere, von Tullberg als var. *socialis* bezeichnete Form derselben *Agnostus*-Art nebst *Agn. reticulatus* Ang., sowie zahlreiche Olenen, darunter *Olenus gibbosus* Wahlenb. (?)[1], *Ol. truncatus* Brünnich, *Ol. attenuatus* Boeck und *Ol. aculeatus* Ang. (t. Nathorst), ferner Pygidien einer *Ceratopyge*-ähnlichen Trilobiten-Form.

b) Zone der Beyrichia Angelini.

Wo bei Andrarum die kleinere Form (var. *socialis*) von *Agnostus pisiformis* verschwindet, erscheint nach Tullberg *Beyrichia Angelini* (Barr.) Linrs., sodann etwas höher ein kleiner *Olenus* (vielleicht *aciculatus* Ang.) nebst *Agnostus cyclopyge* Tullb. (die auch bei Tosterup zusammen gefunden wurden) und massenhaft eine kleine *Orthis*; gleich darüber kommt sparsam eine *Ceratopyge*-Form vor.

c) Zone der Parabolina spinulosa.

Enthält *Parabolina spinulosa* Wahlenb. und nach oben zu in ausserordentlicher Menge *Orthis lenticularis* (Wahlenb.) Dalm.; nach Nathorst auch eine *Agnostus*-Art.

d) Zone mit Eurycare und Leptoplastus.

Charakterisirt durch *Eurycare camuricorne* Ang., *Euryc. angustatum* Ang., *Leptoplastus stenotus* Ang., *Leptopl. ovatus* Ang.[2].

Anscheinend zeigen sich nach Tullberg in einem höher gelegenen Theile dieses Niveau's auch schon *Sphaerophthalmus*-Reste.

e) Zone der Peltura scarabaeoïdes.

Die Fauna dieser in Schweden so sehr verbreiteten Unterabtheilung des Olenusschiefers ist durch eine der letzten Arbeiten Linnarsson's (s. die Literatur-Ang. auf p. LXXIII) genauer bekannt geworden. Ihre Versteinerungen sind: *Peltura scarabaeoïdes* Wahlenb. sp.[3], *Sphaerophthalmus alatus* Boeck sp.[4], der unten zunächst allein auftritt,

---

[1] Wahlenberg (Petr. Tell. Suecanae, p. 40) hat diese Art auch schon von Andrarum, Angelin (Pal. Scandin. p. 44) von Fågelsång angegeben. Nathorst behauptet sie bei Andrarum in einem beschränkten Niveau unmittelbar unter *Olenus truncatus* gefunden zu haben, wogegen Tullberg wieder Zweifel an dem dortigen Vorkommen des echten *Ol. gibbosus*, wie er in Westgothland sich findet, geäussert hat.

[2] Angelin hat von Andrarum noch *Eurycare brevicauda* Ang., *Euryc. latum* Boeck und *Leptoplastus raphidophorus* Ang. angegeben, welche jedenfalls dem nämlichen Horizonte einzuordnen sind.

[3] Von Jerrestad theilt Linnarsson von dieser Art eine „var. *octacantha*" mit, bei welcher das Pygidium jederseits mit 4 (statt 3) Zacken versehen ist.

Ausser der Wahlenberg'schen *Peltura* kommen nach diesem Forscher noch zwei andere Arten derselben Gattung in der nämlichen Zone in Nerike (cf. p. XXXIX) vor, die eine mit *Sphaerophthalmus flagellifer* bei Hjulsta, die andere mit *Sphaerophth.* cf. *alatus* bei Stenkulla.

[4] Linnarsson hat durch Vergleichung mit den betr. Originalen constatirt, dass Angelin's

Sphaerophth. majusculus LINRS., *Sphaerophth. flagellifer* ANG. sowie mehrere Arten des neuen, anscheinend auch in Westgothland vertretenen Genus *Ctenopyge* LINRS. *(Sphaerophthalmus* ANG. ex p.), nämlich *Ctenopyge pecten* SALT. sp., *Cten. concava* LINRS., *Cten. teretifrons* ANG. sp., *Cten. bisulcata* PHILL. sp., ferner *Ctenopyge* (?) sp. indet. LINRS., *Agnostus trisectus* SALT. (die jüngste bei Andrarum gefundene *Agnostus*-Art), *Lingula* (?) sp. und *Dichograptus tenellus* LINRS. (nach NATHORST bei Andrarum).

f) Zone des Cyclognathus micropygus.

Diese oberste Stufe des Olenusschiefers ist bis jetzt nur in Schonen (Åkarpsmölla unweit Konga, und wohl auch bei Andrarum) beobachtet worden. Als ihr bezeichnendstes Fossil ist *Cyclognathus micropygus* LINRS.[1]) anzusehen, bei Andrarum erscheint in dem betreffenden Horizont eine andere Form derselben Gattung sowie *Acerocare* nov. sp. (TULLB.); ausserdem wird *Orthis* sp. und als möglicherweise hierher gehörig *Olenus* (?) cf. *acanthurus* ANG. angegeben.

4. Dictyonemaschiefer.

Alaunschiefer mit *Dictyonema* (*Dictyograptus*) *flabelliforme* EICHW.[2]) in Menge (zumeist unten), etlichen Dichograptiden und *Obolella Salteri* (HOLL) LINRS. (hauptsächlich oben), welcher bei Sandby unweit Fågelsång, Tosterup, Kiviks-Esperöd, Gislöf, Jerrestad und Flagabro (im W. von Cimbrishamn) zu Tage tritt; in losen Stinkkalkblöcken auch bei Andrarum nachgewiesen.

Bei Sandby ist seit Langem eine stinkkalkführende Alaunschieferschicht mit

---

„*Anopocare pusillum*" auf ein Pygidium von *Peltura scarabaeoïdes* und Kopfschilder von *Sphaerophthalmus alatus* gegründet ist; hiernach muss auch die ANGELIN'sche Gattung *Anopocare* eingehen. Ueberdies liegt demselben Autor zufolge dem „*Olenus sphaenopygus* ANG." ein Pygidium von *Sphaeroptht. alatus* zu Grunde.

[1]) cf. „Två nya Trilobiter från Skånes alunskiffer" in Geol. Fören. Förh., Bd. II. Nr. 12, 1875, p. 500, T. XXII. Fig. 8—10.

In der nämlichen Mittheilung beschreibt LINNARSSON einen weiteren neuen Trilobiten, *Liostracus* (?) *superstes* LINRS., aus einer der oberen Abtheilungen des Olenusschiefers bei Andrarum. Bemerkenswerth erscheint dieses Fossil (falls es generisch richtig gedeutet ist) insofern, als sonst die Gattung *Liostracus* für die Paradoxides-Schichten eigenthümlich, die Trilobitenfauna der Olenus-Region dagegen auf *Agnostus* und auf *Olenus* sammt den Unter- oder Nebengeschlechtern des letzteren (Fam. Leptoplastidae Ang.) beschränkt ist.

[2]) Dieses vielbesprochene und geognostisch wichtige Fossil ist jetzt von TULLBERG (On the Graptolites descr. by HISINGER and the older swedish authors, Stockholm 1882, p. 20 u. 23, T. III. Fig. 1—4) neu beschrieben worden. Sodann hat BRÖGGER (Die silur. Etagen 2 u. 3 im Kristianiagebiet und auf Eker, Krist. 1882, p. 30 ff., Taf. XII. Fig. 17—19) eine sehr eingehende Untersuchung über dasselbe geliefert, aus der hervorgeht, dass die Gattung *Dictyograptus* HOPKINSON = *Dictyonema* HALL in den Hauptmerkmalen sich durchaus an die echten Graptolithen anschliesst.

Acerocare ecorne ANG. bekannt, welche früher für das unmittelbar auf die Peltura-Zone folgende oberste Glied des Olenusschiefers (= 3. f) gehalten wurde. Nach späteren Beobachtungen überlagert dieselbe jedoch den Dictyonemaschiefer[1]), und beide werden hiernach jetzt auch mit dem Olenusschiefer vereinigt.

B. Untersilurformation.

Lange Zeit hindurch, während in anderen Theilen Schwedens die Silurformation schon eingehender erforscht war, sind die silurischen Ablagerungen Schonens fast gänzlich eine terra incognita geblieben. Erst seit LINNARSSON's Reise durch Schonen im Sommer 1874, deren Ergebnisse er im nächstfolgenden Jahre veröffentlichte, ist die Kenntniss derselben durch eine Reihe von Arbeiten in ausgiebiger Weise gefördert worden.

5. Ceratopygekalk?

Das bezügliche Gestein ist vorwiegend ein dunkelgrauer Kalk. Zunächst einen bei Jerrestad über dem Alaunschiefer mit *Dictyonema* lagernden grauen oder grünlichen, theilweise glaukonitführenden Kalkstein, welcher mit Lagen von hellfarbigem Schiefer abwechselt, hat man vermuthungsweise zum Ceratopygekalk gerechnet. Eine entsprechende Bildung tritt auch bei Flagabro und Kiviks-Esperöd auf. Von Versteinerungen wurden bis jetzt in diesem 0,5—1,5 Met. mächtigen Niveau bloss ein grösseres Asaphiden-Pygidium und *Lingula* sp. beobachtet.

6. Unterer Graptolithenschiefer.

Diese auf 6—9 Met. Mächtigkeit geschätzte und von einem zumeist grünlichgrauen Thonschiefer gebildete Etage ist, als äquivalent mit dem unteren Graptolithenschiefer Westgothlands, von LINNARSSON zuerst bei Jerrestad nachgewiesen worden, und tritt ferner bei Flagabro, Gislöf und Kiviks-Esperöd auf[2]). TÖRNQVIST hatte für dieselbe den Namen „Phyllograptusschiefer" vorgeschlagen, zugleich aber den unmittelbar auf dem Orthocerenkalk ruhenden Graptolithenschiefer mit „*Phyllograptus typus*" damit vereinigt, indem er auf die relativ geringe Mächtigkeit des zwischenliegenden Orthocerenkalks in Schonen hinwies und letzteren mit Einschluss dieser beiden, ihn einhüllenden graptolithenführenden Schieferzonen als gleichaltrig mit der Gesammtheit des dalekarlischen Orthocerenkalks hinstellte. LINNARSSON hat sich gegen die angegebene

---

[1]) Dies wird auch schon in der S. LXXIII citirten Arbeit TÖRNQVIST's v. 1875, p. 51, angedeutet.

[2]) Bei Fågelsång ist unter dem Orthocerenkalk ein schwarzer Schiefer mit mehrästigen Graptolithen beobachtet worden, von dem man vermuthet, dass er wohl noch älter als der vorerwähnte des südöstlichen Schonen sei.

Auffassung geäussert, besonders weil, obschon den fraglichen beiden Schiefern die Gattungen *Phyllograptus* und *Didymograptus* gemeinsam seien, in dem unteren Graptolithenschiefer keine zweizeiligen Graptolithen vorkämen, dagegen in dem das Hangende des Orthocerenkalks bildenden Schiefer zahlreiche Arten von *Diplograptus* und *Climacograptus* sich fänden und darin eine nähere Beziehung zu den aufwärts sich anschliessenden Lagern des mittleren Graptolithenschiefers ausgesprochen sei. Uebrigens beruhte die Aufstellung Törnqvist's z. Th. auf Annahmen, die sich als irrig herausgestellt haben, nämlich dass ein Schiefer mit „*Phyllograptus typus*" im Liegenden des Orthocerenkalks und unter letzterem ferner auch *Didymograptus geminus* His. sp. vorkomme. Tullberg fasst gegenwärtig den muthmasslichen Ceratopygekalk, den unteren Graptolithenschiefer, den Orthocerenkalk und den Schiefer mit „*Phyllograptus typus*" als tiefste Etage der untersilurischen Abtheilung (von mindestens 36 Met. Mächtigkeit) zusammen.

Die Fauna des unteren Graptolithenschiefers besteht nach Linnarsson und Tullberg, welcher sie Tetragraptus-Zone nennt, aus zahlreichen Formen von *Didymograptus*, *Tetragraptus*, *Phyllograptus* und *Dichograptus* (letztere Gattung jedoch seltener), darunter *Tetragraptus fructicosus* Hall, *T. Bigsbyi* Hall, *T. bryonoïdes* Hall, *Phyllograptus* cf. *angustifolius* Hall, *Didymograptus vacillans* Tullb., *D. balticus*, *filiformis*, *pusillus* und *Suecicus* Tullb.[1]), *D.* cf. *V-fractus* Salt. etc.

7. Orthocerenkalk.

Die Entwicklung dieses Schichtensystems ist in Schonen eine namhaft geringere, als in den meisten anderen Provinzen des südlichen wie des mittleren Schwedens.

a) Aeltere Stufe.

Grauer Kalk, der mehrorts im südöstlichen Schonen (z. B. bei Komstad und Tosterup) auftritt. Enthält hauptsächlich *Megalaspis planilimbata* Ang., *Nileus Armadillo* Dalm., *Symphysurus palpebrosus* Dalm. und angeblich auch *Illaenus Dalmani* Volborth; ferner *Orthoceras*-Reste.

Nach Törnqvist ist der Orthocerenkalk in der Gegend südlich vom Tunbyholms-See (unweit Flagabro, was ziemlich nahe bei Komstad liegt) mit deutlicher Contactlinie gegen den unteren Graptolithenschiefer abgesetzt, und beginnt hier mit einer nur $^1/_2$ Fuss dicken Lage eines harten hellen Kalksteins mit eingesprengten Glaukonitkörnchen, welcher bald in einen, wie gewöhnlich in Schonen, dunkelfarbigen Orthocerenkalk übergehe.

---

[1]) Die 5 vorgenannten *Didymograptus*-Arten hat Tullberg beschrieben in dem Aufsatz „Några Didymograptus-arter i undre graptolitskiffer vid Kiviks-Esperöd", Geol. Fören. Förh., Bd. V. Nr. 2, 1880, p. 39—43.

b) Jüngere Stufe.

Das Gestein ist hier ein dunklerer blaugrauer oder selbst fast schwarzer Kalk. Zahlreiche Trilobiten aus dieser bei Fågelsång auftretenden Stufe sind in ANGELIN's Palaeontologia Scandinavica beschrieben: *Phacops sclerops* DALM., *Niobe frontalis* DALM., *Niobe explanata* ANG., *Megalaspis extenuata* WAHLENB., *Meg. limbata* BOECK, *Asaphus acuminatus* BOECK, *Ptychopyge elliptica* ANG., *Pt. multicostata* ANG., *Pt. lata* ANG., *Pt. media* ANG., *Nileus (Symphysurus) palpebrosus* DALM., *Nil. Armadillo* DALM., *Illaenus crassicauda* WAHLENB. auct. (= *Ill. Dalmani* VOLBORTH), *Cyrtometopus clavifrons* DALM., *Cyrtom. scrobiculatus* ANG., *Cyrtom. diacanthus* ANG., *Holometopus limbatus* ANG., *Corynexochus (?) umbonatus* ANG., *Trinucleus coscinorhinus* ANG., *Ampyx nasutus* DALM., *Harpes Scanicus* ANG. und endlich auch eine *Agnostus*-Art: *Agn. lentiformis* ANG.

Weiterhin wird von ANGELIN *Amphion Fischeri* EICHW. als selten in Schonen vorkommend genannt.

Die angeführte Fauna von Fågelsång, welche den Untersuchungen JOHNSTRUP's zufolge derjenigen des Orthocerenkalks auf Bornholm sehr nahesteht, weist auf den „unteren grauen Orthocerenkalk" Schwedens hin. Eine höher im Orthocerenkalk liegende Art, *Cheirurus exsul* BEYR., erwähnt ANGELIN aus Geschieben von Nöbbelöf in Schonen[1]).

8. Mittlerer Graptolithenschiefer.

Mit diesem Namen, welchen LINNARSSON 1873 am Schluss seiner deutschen Uebersetzung des Berichtes über eine Reise nach Böhmen und den russ. Ostseeprovinzen[2]) zuerst gebraucht hat, wird eine für Schonen eigenthümliche (in Schweden sonst nur noch in Jemtland nachgewiesene) Etage bezeichnet, die fast allein aus graptolithenreichen schwarzen oder schwärzlichen bituminösen Thonschiefern besteht, und in welcher die Monograptiden noch gänzlich fehlen. Ihre Gesammtmächtigkeit in Schonen lässt sich noch nicht genauer angeben, beträgt aber gewiss über 40 Met. TÖRNQVIST hat dafür den Namen „Dicranograptusschiefer" vorgeschlagen, welcher aber von LINNARSSON wegen der, seinen Beobachtungen zufolge beschränkten verticalen Verbreitung der Gattung *Dicranograptus* in der fraglichen Etage als ungeeignet verworfen wurde und auch weiter keinen Eingang sich verschafft hat.

---

[1]) Rother Orthocerenkalk ist in Schonen noch nicht beobachtet worden. Im Berliner paläontolog. Museum befinden sich 2 Exemplare von *Orthoceras commune* in rothem Kalk, welche den Etiketten zufolge dorther stammen sollen (bei dem einen ist speciell Andrarum als Fundort angegeben). Es wurde mir jedoch in einem Briefe LINNARSSON's versichert und sodann auch von Prof. LUNDGREN bestätigt, dass jene Stücke unrichtig etikettirt sein müssten, sofern dies nicht, was allenfalls möglich wäre, Geschiebefunde sind.

[2]) Zeitschr. d. deutsch. geolog. Ges., XXV. p. 698.

Bezüglich der Art-Benennungen bei den verschiedenen hier zu unterscheidenden Zonen richte ich mich wesentlich nach den neuesten Arbeiten TULLBERG's, des besten heutigen Kenners der schwedischen Graptolithen; mehrere der von LINNARSSON aufgestellten Zonen haben dabei eine veränderte Bezeichnung erhalten. Die Stufen a—e sind bloss bei Fågelsång bekannt, wo sie nach oben an einem Diabasgang absetzen[1]), die vorletzte (f), deren schwarzes, ebenflächig spaltendes Schiefergestein von grösserer Härte ist, bei Tosterup, Jerrestad und Gislöf, die oberste (g), von einem grobplattigen, jedoch leicht zu ritzenden schwarzen Schiefer gebildet, bei Fågelsång sowie auch bei Röstånga. Während von LINNARSSON aus paläontologischen Gründen der Orthocerenkalk als die naturgemässe untere Grenze des mittleren Graptolithenschiefers angenommen wurde, hat TULLBERG von letzterem die aus einem dunkelgrauen oder grauschwarzen Thonschiefer bestehende Stufe a, wie oben (S. LXXXV) schon bemerkt ward, noch abgetrennt. Im Folgenden ist für die Abgrenzung nach unten die Auffassung LINNARSSON's beibehalten, dagegen für die Abgrenzung nach oben von diesem Autor abgewichen worden, indem seine oberste Zone mit *Orthis argentea* gestrichen, dagegen die Stufe g mit *Climacograptus rugosus* nach TULLBERG, welcher dieselbe allerdings früher auch bereits zum Chasmopskalk gerechnet hatte, neu hinzugefügt ist. LINNARSSON hatte im mittleren Graptolithenschiefer Schonens von unten nach oben folgende Zonen unterschieden: 1. mit *Phyllograptus typus* (HALL?) TÖRNQV., 2. mit *Didymograptus geminus* HIS., 3. mit *Glossograptus Hincksii* HOPK., 4. mit *Diplograptus* cf. *mucronatus* HALL, 5. mit *Climacograptus Scharenbergii* LAPW., 6. mit *Dicranograptus Clingani* CARR., 7. mit *Orthis argentea* HIS. Dass ich die Beziehung der nachstehend aufgeführten Glieder zu diesen LINNARSSON'schen Stufen, soweit sie davon abweichen, anzugeben vermag, verdanke ich der ausnehmenden Freundlichkeit des Herrn S. A. TULLBERG, welcher mir eine eingehende Mittheilung darüber am 2. Juli 1882 aus Borgholm auf Oeland gesandt hat.

Uebrigens hat LINNARSSON, im Anschluss an TÖRNQVIST, die Ansicht geäussert, dass der mittlere Graptolithenschiefer der obersten Partie des schwedischen Orthocerenkalks und wenigstens einem Theile des Chasmopskalks äquivalent sei.

a) Zone mit Phyllograptus cf. typus Hall.

Enthält ausser diesem von TÖRNQVIST mit HALL's Art identificirten Graptolithen zahlreiche Formen von *Didymograptus* (darunter *D.* cf. *bifidus* HALL), *Climacograptus* und *Cryptograptus*, nach LINNARSSON auch *Diplograptus*. Mächtigkeit des Lagers ca. 6 Meter. Für dasselbe wäre nach TULLBERG's Ansicht der Name Phyllograptusschiefer angebracht.

---

[1]) Man hat indessen bei Nyhamn am nördlichen Ende des Sundes einen Schiefer mit *Didymograptus* etc. beobachtet, der wahrscheinlich einem Theile der Zone b entspricht.

b) Zone mit Didymograptus geminus His.[1])

TULLBERG unterscheidet darin noch 3 Unterzonen:

α) mit *Didymograptus bifidus* HALL, *Climacograptus confertus* LAPW., *Cl. Scharenbergii* LAPW., *Cryptograptus* und *Corynoides* sp.;

β) mit *Pterograptus elegans* HOLM[2]), *Didymograptus geminus* HIS., *Diplograptus teretiusculus* HIS.[3]), *Dipl. perexcavatus* LAPW. (?), *Janograptus* sp., *Climacograptus confertus* LAPW., *Cl. Scharenbergii* LAPW., *Dawsonia* sp. etc.;

γ) mit *Glossograptus* sp., *Didymograptus geminus* HIS., *Diplograptus teretiusculus* HIS., *Janograptus* sp., *Climacograptus* sp., *Cryptograptus* sp., *Lonchograptus* sp. etc.[4]).

c) Glossograptus-Zone.

Von TULLBERG werden hier 3 besondere Stufen angenommen:

α) mit *Glossograptus* sp., *Diplograptus perexcavatus* LAPW. (?), *D. teretiusculus* HIS., *Janograptus* sp., *Dicellograptus intortus* LAPW. und *Orbicula* sp.;

β) mit *Gymnograptus Linnarssoni* TULLB. mscr., *Cryptograptus* sp., *Dicellograptus* sp., *Dic. intortus* LAPW., *Dicranograptus formosus* HOPKINSON, *Diplograptus perexcavatus* LAPW. (?), *D. teretiusculus* HIS., *Janograptus* sp., *Lasiograptus* sp., *Orbicula* sp. und *Obolella* sp.

γ) mit *Glossograptus* sp., *Cryptograptus* sp., *Janograptus* sp., *Climacograptus*

---

[1]) *Prionotus* (?) *geminus*: HISINGER, Leth. Suecica, Suppl. II (1840), p. 5, T. XXXVIII. Fig. 3; TULLBERG, On the Graptolites descr. by HISINGER and the older swedish authors, Stockholm 1882, p. 16, T. III. Fig. 5—10. Schon TÖRNQVIST hatte die Art mit *Didymograptus Murchisoni* BECK (cf. Murch. Sil. Syst.) zusammengelegt; danach auch TULLBERG, obschon er bemerkt, dass der typische *D. Murchisoni* in Schweden noch nicht gefunden sei.

[2]) cf. G. HOLM, Bidrag till kännedomen om Skandinaviens Graptoliter. I. Pterograptus, ett nytt graptolitslägte, Öfvers. af K. Vet.-Akad. Förh., 1881. Nr. 4, p. 77. Es heisst in demselben Aufsatz p. 82, dass jene, zuerst in Norwegen nachgewiesene Art möglicherweise identisch sei mit TÖRNQVIST's „*Dendrograptus gracilis* HALL" (Fågelsångtrakten, p. 21), soweit sich nach dessen Beschreibung und Abbildung (die allerdings ungenügend sind) schliessen lasse; indessen gehört letzterer Graptolith einem höheren Horizont an (vgl. S. LXXXIX).

[3]) Leth. Suec. loc. cit., Fig. 4; TULLBERG, loc. cit. p. 18, T. II. Fig. 1—7. Die Art stimmt nach letzterem Autor mit *Diplogr. dentatus* (BRONGN.) LAPW. überein. Was TÖRNQVIST (Fågelsångstr. p. 11) unter obigem Speciesnamen mittheilt, gehört nicht hierher.

[4]) Nach LINNARSSON entspricht die Zone b wahrscheinlich dem „oberen Graptolithenschiefer" KJERULF's im Christiania-Becken.

Die vorgenannten Graptolithen-Gattungen *Lonchograptus* und *Janograptus* sind aufgestellt von TULLBERG in „Tvenne nya graptolitslägten", Geol. Fören. Förh., Bd. V. Nr. 7, 1880, p. 313—315; ebendaselbst ist *Lonchograptus ovatus* TULLB. als neue Art der obigen Zone bei Fågelsång beschrieben. Unter dem Namen *Janograptus laxatus* beschreibt hier TULLBERG ferner eine neue Art, welche in LINNARSSON's Schieferzone mit *Diplograptus* (*Idiograptus*) cf. *mucronatus* HALL (= 8. c. β der in unserem Text gegebenen Gliederung) vorkomme.

sp., *Diplograptus perexcavatus* Lapw. (?), *D. teretiusculus* His. sowie *Orbicula* und *Obolella* sp.[1]).

d) Zone mit Diplograptus putillus Hall[2]).

Mächtiges, theilweise fossilfreies Schieferlager, welches ausser der genannten Art *Diplograptus rugosus* Emmons (nach Lapworth's Bestimmung), *Climacograptus Scharenbergii* Lapw. und *Didymograptus superstes* Lapw. enthält.

e) Zone mit Coenograptus gracilis Hall[3]).

Zu unterst liegt eine durchschnittlich etwa 2 Zoll dicke Phosphoritbank. Darüber folgt ein 3 Met. mächtiger Schiefer mit der vorgenannten Art sowie *Lasiograptus bimucronatus* Hall, *Dicranograptus Nicholsoni* Hopk., *Dicellograptus* cf. *sextans* Hall und einigen *Diplograptus*- und *Climacograptus*-Formen[4]).

---

[1]) Von den vorstehenden Stufen entspricht c. α Linnarsson's Schiefer Nr. 3 mit „*Glossograptus Hincksii*". Tullberg hat eine specifische Benennung der darin vorkommenden *Glossograptus*-Form vermieden, weil ihm Lapworth Zweifel über deren Identität mit dem britischen *Gl. Hincksii* geäussert hatte.

Mit c. β zunächst correspondirt Linnarsson's Schiefer Nr. 4 mit „*Diplograptus* cf. *mucronatus*". Das mit dem letzteren Namen bezeichnete Fossil ist eine neue, sehr charakteristische, zu den Retioliden gehörige Art, welche von Tullberg *Gymnograptus Linnarssoni* genannt worden ist. Hierher kann man ferner auch mit Sicherheit die Stufe c. γ rechnen, welche Linnarsson nicht ausgeschieden hat.

Der Einfachheit halber habe ich für die gegenwärtige Arbeit obige drei von Tullberg unterschiedenen Zonen in eine zusammengezogen. Sie stehen einander auch faunistisch sehr nahe, und haben einige Formen gemein, wie *Diplograptus perexcavatus* Lapw. (?) und *Dipl. teretiusculus* His.

[2]) Nach Tullberg gehört dahin' die von Törnqvist (Fågelsångstr. Fig. 3) zu „*Dipl. teretiusculus* His." gegebene Abbildung. Ersterer Forscher hat diese Zone, welche mit Linnarsson's Schiefer Nr. 5 mit *Climacograptus Scharenbergii* vollkommen identisch ist, nach der Hall'schen Species neu benannt, weil die angeführte *Climacograptus*-Art eine grössere verticale Verbreitung besitzt, bei Fågelsång in einigen der unterliegenden Schieferschichten vorkommt und andererseits in England noch in einem höheren Niveau angetroffen wird.

[3]) cf. Törnqvist: Fågelsångstr. p. 21, Fig. 13; Geolog. resa g. Skånes och Östergötlands paleoz. trakter, Öfvers. etc., 1876, p. 52, wo der Autor bemerkt, dass die von ihm in der erstgenannten Arbeit unter dem Namen „*Dendrograptus gracilis* Hall" beschriebene Form offenbar zu *Coenograptus* Hall (= *Helicograptus* Nich.) gehöre.

[4]) Die Zone e ist von Tullberg eingeschoben worden. Dieselbe ist zwar reich an Graptolithenformen, jedoch sind diese im Allgemeinen erst wahrnehmbar, nachdem man die anhaftende ockerige Kruste durch Behandeln mit Salzsäure entfernt hat. Linnarsson hat angegeben, dass im obersten Theil seines Lagers mit *Climacogr. Scharenbergii* bei Fågelsång ein meist verwitterter Schiefer mit erdigen oder incrustirten Absonderungsflächen anstehe, welcher nur spärliche oder undeutliche Fossilreste enthalte und deshalb seiner Stellung nach zweifelhaft sei; wahrscheinlich deckt sich diese Schieferpartie mit Tullberg's Zone des *Coenograptus gracilis*.

f) Zone mit Dicranograptus Clingani Carruthers.

Zu unterst findet sich *Climacograptus caudatus* Lapw., *Dicranograptus Clingani* und *Corynoïdes* sp.

Der mittlere Theil der Zone ist besonders reich an *Dicellograptus Forchhammeri* Gein., *Diplograptus foliaceus* Murch. und *Dipl. truncatus* Lapw.

Die oberste Lage wird gekennzeichnet durch *Leptograptus flaccidus* Hall, *Diplograptus foliaceus* und *truncatus*, *Climacograptus bicornis* Hall, *Dicellograptus Morrisii* Hopk., *Dicran. Clingani* und *Orthis argentea* His.

Aus dieser, gewöhnlich an Versteinerungen reichen Zone sind von Linnarsson noch einige andere Mollusken angeführt worden: *Orbicula Buchii* Gein., *Orthonota* (?) sp. und *Orthoceras* sp.[1]).

Die Schieferpartie, welche Linnarsson bei Fågelsång zu der Zone des *Dicranogr. Clingani* gebracht hat, gehört nach Tullberg nicht hierher, sondern bildet eine höherliegende, von ihm unter der nachfolgenden Benennung neu hinzugefügte Stufe.

g) Zone mit Climacograptus rugosus Tullb.

Bei Fågelsång mindestens 4,5 Met. mächtig. Neben dem angeführten Leitfossil fanden sich: *Diplograptus foliaceus* Murch., *Dipl. foliaceus* var. *calcaratus* Lapw., *Climacograptus* sp., *Dicellograptus Morrisii* Hopk., *Lasiograptus* sp., *Dicranograptus* sp., *Leptograptus flaccidus* Hall, *Corynoïdes* sp., *Strophomena* sp. und *Primitia* sp.

Tullberg erwähnt zwischen den beiden letzten Zonen noch einen grauen oder schwarzen, meist dichten, mitunter aber auch krystallinischen, bei Tosterup auftretenden Kalkstein, dessen Stellung in der Schichtenfolge indess durchaus unsicher erscheint.

9. Chasmopskalk (Cystideenkalk).

Schiefer und Kalke von etwas ungleicher Beschaffenheit.

Als Unterlage der betreffenden fossilführenden Schichten erscheint bei Röstånga ein grauer, grünlicher oder schwarzer Schiefer ohne Versteinerungen, anscheinend von nicht unbedeutender Mächtigkeit.

Ebendaselbst folgt dann eine ausserdem bei Räfvatofta im Kirchspiel Torlösa und bei Fågelsång auftretende Ablagerung von schwarzem oder grauem, hartem, kieselsäurereichem und stark zerklüftetem Thonschiefer mit dunklen, z. Th. flintharten Kalken, welche in losen Blöcken auch mehrorts im südöstlichen Schonen beobachtet ist. Ihre Versteinerungen sind: *Calymene dilatata* Tullb., *Ampyx rostratus* Sars, *Ampyx costatus*

---

[1]) Die Zone f entspricht einem Theil des „unteren Graptolithenschiefers" Johnstrup's auf der Insel Bornholm, wo sie bei Vasagård und Risebäck entwickelt ist. Indessen befindet sich dort unter derselben noch eine mächtige, z. Th. versteinerungsleere und hauptsächlich durch *Climacograptus Vasae* Tullb. charakterisirte Schieferablagerung, die nach Tullberg ihre Stelle zwischen den Stufen e und f erhalten muss.

BOECK, *Remopleurides* sp., *Asaphus* sp. (*glabratus* ANG. ?), *Beyrichia costata* LINRS., *Primitia* sp. (*strangulata* SALT.?), *Euomphalus* sp., *Orthis argentea* HIS. (in Menge), *Leptaena*, *Strophomena* und *Lingula* sp., Cystideen-Fragmente (*Caryocystites granatum* WAHLENB.?), *Climacograptus* sp. und *Diplograptus* sp. Besonders bezeichnend sind u. a. die beiden *Ampyx*-Arten und *Beyrichia costata*, weil diese Formen nicht in den Trinucleusschiefer hinaufreichen[1]).

Die nächstfolgende Schicht bei Röstånga ist ein graugrüner oder bräunlicher, wenig mächtiger Schiefer mit spärlichen Bruchstücken von *Trinucleus* und *Ampyx*. Von Jerrestad hat LINNARSSON einen graugrünen Schiefer mit Einschlüssen von grauem Kalk erwähnt, der vielleicht hier anzureihen ist; das Gestein gleicht z. B. dem Chasmopskalk vom Ålleberg in Westgothland, die aufgefundenen mangelhaften Organismenreste beschränkten sich auf *Ampyx rostratus* SARS, *Trinucleus* und *Acidaspis* sp. Aehnlich ist ferner ein von LINNARSSON bei Fågelsång beobachteter lockerer, grünlichgrauer Schiefer mit kalkigen Partien; derselbe enthielt besonders *Lichas laxata* M'COY, eine sowohl im Trinucleusschiefer, als im Chasmopskalk vorkommende Art, jedoch muss seine Zugehörigkeit zu letzterem als wahrscheinlicher gelten.

Endlich hat TULLBERG unter das Niveau des Trinucleusschiefers noch einen schwarzen graptolithenführenden Schiefer gebracht, welcher bei Röstånga das Hangende der vorhin erwähnten Schicht mit *Trinucleus* und *Ampyx* bildet und ausserdem bei Tosterup und Gislöf, vielleicht auch bei Kiviks-Esperöd, auftritt. Ob diese Zone, welche durch *Diplograptus quadrimucronatus* HALL, *Dipl. truncatus* LAPW., *Climacograptus* sp., *Retiolites* sp., *Dicellograptus pumilus* LAPW., *Protospongia*, *Modiolopsis* sp. und *Orthis argentea* HIS. charakterisirt ist, noch zum Chasmopskalk, oder bereits zur folgenden Etage gehört, ist wohl noch unentschieden. TULLBERG selbst hatte sie in seiner Arbeit über die Ablagerungen bei Röstånga mitsammt dem daselbst unterliegenden Schiefer mit *Trinucleus* und *Ampyx* dem Trinucleusschiefer zugerechnet[2]).

---

[1]) LINNARSSON hat bei Fågelsång einen schwarzen, vornehmlich *Orthis argentea* HIS., daneben *Climacograptus* sp., *Primitia* sp. und *Atrypa micula* DALM. (?) enthaltenden Schiefer, welcher alle unterliegenden an Härte übertrifft, als eine besondere, den mittleren Graptolithenschiefer im Hangenden abschliessende Zone angenommen (vgl. S. LXXXVII). Diesen „Orthisschiefer", den TULLBERG auch bei Röstånga beobachtet hat, glaubte er zunächst dem untersten Theile des schwedischen Trinucleusschiefers beirechnen zu müssen, ohne dass er jedoch seine Abgrenzung nach oben genauer festzustellen vermochte. Thatsächlich gehört der fragliche Schiefer zu der oben zuletzt erwähnten Ablagerung = TULLBERG's Zone mit *Calymene dilatata*.

[2]) An dieser Stelle sind noch folgende, nach der Palaeont. Scandinavica in Schonen gefundene Trilobiten zu notiren: *Chasmops conicophthalmus* SARS & BOECK (in Geschieben um Grönby); *Chasmops tumidus* ANG. (in Geschieben um Tingaröd); *Raphiophorus (Ampyx) Scanicus* ANG. (bei Krapperup, Reg. D.).

10. Trinucleusschiefer.

Echter Trinucleusschiefer, analog z. B. solchem bei Bestorp am Mösseberg in Westgothland, ist in Schonen zuerst von NATHORST bei Kiviks-Esperöd, allerdings nur in freiliegenden Blöcken, aufgefunden worden. Das Gestein ist ein dunkelgrauer, z. Th. ins Grünliche spielender, resp. ein fleckig-schwarzer Schiefer von ziemlich lockerer Beschaffenheit. LINNARSSON beobachtete darin *Trinucleus*-Fragmente (an *Trin. Wahlenbergii* ROUAULT und *Trin. latilimbus* LINRS. erinnernd), *Remopleurides radians* BARR., *Bellerophon bilobatus* SOW., *Leptaena oblonga* PANDER, *Diplograptus pristis* HIS.[1]), *Dicellograptus* sp. etc. Diese Fauna weist wohl zunächst auf den schwarzen Trinucleusschiefer mit *Trinucl. seticornis* HIS. im mittleren Schweden hin, für den z. B. *Diplograptus pristis* charakteristisch ist.

Dagegen gehört augenscheinlich in den schwedischen Horizont des rothen Trinucleusschiefers eine nur bei Röstånga deutlich ausgebildete Zone, welche dort nach TULLBERG als ein mächtiges Lager von theils dunkler grauem, theils hellerem grünlichgrauem Schiefer auftritt, in dem zwei dünne Bänder eines schwarzen, ganz von *Dicellograptus complanatus* LAPW. erfüllten Graptolithenschiefers zwischengelagert sind. Diese Ablagerung enthält in gewissen Niveau's zahlreiche Versteinerungen: „*Niobe*" *lata* ANG., *Trinucleus Wahlenbergii* ROUAULT, *Ampyx tetragonus* ANG., *Remopleurides radians* BARR., *Phacops recurvus* LINRS., *Panderia megalophthalmus* LINRS., *Stygina latifrons* PORTL., *Cheirurus latilobus* LINRS., *Calymene trinucleina* LINRS. mscr., *Agnostus trinodus* SALT., 2 *Illaenus*-Arten, *Orthoceras*-Reste, *Leptaena* sp., *Strophomena* sp. und *Orthis argentea* HIS.

Darüber erwähnt TULLBERG noch einen schmutziggrauen, bzw. weisslichgrauen versteinerungsleeren Mergelschiefer.

11. Brachiopodenschiefer[2]).

a) Staurocephalusschiefer.

Bildet bei Röstånga ein etliche Fuss mächtiges Lager von olivenbraunem, ins Grünliche spielendem Schiefer. Versteinerungen stellenweise zahlreich: *Staurocephalus clavifrons* ANG., *Phacops mucronatus* (BRONGN.) ANG.[3]), *Trinucleus Wahlenbergii* ROUAULT, *Illaenus* cf. *Salteri* BARR., *Forbesia brevifrons* ANG., *Cheirurus* sp., *Ampyx tetragonus*

---

[1]) cf. TULLBERG, On the Graptolites descr. by HISINGER etc., p. 10. Es wird hier die HISINGER'sche Art mit Fragezeichen zu *Diplograptus* gestellt, und auf ihre nahe Beziehung zu *Lasiograptus* hingewiesen.

[2]) Das Vorkommen von Aequivalenten des Brachiopodenschiefers Westgothlands in Schonen ist zuerst von LUNDGREN (Om i Skåne förekommande bildningar, som motsvara Brachiopodskiffren i Vestergötland, Geol. Fören. Förh., Bd. II. Nr. 5, 1874) nachgewiesen worden.

[3]) Mit dieser Art dürfte nach TULLBERG ANGELIN's „*Phacops eucentra*", den letzterer Autor von Röstånga angiebt, zu vereinigen sein.

ANG., *Phillipsia parabola* BARR., *Acidaspis* sp., *Calymene Blumenbachii* BRONGN. var., *Agnostus trinodus* SALT., sowie einige Mollusken (Brachiopoden, Orthoceren, ferner nach TULLBERG *Dentalium* sp. und *Turbo* sp.)[1].

b) Eigentlicher Brachiopodenschiefer.

Theils ein dunkelgrauer, harter, dickplattiger, theils ein loserer, unrein gelblich- oder grünlichgrau gefärbter Schiefer mit härteren Kalkbändern; Mächtigkeit unbedeutend. Enthält in Menge *Phacops mucronatus* BRONGN., ferner *Leperditia* sp., *Primitia* sp., mehrere Gastropoden, Lamellibranchiaten und Brachiopoden, und entspricht dem tiefsten Theile des Brachiopodenschiefers i. e. S. in Westgothland. Aufgeschlossen bei Nyhamn, Röstånga, Kiviks-Esperöd, Jerrestad und Bollerup.

TULLBERG schliesst hier noch eine bei Röstånga und bei Bollerup unmittelbar überlagernde Zone mit *Diplograptus* nov. sp. und *Climacograptus scalaris* LINNÉ sp.[2] an, bestehend aus einer harten Kalkbank, bläulichgrauem und nach oben dunkelgrauem Schiefer.

Nach demselben Beobachter kann die gesammte Mächtigkeit der Etagen 9—11 bei Röstånga auf etwa 190 Meter geschätzt werden.

12. Oberer Graptolithenschiefer.

Die Bezeichnung der beiden Hauptabtheilungen dieses Formationsgliedes als Lobiferusschiefer und Retiolitesschiefer ist zuerst von TÖRNQVIST in seinem Reisebericht über Schonen (Öfvers. etc., 1875. Nr. 10, p. 57) vorgeschlagen worden. Schon S. LXV wurde mitgetheilt, dass LINNARSSON in einem Aufsatz über graptolithenführende Schiefer unweit Motala in Ostgothland den Namen Rastritesschiefer für die erstere jener Etagen als naturgemässer aufgestellt hat. In ganz ähnlichem Sinne wendet TULLBERG jetzt die letztere Benennung auch für Schonen an, indem er den Namen „Lobiferusschiefer" aus dem Grunde für unpassend erklärt, weil *Monograptus lobifer* M'COY in der genannten Provinz nur in einzelnen, wenig mächtigen Zonen auftrete und keineswegs als bezeichnend für eine grössere Reihe von Schiefern gelten könne. Desgleichen vermeidet jener Geologe hier jetzt die Benennung „Retiolitesschiefer", da die in Ostgothland und Dalekarlien damit bezeichneten Ablagerungen ein Aequivalent in

---

[1] Man kann das Glied 11. a, wie es TULLBERG thut, auch zum Trinucleusschiefer schlagen. Die dem Staurocephalusschiefer schon p. LIII zugewiesene Stellung entspricht LINNARSSON's grösserer Arbeit über Westgothland, und übereinstimmend mit dem dort Gesagten wird derselbe in LINNARSSON's Aufsatz über die Graptolithenschiefer in Schonen als ein Uebergangsglied zwischen dem Trinucleus- und Brachiopodenschiefer bezeichnet.

[2] cf. TULLBERG, On the Graptolites descr. by HISINGER etc., p. 9, T. I. Fig. 12—14, woselbst *Climacograptus normalis* LAPW. mit der genannten Art vereinigt ist. Beiläufig bemerkt, waren LINNÉ's „*Graptolithi scalares*" von WAHLENBERG (Petr. Tell. Suecanae, p. 92) zu „*Orthoceratites tenuis*" gerechnet worden.

Schonen nur in der alleruntersten Zone des Schiefercomplexes mit *Cyrtograptus* hätten, während andererseits die Gattung *Retiolites* eine weit ausgedehntere verticale Verbreitung nach oben wie nach unten besitze und hier namentlich in ersterer Richtung, ebenso wie in Böhmen und England, bis zur Basis des Wenlock zu verfolgen sei.

Wenn ich nun im Folgenden noch die früheren Namen „Lobiferus-" und „Retiolitesschiefer" gebrauche, so geschieht dies hauptsächlich der Gleichförmigkeit zu Liebe; es soll damit keineswegs die Berechtigung der von TULLBERG proponirten Aenderungen bestritten werden.

TULLBERG lässt mit dem Rastrites- oder Lobiferusschiefer die obersilurische Abtheilung von unten her beginnen, und befindet sich darin im Einklang mit den Ansichten, welche auch von anderen nordischen Geologen in neuerer Zeit geäussert worden sind. Während früher allerdings die Gesammtheit des sogen. „oberen Graptolithenschiefers" bis zum Retiolitesschiefer einschliesslich zum Untersilur gerechnet wurde, ist später der Lobiferusschiefer von LINNARSSON[1]) und LAPWORTH[2]) mit der Upper Moffat oder Birkhill Group in Schottland parallelisirt worden. Nun hat zwar LAPWORTH die Birkhill Shales zunächst als Aequivalent des englischen Lower Llandovery betrachtet; indessen hält man gegenwärtig die Annahme für gerechtfertigt, dass der eigentliche Lobiferusschiefer (12. a. $\alpha-\delta$) Gliedern der Birkhill-Gruppe entspreche, die dem Alter nach mit dem Upper Llandovery zusammengehören. Ist diese Auffassung richtig, so würde die obige Abgrenzung mit der zuletzt auch von MURCHISON[3]) bei der Zweitheilung der Silurformation zu Grunde gelegten Grenzlinie übereinstimmen, indem er letztere durch die Mitte des Llandovery, also zwischen oberes und unteres hindurch, gezogen hat. Ueberdies harmonirt mit TULLBERG's Gruppirung der Umstand, dass in der untersten Zone von 12. a die den Monograptidae angehörigen Graptolithenformen zuerst auftreten und dass dann diese Familie überhaupt in Schweden beschränkt erscheint auf dasjenige Schichtensystem, welches als obersilurisch zu gelten hätte.

Dessenungeachtet glaubte ich es vorziehen zu müssen, den Lobiferus- und Retiolitesschiefer noch in die untersilurische Schichtenreihe aufzunehmen, und zwar vor Allem im Hinblick auf die Erwägungen, zu denen die Vergleichung mit den Ehstländischen Untersilurgebilden Anlass giebt. So lange die Ueberlagerung des Retiolitesschiefers durch den Leptaenakalk in Dalekarlien nicht widerlegt ist[4]), hat man hier, thatsächlich genommen, oberhalb dieses graptolithenführenden Niveau's noch eine

---

[1]) Om graptolitskiffren vid Kongslena, Geol. Fören. Förh., Bd. III (1877), p. 406.

[2]) The Moffat Series, Quat. Journ. of the Geol. Soc., May 1878, p. 337.

[3]) cf. Siluria, ed. 3 (1859), Tabellen auf p. 156 und 472—473.

[4]) LINNARSSON bezeichnete mir letzteren in einem Briefe vom Juni 1881 ausdrücklich als ein Sediment, welches der Lagerungsfolge nach jünger sei als der Retiolitesschiefer in Dalarne, Ost- und Westgothland. Vgl. auch TÖRNQVIST in Geol. Fören. Förh., Bd. IV. Nr. 14, p. 451, 453 u. 457.

sehr mächtige und paläontologisch höchst ausgezeichnete Ablagerung, welche in Anbetracht ihrer unläugbaren nahen Beziehung zur Fauna der Lyckholmer und Borkholmer Schicht in Ehstland, auf die auch kürzlich wieder Fr. Schmidt[1]) hingewiesen hat, als der obere Schlussstein der untersilurischen Abtheilung in Schweden angesprochen werden muss.

Linnarsson hat gelegentlich (loc. cit. p. 407), um den hier vorhandenen Schwierigkeiten zu begegnen, die Meinung geäussert, dass wahrscheinlich in den östlichen Theilen des nordeuropäischen Silurmeeres während der betreffenden Epoche die physikalischen Verhältnisse beständiger waren und die organischen Geschöpfe langsameren Veränderungen unterlagen, als weiter westlich; vielleicht sei dann die Fauna des Leptaenakalks dorthin, wo letzterer gegenwärtig abgelagert ist, zu einer Zeit eingewandert, als im W. seit Längerem schon obersilurische Organismen lebten. Dieselbe Auffassung finde ich bestätigt in einem Briefe, den jener ausgezeichnete Forscher mir von Sköfde in Westgothland am 16. Juni 1881 gesandt hat, und in dem u. a. gesagt ist: „Es sieht aus, als wenn im Osten die untersilurische Fauna fortgelebt hätte, nachdem im Westen die obersilurische schon ihren Eintritt gemacht hatte." Auch Törnqvist (Öfvers. etc., 1875. Nr. 10, p. 58) hatte dem Gedanken Ausdruck gegeben, dass die reiche Thierwelt des Leptaenakalks fern von Schweden, und zwar vermuthlich in östlicheren Regionen, bereits vor Beginn der Absetzung dieses Gebildes existirt haben müsse[2]).

Durch zweckmässige Ausscheidung einer Mittelsilurformation würde übrigens, wie mir scheint, manche Unsicherheit bei der Gliederung verschwinden und das geologische Bild des nordischen Silursystems an Klarheit gewinnen. Es sind in dieser

---

[1]) Revision der ostbalt. silur. Trilobiten, St. Petersburg 1881, p. 38 u. 40.

[2]) In etwas anderem Sinne hat sich Tullberg in „Skånes Graptoliter", I. p. 27, über denselben Gegenstand geäussert. Ueberlagert der Leptaenakalk wirklich den Retiolitesschiefer Dalarnes, und wäre letzterer etwa vom Alter des englischen Wenlock, wie einmal von Törnqvist angenommen worden ist, so müsste jene kalkige Sedimentbildung schon in der Mitte des Obersilur oder selbst noch etwas darüber liegen. Nun entspricht allerdings der Retiolitesschiefer nach Tullberg nicht dem Wenlock, sondern einem Theile, und zwar nicht einmal dem obersten, der britischen Gala-Tarannon-Gruppe; es könnte daher der Leptaenakalk, falls jene Auflagerung Thatsache wäre, etwa mit dem Upper Gala gleichaltrig sein. Dem widerspricht aber entschieden das Gepräge seiner organischen Einschlüsse, wie auch G. Lindström bestätigt hat. Tullberg weist daher auf die Möglichkeit hin, dass der Leptaenakalk seinen Platz unter der dalekarlischen Zone mit *Monograptus leptotheca* Lapw. (vgl. bei den Zusätzen) habe, also der Gesammtheit des dortigen oberen Graptolithenschiefers vorangehe, in welchem Falle er vielleicht den Stufen des *Monograptus cyphus* Lapw. und *Monogr. gregarius* Lapw. in Schonen (s. unten) äquivalent sein könnte, die sicher dem Alter nach zum Llandovery gehören und muthmasslich den tiefsten Theil des Upper Llandovery repräsentiren. Alsdann brauche auch die von vorne herein behauptete faunistische Analogie dieser Ablagerung mit dem Lower Llandovery nicht mehr Wunder zu nehmen.

Richtung auch schon Versuche gemacht worden, und man kann sich dabei ja an Murchison selbst[1]) anlehnen, welcher das ursprünglich von ihm als oberen Theil der Caradoc-Gruppe zum Untersilur gestellte Llandovery späterhin, unbeschadet der oben angegebenen Theilung, als ein paläontologisches Verbindungsglied zwischen den beiden Hauptabtheilungen der Silurformation bezeichnet hat.

Die im Folgenden angeführten Graptolithen sind grossentheils beschrieben in Ch. Lapworth's Abhandlung „On Scottish Monograptidae", Geolog. Magazine, New Series, Dec. II. vol. III (1876), p. 308—321, 350—360, 499—507 und 544—552, ferner einige Arten des Lobiferusschiefers in der bereits früher citirten Arbeit von Tullberg „On the Graptolites described by Hisinger etc.", Stockholm 1882. Von den Arten des Retiolitesschiefers hat Linnarsson *Monograptus priodon* Bronn und *Retiolites Geinitzianus* Barr. in einem Aufsatz „Om Gotlands Graptoliter" (Öfvers. etc., 1879) neu beschrieben.

a) Lobiferusschiefer (Rastritesschiefer).

Hauptsächlich schwarze bitumenreiche Thonschiefer, unten oft reich an Schwefelkies; nur in der obersten Stufe herrscht grauer Schiefer vor. Theilweise sind dünne Lagen von weisslichem oder gelblichem Thon eingeschaltet; selten finden sich Kalkeinlagerungen. Beobachtet bei Röstånga, Kiviks-Esperöd, Bollerup und Tosterup[2]). Gesammtmächtigkeit bei Röstånga etwa 120 Meter.

Das Genus *Rastrites* ist ausschliesslich auf diese Etage in dem hier angenommenen Umfange beschränkt. Daneben sind noch die Gattungen *Climacograptus* und *Diplograptus* speciell hervorzuheben, während aber doch *Monograptus*-Arten entschieden überwiegen.

Die nachstehend nach Tullberg unterschiedenen Zonen α—δ entsprechen Theilen der Birkhill Shales in Schottland, welche dem Upper Llandovery gleichzustellen sein dürften; die Zone ε, welche bis vor Kurzem in Schonen unbekannt war, ist äquivalent mit dem schottischen Lower Gala.

α) Zone mit Monograptus cyphus Lapw.[3]).

Enthält ausser dieser Art: *Climacograptus scalaris* L. (= *normalis* Lapw.), *Dimorphograptus* sp. (die Gattung von Lapworth in der vorhin angeführten Arbeit aufgestellt) und *Diplograptus* sp.

---

[1]) cf. loc. cit. p. 76, 94 und 227.

[2]) Linnarsson hat mehrfach (Geol. Fören. Förh. Bd. II. p. 270, III. p. 404, IV. p. 253 und V. p. 503) auch Nyhamn als eine Fundstelle des Lobiferusschiefers angeführt, welcher dort als eine schwarze Schiefermasse den Brachiopodenschiefer unmittelbar überlagere.

[3]) Linnarsson (loc. cit. Bd. IV. p. 253) bemerkt, dass diese Form weniger gut zu Lapworth's bezüglichen Abbildungen, als zu Nicholson's *Grapt. sagittarius* passe, den Lapworth mit *Monogr. cyphus* vereinigt hat.

β) Zone mit Monograptus gregarius Lapw.

Enthält daneben *Monograptus triangulatus* (HARKNESS) LAPW., *M. fimbriatus* NICH., *Rastrites peregrinus* BARR., *Diplograptus* sp. und *Climacograptus scalaris* L.[1]).

γ) Zone mit Monograptus convolutus His.

Ausser dieser HISINGER'schen Art, über die in den Zusätzen Einiges nachgetragen werden soll, zeigen sich besonders noch *Monograptus lobifer* M'COY (= *Beckii* BARR.), *M. communis* LAPW., *M. leptotheca* LAPW. (= *sagittarius* HIS.), *Rastrites peregrinus* BARR., *Cephalograptus folium* HIS.

δ) Zone mit Cephalograptus cometa Gein. und Monograptus Sedgwickii Portl.

Sicher anstehend ist diese Stufe in Schonen noch nicht bekannt. Es gehören dahin lose Blöcke mit *Monograptus intermedius* CARR., *M. Clingani* CARR., *M. argutus* LAPW., *M. Sedgwickii* PORTL., *Diplograptus Hughesii* NICH. und *Cephalograptus cometa* GEIN., die bei Kiviks-Esperöd gefunden wurden. Ebendaher stammt ein Schiefer mit *Cephalograptus* nov. sp. und *Monogr. lobifer* M'COY. Eine correspondirende Schieferpartie scheint übrigens auch bei Röstånga vorhanden zu sein.

ε) Zone des Monograptus turriculatus Barr.

TULLBERG glaubt hier noch zwei besondere Horizonte unterscheiden zu müssen:

1. Stufe des *Rastrites maximus* CARR., mit Sicherheit in Schonen noch nicht nachgewiesen, möglicherweise in einem grauen Schiefer mit *Monograptus crispus* LAPW. und *M. turriculatus* BARR. bei Tosterup vorliegend und anscheinend auch bei Röstånga durch graue Schiefer repräsentirt, die jedoch noch keine Petrefacten geliefert haben;

2. Stufe des *Monograptus runcinatus* LAPW., bei Röstånga aus grauen Schiefern mit dünnen, schwarzen, graptolithenführenden Zwischenlagen bestehend, worin ausser der vorgenannten Art u. a. *Monogr. priodon* BRONN, *M. rhynchophorus* LINRS., *M. jaculum* LAPW. und *Diplograptus palmeus* BARR. beobachtet wurden.

Nach TULLBERG's Ansicht dürfte das letztere Lager einen Uebergang zwischen dem nächstfolgenden und dem von LINNARSSON auf Klubbudden in Ostgothland nachwiesenen Schiefergebilde mit *Monograptus turriculatus* BARR. und *Rastrites Linnaei* BARR. etc. (vgl. S. LXVI) darstellen. Es scheint mir jedoch näher zu liegen, die ganze Zone ε, der ich darum auch die obige Ueberschrift gab, mit jenem Klubbuddschiefer LINNARSSON's, welcher ebenfalls in zwei Theile zerfällt, gleichzustellen. Dagegen halte ich es für durchaus naturgemäss, dass TULLBERG die vorerwähnten Schiefer mit den Zonen α—δ zu einer Etage vereinigt, weil diese dann das Auftreten der Gattung *Rastrites* in seiner Vollständigkeit umfasst.

b) Retiolitesschiefer.

Mit dem in anderen Gegenden Schwedens auftretenden Retiolitesschiefer bringt

---

[1]) Die beiden Stufen α und β sind auch auf Bornholm bei Köllergård vertreten.

TULLBERG in Schonen gegenwärtig nur eine einzige graptolithenführende Stufe in Parallele, die er als Zone des *Cyrtograptus Grayi* bezeichnet. Es ist ein bei Röstånga vorkommender grauer, dünnblättriger Schiefer mit schmalen schwarzen Zwischenbändern, welcher *Cyrtograptus Grayi* LAPW., *Cyrtogr.* (?) *dubius* n. sp., *Monogr. priodon* BRONN, *M. personatus* n. sp., *M. spinulosus* n. sp., *M. cultellus* TÖRNQV., *M. sartorius* TÖRNQV., *M. nodifer* TÖRNQV., *Retiolites Geinitzianus* BARR. und *Ret. Törnqvisti* n. sp. enthält. Augenscheinlich ist u. a. die paläontologische Uebereinstimmung dieses Lagers mit dem dalekarlischen Retiolitesschiefer (vgl. S. XXXIV).

In dem Aufsatz über die Lagerungsfolge bei Röstånga (Geol. Fören. Förh., Bd. V. Nr. 3, 1880) hatte indessen TULLBERG dem Retiolitesschiefer Schonens eine weitere Ausdehnung gegeben. Es kommen danach noch zwei auf die vorerwähnte folgende Stufen hinzu, die in der That auch der ersteren faunistisch sehr nahestehen und von ihm jetzt nach den bezeichnendsten Graptolithen, welche nachstehend der gesperrte Druck hervorhebt, speciell benannt sind. Die untere dieser Zonen, zunächst über dem Horizont mit *Cyrtogr. Grayi*, bestehend theils aus lockeren hellgrauen, grünlichen oder chokoladefarbigen, theils aus harten schwarzen, bituminösen Schiefern, enthält *Cyrtograptus* (?) *spiralis* GEIN., *Monograptus priodon* BRONN, *M. personatus* n. sp., *M. Hisingeri* CARR., *M. nodifer* TÖRNQV., *M. sartorius* TÖRNQV., *Retiolites Geinitzianus* BARR. und *Ret. Törnqvisti* n. sp. (Röstånga, Tosterup, Fågelsång). In der oberen, deren Schiefergestein theils hell chokoladefarbig und feinkörnig, theils dunkelgrau und von gröberer Textur ist, finden sich *Cyrtograptus Lapworthi* n. sp., *Cyrtogr. pulchellus* n. sp., *Cyrtogr.* n. sp. indet., *Monograptus priodon* BRONN, *M. speciosus* n. sp., *M. personatus* n. sp., *M. Linnarssoni* n. sp., *Retiolites Geinitzianus* BARR. (Röstånga, Bollerup). Für die letztere Zone wird in dem vorhin citirten Aufsatz TULLBERG's als selten noch *Monogr. vomerinus* NICH. angegeben, eine Art, welche anderwärts im schwedischen Retiolitesschiefer nach LINNARSSON gemein sein soll; ersterer Autor hat sie neuerdings erst in dem aufwärts sich anschliessenden Theile der *Cyrtograptus*-führenden Region verzeichnet, und zwar dort als ein durch alle bezüglichen Stufen hindurchgehendes Fossil.

Die so eben besprochenen 3 Zonen entsprechen zusammen nach TULLBERG der britischen oberen Gala-Tarannon-Gruppe.

Anmerkung. — LINNARSSON hat das Verdienst, i. J. 1879 nachgewiesen zu haben, dass über dem Retiolitesschiefer in Schonen noch graptolithenführende Schiefermassen lagern, welche alle vorangehenden an Mächtigkeit und Ausbreitung bedeutend übertreffen, und er hatte darin auch schon zwei Hauptabtheilungen unterschieden.

Für die untere derselben, von der jener Forscher jedoch nur den obersten Theil bei Jerrestad und Tomarp mit *Monograptus testis* als Hauptfossil ins Auge gefasst hatte, schlug TULLBERG den Namen Cyrtograptusschiefer vor, nachdem erkannt war, dass ihre paläontologische Eigenthümlichkeit sich vorzugsweise in einer Menge von *Cyrtograptus*-Arten ausspricht. Zu diesem Cyrtograptusschiefer stellt nun der letztgenannte Geologe in seiner Abhandlung v. 1882 über „Skånes Graptoliter" bereits die drei obigen Zonen mit *Cyrtograptus Grayi, C.* (?) *spiralis* und *C. Lapworthi,* so dass dabei der Retiolitesschiefer ganz wegfällt, und darüber zählt er sodann von unten nach oben noch folgende, als Aequivalente der englischen Wenlockbildungen angesehene Glieder der nämlichen Etage auf: 1. Zone mit *Monograptus Riccartonensis* LAPW.; 2. Zone mit *Cyrtograptus Murchisoni* CARR. (in der auch *Retiolites Geinitzianus* noch auftritt); 3. Z. mit *Cyrtograptus rigidus* n. sp.; 4. Z. mit *Cyrtograptus Carruthersi* LAPW. (hier u. a. auch *Monograptus testis*). Der Cyrtograptusschiefer in dieser Ausdehnung umfasst sonach im Ganzen 7 Zonen, und wird bei Röstånga auf mindestens 350 Meter Mächtigkeit geschätzt.

Die hierauf folgende Schieferabtheilung mit Graptolithen ist weitaus die bedeutendste, nicht nur in Schonen, sondern in Schweden überhaupt. Sie besteht aus grauen, grünlichen oder auch bläulichen Mergelschiefern, in welchen Linsen oder dünne Lagen von Kalkstein vielfach eingeschlossen sind; sowohl im Schiefer, als in den eingelagerten Kalkknollen findet sich manchmal weisser Glimmer eingemengt. Die in erster Linie charakteristischen Fossilien sind *Monograptus colonus* BARR. und *Cardiola interrupta* BRODERIP. Danach hat LINNARSSON für dieses Schichtensystem, welches nach LAPWORTH den Ludlow Shales in England entspricht, die Bezeichnung „Schiefer mit *Monograptus colonus*", und demnächst TULLBERG den Namen „Cardiolaschiefer" vorgeschlagen. Seine gesammte Mächtigkeit wird von Letzterem auf wenigstens 3800 schwed. Fuss = 1128 Met. veranschlagt, und auch bezüglich der Oberflächenerstreckung kann sich keine andere Silurbildung in der genannten Provinz mit ihm messen.

Auf diesen Cardiolaschiefer sind nun in der Hauptsache jene in der Mark Brandenburg und angrenzenden Landestheilen seit Langem beobachteten obersilurischen Diluvialgerölle zurückzuführen, welche man unter dem Namen „Graptolithengestein" zusammengefasst, und deren Herkommen geraume Zeit hindurch für unbekannt gegolten hat. Ich habe dies in der Juli-Sitzung 1881 der deutschen geolog. Gesellschaft zuerst vorgetragen, nachdem mir verschiedene Mittheilungen der schwedischen Geologen über die organischen Einschlüsse des obigen Colonus- oder Cardiolaschiefers bekannt geworden waren (cf. Zeitschr. der gen. Ges., XXXIII. p. 501); demgemäss muss ich jetzt die Bemerkung über das „Graptolithengestein" auf S. XXI berichtigen. Man kennt diese Geschiebe hauptsächlich in zwei Abänderungen: 1. in mehr oder minder abgerundeten, wenn auch verschiedentlich geformten Stücken eines bräunlich- bis bläulichgrauen oder auch grünlichgrauen, thonhaltigen dichten Kalksteins, der ganz ungeschiefert ist; 2. in plattigen Stücken eines echten Mergelschiefers von ähnlicher, i. G. aber doch hellerer Färbung, welcher namhaft weicher und oft von geradezu erdiger Beschaffenheit ist. Es lag von vorne herein die Annahme nahe, dass die Knollen und Blöcke des härteren Kalkes in einer ursprünglich vorhanden gewesenen Schieferablagerung z. Th. wenigstens als Concretionen eingebettet waren, welche bei dem Transport etc. sich besser erhalten konnten und deshalb auch häufiger angetroffen werden. In beiden Varietäten finden sich, wenn man von gewissen, mit Unrecht hierher gerechneten Diluvialgeröllen absieht, gerade die bezeichnendsten Petrefacten des Cardiolaschiefers. Am gemeinsten ist *Monograptus colonus* BARR., der meinen Beobachtungen zufolge auch in ausserordentlichem Grade gegen die übrigen hier vorkommenden Graptolithen, wozu u. a. *Monograpt. Bohemicus* BARR. und *Monogr. Nilssoni* BARR. gehören, überwiegt. Ein höchst charakteristisches Fossil ist sodann *Cardiola interrupta* BROD.; von dieser Art liegen mir zahlreiche Exemplare in der weichen wie der härteren Abänderung des Gesteins vor, aus einem weniger als kopfgrossen rundlichen Geschiebe der letzteren von Heegermühle erhielt ich davon sogar über ein Dutzend. Häufig sind ferner Orthoceratiten; in dem erdigen Gestein sind es plattgedrückte, meist unbestimmbare Reste, wie sie in gleicher Beschaffenheit auch im schwedischen Cardiolaschiefer liegen.

Mit Genugthuung kann ich anführen, dass die von mir ausgesprochene Ursprungsbestimmung in der vorhin citirten Arbeit TULLBERG'S z. Th. bestätigt wird. Es heisst dort zwar p. 30, dass der typische ungeschieferte Graptolithenkalk des norddeutschen Diluviums, den der Autor von Königsberg und aus Schlesien kenne, in Scandinavien anstehend nicht nachgewiesen sei; dagegen wird p. 14 gesagt, die Kalkeinschlüsse im Cardiolaschiefer seien allerdings gewöhnlich frei von Petrefacten, enthielten solche aber, wenn sie einmal vorkämen, in ungeheurer Menge, und derartige Kalksteinknollen mit Graptolithen seien sowohl der Gebirgsart, als der Fauna nach vollkommen übereinstimmend mit einer Varietät des sogen. Graptolithengesteins Norddeutschlands. Weiterhin bemerkt der Verfasser ebendaselbst p. 29, dass die zweite Varietät dieses Gesteins, die er als einen hellgrauen, deutlich geschieferten Mergelschiefer, z. Th. mit weisslichen Glimmerschüppchen auf den Absonderungsflächen, kennen gelernt habe, dem Cardiolaschiefer Schonens völlig gleiche. Auch wird p. 30 noch ausdrücklich betont, dass die Fauna beider Abänderungen mit der der eben genannten Schieferbildung identisch sei. Ich selbst habe übrigens Gelegenheit gehabt, an einem aus Schonen hergebrachten Stück Cardiolaschiefer mit *Monograptus colonus* die Uebereinstimmung mit unserem schiefrigen Graptolithengestein zu constatiren. Will man vorläufig noch Bedenken tragen, die wirkliche Heimathstätte der fraglichen Geschiebe in Schonen anzunehmen, so steht doch jetzt soviel fest, dass dieselben zu dem obersten graptolithenführenden Schichtensystem dieser Provinz in einer sehr nahen geologischen Beziehung stehen.

VI. Småland.

Hauptsächlich nach LINNARSSON[1]).

In dem schmalen Küstengebiet dieser Provinz, welches gegenüber der Insel Oeland sich hinzieht, treten die sedimentären Gebirgsglieder sehr zurück: vorwiegend wird die Unterlage des Bodens hier von alten krystallinischen Gesteinen, und zwar vor Allem Gneiss und Granit in mannichfachen Abänderungen, gebildet. Nichtsdestoweniger sind

---

[1]) De paleozoiska bildningarna vid Humlenäs i Småland, Geol. Fören. Förh., Bd. IV. Nr. 6 (1878), p. 177—184.

die geognostischen Verhältnisse dieses Landstrichs für das Studium des norddeutschen Diluviums von besonderer Bedeutung, weil derselbe einerseits mancherlei scharf markirte Gesteinstypen enthält, und andererseits zugleich schon seine Lage darauf hinweist, dass in dieser Gegend die Heimath vieler unserer Gerölle zu suchen sein wird. In der That stimmt eine ansehnliche Zahl der letzteren, speciell in der Mark Brandenburg, mit dortigen Gebirgsarten aufs vollkommenste überein. So sind z. B. gewisse sehr eigenthümliche Typen altkrystallinischer Orthoklasgesteine unter den Geschieben der Eberswalder Gegend mit anstehenden azoischen oder eruptiven Felsarten Smålands, die z. Th. an einzelnen bestimmten Oertlichkeiten auftreten, ganz und gar identisch[1]). Ebenso hat eine eingehende Bearbeitung zahlreicher märkischer Geschiebe von massigen Plagioklasgesteinen, welche Herr M. NEEF[2]) neuerdings bei Prof. ZIRKEL in Leipzig ausgeführt hat, den Beweis geliefert, dass mehrere recht charakteristische Abänderungen unter denselben gleichfalls mit Småländischen Vorkommnissen sich decken.

Von Sedimentgesteinen finden sich in Småland hauptsächlich versteinerungsleere cambrische Sandsteine und Quarzconglomerate, welche der Ostküste entlang am Kalmarsund eine grosse Verbreitung besitzen, vorzugsweise allerdings als lose Blöcke in den ausgedehnten Schuttmassen, die in jenem Uferstreifen die Erdoberfläche bedecken und stellenweise über 1 Meile weit ins Land hineinreichen. Die Sandsteine sind von feinerem oder gröberem Korn, theils hellgrau, mitunter mit braunen Flecken, theils röthlich oder roth und grau gefleckt; die Conglomerate enthalten Quarzbrocken von verschiedenem Aussehen, deren Bindemittel z. Th. aus Quarz und rothem Feldspath gemengt ist. Auch von diesen Gesteinen sind einige nach TORELL unter den Geschieben der Mark wiederzufinden[3]). Ferner ist zu bemerken, dass Scolithus-Sandstein auf der Insel Runö nahe der Küste im S. von Oskarshamn anstehend vorkommt (vgl. Anm. zu S. LXXIV).

Nur an einem einzigen Punkte sind Silurgebilde neben Trümmern der cambrischen Formation in sehr beschränktem Umfange bekannt, und zwar bei Humlenäs im Kirchspiel Kristdala (Kreis Kalmar), ungefähr 3 preuss. Meilen nordwestlich von

---

[1]) cf. REMELÉ, Zeitschr. d. deutsch. geolog. Ges., XXXIII (1881), p. 498.

[2]) „Ueber seltnere krystallinische Diluvialgeschiebe der Mark", ib. XXXIV (1882), p. 461 ff. — Das gesammte Material für diese Arbeit war von mir aus der hiesigen Geschiebsammlung dem Mineralog. Museum der Universität Leipzig übersandt worden. Die Herkunftsbestimmungen beruhen vielfach auf einer vergleichenden Untersuchung der Dünnschliffe durch A. E. TÖRNEBOHM in Stockholm.

[3]) cf. BERENDT u. DAMES, Geognost. Beschreibung der Gegend von Berlin, Berlin 1880, p. 81. Namentlich gilt das Gesagte, wie TORELL selbst mir bestätigte, von einem rothen Sandstein mit hell gelblichgrauen Flecken, der in den verschiedensten Gegenden der Mark Brandenburg recht häufig ist; eine ähnliche Gebirgsart kommt freilich auch in Dalekarlien vor.

Oskarshamn. Bereits HISINGER[1]) hatte von diesem Vorkommen, welches allein schon durch seine engbegrenzte räumliche Absonderung bemerkenswerth ist, eine kurze geognostische Beschreibung geliefert, und ANGELIN mehrere Petrefacten daraus beschrieben; allein genauere Angaben darüber sind erst von LINNARSSON loc. cit. veröffentlicht worden. Die herrschende Gebirgsart in der ganzen dortigen Gegend ist Granit, neben welchem hauptsächlich noch Diorite vertreten sind. Inmitten dieses Urgebirges erstreckt sich nun ein isolirter, wesentlich von Silurkalk gebildeter schmaler Rücken, dessen Höhe unbedeutend ist, vom Südufer des Hummeln-Sees aus an der nahebei gelegenen Ortschaft Humlenäs vorbei von NW. nach SO.; seine Länge beträgt etwa 1 Kilometer, die Breite geht bis ca. 100 Meter, jedenfalls nur sehr wenig darüber hinaus, und ist im Allgemeinen geringer. Als fester Fels tritt das Gestein an der Oberfläche nicht auf, sondern nur in Trümmern, theils kleinen Steinen, theils grösseren Blöcken, allein seine Verbreitung ist doch nach LINNARSSON eine so scharf begrenzte, dass man ausserhalb des Bereiches jenes Rückens kaum einen einzigen Kalkblock antrifft. Ob diese silurische Kalksteinmasse und gewisse andere darunter eingemengte Sedimentgesteine in der Tiefe anstehend seien, erklärt der genannte Beobachter zwar noch für eine offene Frage, hält dies aber nach der Art des Vorkommens doch für wahrscheinlich, und mit aller Bestimmtheit äussert er sich dahin, dass sie nicht von einer weit entfernten Oertlichkeit herstammen können. Neben weitaus überwiegendem Orthocerenkalk wurden in dem Trümmerzuge hauptsächlich noch Fragmente von Stinkkalk mit *Agnostus pisiformis* beobachtet, sodann vereinzelt ein graugrüner Paradoxides-Kalk, welcher vermuthlich zur Zone des *Paradoxides Oelandicus* gehört, und Sandsteinschiefer mit *Paradox. Tessini*, gleich dem bei VII. 2. b unter derselben Bezeichnung besprochenen Oeländischen Gestein. Während cambrischer Sandstein in dem Schuttwalle selbst nur spärlich anzutreffen ist, liegen in der nördlichen Umgebung des Rückens nach dem Seeufer zu in grosser Menge Feldsteine eines dem gewöhnlichen schwedischen Fucoïdensandstein gleichenden lockeren, grau- bis gelblichweissen Sandsteins umher, der meist feinkörnig ist, bisweilen jedoch durch Aufnahme grösserer Quarzstücke etwas conglomeratartig wird. Oft findet man ihn durchzogen von *Scolithus*-artigen Röhren.

Der Orthocerenkalk von Humlenäs ist theils rother, theils grauer, letzterer aber bedeutend vorherrschend. Ersterer zeigte am häufigsten *Megalaspis planilimbata* ANG. und *Nileus Armadillo* DALM. bei fast gänzlichem Fehlen von Orthoceratiten, und entspricht also dem unteren rothen Kalk auf Oeland und an der Kinnekulle. Von ganz besonderem Interesse ist jedoch der vorerwähnte graue Orthocerenkalk, welcher

---

[1]) Underrättelse om Lager af petrificatförande Kalksten på Humlenäs i Calmar Län etc., Kongl. Vetensk.-Akademiens Handlingar för år 1825, p. 180 ff.

in petrographischer Hinsicht vornehmlich durch seinen Reichthum an Glaukonit charakterisirt ist und eine grössere Ausbeute an organischen Ueberresten lieferte, die allerdings meist in einem fragmentarischen Erhaltungszustande herauskamen. LINNARSSON bestimmte darin nachfolgende Arten: *Phacops sclerops* DALM., *Cheirurus* sp., *Lichas celorrhin* ANG., *Illaenus crassicauda* WAHLENB. (i. e. *Ill. Dalmani* VOLB., cf. S. XXX), *Dysplanus (Illaenus) centaurus* DALM. (?), *Asaphus raniceps* DALM. (häufig, jedoch bloss in Bruchstücken), *Megalaspis acuticauda* ANG. (?) und andere Formen derselben Gattung in fragmentarischen und undeutlichen Resten, *Ampyx nasutus* DALM., *Agnostus glabratus* ANG.[1]), *Orthoceras trochleare* HIS., *Orthoceras commune* (WAHLENB.) HIS., *Hyolithus* sp., verschiedene Arten von *Bellerophon*, *Eccyliomphalus centrifugus* WAHLENB., *Euomphalus obvallatus* WAHLENB. (= *Gualteriatus* SCHLOTH.), *Pleurotomaria elliptica* HIS., *Orthis calligramma* DALM., *Orthis obtusa* PANDER, *Orthisina plana* PAND., *Orthisina concava* V. D. PAHL., *Strophomena (Leptaena) imbrex* PAND., *Atrypa (Rhynchonella?) nucella* DALM., *Crania (Pseudocrania) antiquissima* EICHW., *Monticulipora (Dianulites) Petropolitana* PAND. sp.

ANGELIN hat von Humlenäs noch folgende Trilobiten genannt, welche jedenfalls auch in dem dortigen Glaukonitkalk gefunden wurden: *Megalaspis extenuata* WAHLENB., *Pliomera (Amphion) Fischeri* EICHW., *Cyrtometopus (Cheirurus) clavifrons* DALM.

Die mitgetheilte Fauna beweist, dass dieses Gestein mit überraschender Genauigkeit dem Vaginatenkalk FR. SCHMIDT's (B. 3) entspricht. Auf der anderen Seite ist es durchaus analog dem glaukonitführenden Kalk in der Zone des unteren grauen Orthocerenkalks auf Oeland, wie dies schon von LINNARSSON angedeutet wurde und namentlich aus neueren Beobachtungen TULLBERG's hervorgeht. Ueberhaupt sind die in dem Trümmerzuge bei Humlenäs gefundenen Sedimentärgesteine durchweg solche, die an der Westküste der genannten Insel auftreten[2]). Eine jüngere Gebirgsart, als jener Glaukonitkalk, ist von LINNARSSON in diesem Steinwall nicht constatirt worden.

Das einzige bisher anstehend bei Humlenäs beobachtete sedimentäre Gebilde ist eine Granitbreccie, auf welche zuerst NATHORST aufmerksam gemacht hat. Dieselbe füllt im NW. des Ortes am Strande des Hummeln-Sees Spalten im Granit aus; kantige Bruchstücke von Granit sowie untergeordnet auch solche von Eurit (Hälleflinta) sind darin durch ein spärliches Bindemittel verkittet, welches aus feinerem Granitschutt besteht.

---

[1]) Vgl. Anm. zu S. LXX.
[2]) Vgl. hierzu auch TULLBERG in Geol. Fören. Förh., Bd. VI. Nr. 6 (1882), p. 236.

VII. Oeland.

Nach A. SJÖGREN und LINNARSSON unter Berücksichtigung neuerer Beobachtungen
von DAMES und NATHORST sowie von TULLBERG[1]).

Die Kenntniss der Ablagerungen dieses Eilandes in petrographischer und paläontologischer Hinsicht ist für Jeden, welcher Untersuchungen über die Natur und das Herkommen der im norddeutschen Diluvium zerstreuten Materialien betreibt, von grösster Wichtigkeit. Innerhalb der Meridiane, welche die mittleren Theile unseres Flachlandes einschliessen, haben Oeländische Gesteine, vor Allem die dortigen Ortho-

---

[1]) SJÖGREN: Anteckningar om Öland, ett bidrag till Sveriges geologi, Öfvers. af Kongl. Vetensk.-Akad. Förhandl., Årg. 8 (1851), Nr. 2, p. 36—42; Bidrag till Ölands geologi, ib. 1871. Nr. 6, p. 673 ff.; Om några försteningar i Ölands Kambriska lager, Geolog. Fören. Förh., Bd. I. Nr. 5, 1872, p. 67 ff.

LINNARSSON: Geologiska jakttagelser under en resa på Öland, Geol. Fören. Förh., Bd. III. Nr. 2, 1876, p. 71 ff.; Om faunan i lagren med Paradoxides Ölandicus (Abdruck aus Geol. Fören. Förh., Bd. III. Nr. 12, 1877). — Ueberdies standen mir schätzbare Mittheilungen über die Oeländischen Orthocerenkalke zu Gebote, welche LINNARSSON mir in zwei vom 12. und 22. Juni 1881 datirten Schreiben von Sköfde in Westgothland aus hatte zukommen lassen. In denselben sind verschiedene bis dahin noch nicht veröffentlichte Beobachtungen niedergelegt, die von dem schwedischen Geologen auf einer im Sommer 1876 (bald nach Erscheinen der zuerst in diesem Absatz citirten Arbeit) ausgeführten kurzen Bereisung der Insel gemacht wurden. Ein Theil dieser Angaben ist später zum Abdruck gelangt in einer Note zu dem biographisch-literarischen Aufsatz über LINNARSSON, welchen NATHORST in den Geol. Fören. Förhandlingar, Bd. V. Nr. 13 (Nov. 1881), publicirt hat (s. loc. cit. p. 593).

DAMES: Geologische Reisenotizen aus Schweden, Zeitschr. der deutsch. geolog. Ges., XXXIII (1881), p. 405 ff. — Es sei hier noch erwähnt, dass ich auch Gelegenheit hatte, einen Blick auf die von Herrn DAMES auf Oeland gesammelten Petrefacten und Gesteinsproben zu werfen.

NATHORST: Om det inbördes förhållandet af lagren med Paradoxides Ölandicus och Par. Tessini på Öland, Geol. Fören. Förh., Bd. V. Nr. 13, 1881, p. 619—623; Om det inbördes åldersförhållandet mellan zonerna med Olenellus Kjerulfi och Paradoxides Ölandicus, ib. Bd. VI. Nr. 1, 1882, p. 27—30.

TULLBERG: Förelöpande redogörelse för geologiska resor på Öland, Geol. Fören. Förh., Bd. VI. Nr. 6, 1882, p. 220 ff. Von diesem Aufsatz, der über Beobachtungen bei einer Bereisung der Insel im Sommer 1882 referirt und zugleich verschiedene neue Fossilfunde des bekannten schwedischen Sammlers v. SCHMALENSEE zur Kenntniss bringt, erhielt ich vom Verfasser einen Separatabdruck, als meine Darstellung der Oeländischen Formationsglieder bereits druckfertig zu Papier gebracht war. Es schien mir nicht zweckmässig zu sein, die neuen Mittheilungen TULLBERG's noch in den Text einzuflechten; vielmehr habe ich dieselben durch Anfügung von Zusätzen bei den einzelnen Abschnitten benutzt, schon weil TULLBERG seinen Bericht als einen „vorläufigen" bezeichnet und auch gelegentlich bemerkt, dass er nicht für alle Bestimmungen angesichts der ohne Zuhülfenahme der Originale ungenügenden Diagnosen und Figuren von ANGELIN und anderen älteren Autoren einstehen könne. Nur den früher auf Oeland unbekannten Dictyonemaschiefer habe ich auf Grund der Angaben des genannten Geologen eingeschoben.

cerenkalke, eine grosse Verbreitung. Vielleicht zeigt sich dies an keinem Punkte so auffallend, als gerade in dem näheren Umkreise von Eberswalde. Bezüglich der Abstammung gewisser Geschiebearten ist auch vor mehr oder weniger langer Zeit schon die Aufmerksamkeit verschiedener Geologen ganz speciell auf Oeland gerichtet gewesen. Um dies zu erklären, glaube ich darauf, dass vor Zeiten Oeländische Kalke behufs der Verwendung als Estrichsteine, Fliesen u. s. w. in grösseren Massen nach einzelnen norddeutschen Küstenstädten kamen und etwa zufällig zu Vergleichen anregen mochten, kaum Gewicht legen zu dürfen; vorzugsweise ins Auge gefallen ist wohl die Häufigkeit von rothen Orthocerenkalken unter den Diluvialgeröllen vieler Gegenden Norddeutschlands und andererseits die längst bekannte bedeutende Entwicklung solcher Kalksteine auf dem verhältnissmässig nahegelegenen schwedischen Eiland.

Von Småland durch den schmalen Kalmarsund getrennt, bildet Oeland eine langgezogene, annähernd der Küste parallel laufende Bank. Eigenthümlich für das orographische Relief der Insel sind die sogen. „Landborgen", eine plateauartige Erhebung, welche den weitaus grössten Theil derselben einnimmt und der Westküste entlang in einem Steilabfall endigt, während sie nach O. bis zum Gestade allmählich sich einsenkt. Jener Abhang hat indessen nur eine mässige Höhe, die nach N. noch abnimmt, bis sie schliesslich nur mehr wenige Meter beträgt. Zwischen diesem Westrande der Landborgen und dem gegenüber befindlichen Meeresufer liegt bloss ein schmaler flacher Landstreifen mit hervorragend üppiger Vegetation, wogegen der Kalkboden auf dem Plateau überall da, wo keine quartären Schutt- und Schwemmgebilde auflagern, sehr unfruchtbar, ja flächenweise, zumal im südlichen Theile Oelands, vegetationslos ist. Schuttwälle, welche dem Strande parallel laufen und auf vorzeitliche Einwirkungen des Meeres hindeuten, finden sich namentlich auf dem Westgelände der Landborgen; stellenweise enthalten sie Trümmer von Urgebirgsarten, welche auf Oeland selbst nicht anstehen und vielleicht von Småland stammen.

Bekanntermassen ist die ganze Insel aus Gliedern der cambrischen und untersilurischen Formation zusammengesetzt, und zeigt dabei in ihrem geognostischen Bau mancherlei Abweichungen von den paläozoischen Gebieten des schwedischen Festlandes. So fehlen namentlich die silurischen Graptolithenschiefer vollständig, zugleich auch alle jüngeren untersilurischen Ablagerungen; merkwürdig ist die grosse Verschiedenheit von den cambrisch-silurischen Bildungen in Schonen, so dass fast nur die beiderseitigen Alaunschiefer theilweise einander entsprechen. Die Schichten fallen sehr sanft nach O. ein, und neigen sich gleichzeitig etwas gegen N.; ihr Streichen fällt nahezu mit der Längsaxe der Insel zusammen. Dem entsprechend gelangt man der Reihe nach von den älteren zu den jüngeren Lagern, wenn man von W. nach O. hinübergeht. In dem flachen Strandsaum der Westseite bilden die älteren cambrischen Schichten die Unterlage des Bodens. Die steile Böschung der Landborgen zeigt anstehend die tieferen

Theile des Orthocerenkalks und daneben im S. die obercambrischen Schiefer. Auf dem Plateau findet sich sodann die grosse Masse der Silurkalke, und zwar die hangenderen Glieder nach O. zu; ausgedehnte Strecken dieses Terrains lassen den nackten Kalkfels ohne jede Grusbedeckung hervortreten. Die besten Aufschlüsse hat der Westrand der nördlichen, und der Ostrand der südlichen Inselhälfte.

A. Cambrische Formation.

1. Cambrischer Sandstein.

Weisser, resp. lichtgrauer, z. Th. farbig gestreifter, harter und körnig ausgebildeter Sandstein, in welchem SJÖGREN nur kohlehaltige Spuren, die ihm auf ein Gewächs hinzudeuten schienen, beobachtet haben will; nach DAMES kommen darin jedoch z. Th. zahlreiche Scolithen vor. Das Gestein ist auf Oeland anstehend nicht bekannt, seine wirkliche Lagerstätte liegt nach W. zu ganz unter dem Meeresspiegel; dagegen findet es sich in einer Menge von losen Blöcken am westlichen Strande der Insel. Man nimmt an, dass letztere sowohl den Fucoïdensandstein, als den Eophytonsandstein repräsentiren. Nach NATHORST tritt der feste Sandsteinfels auf Furön zu Tage.

2. Paradoxidesschiefer.

a) Zone des Paradoxides Oelandicus.

Diese zuerst von SJÖGREN auf Oeland nachgewiesene Paradoxides-Stufe ist insofern für die genannte Insel eigenthümlich, als sie auf dem schwedischen Festland bloss in losen Blöcken in Jemtland (schon hoch hinauf im mittleren Schweden) und neuerdings in Ostgothland (s. oben) beobachtet wurde; ausserdem tritt dieselbe in Norwegen auf[1]). Man kennt das Oelandicus-Lager auf Oeland bei Stora Frö im Kirchspiel Wickleby und weiter nördlich bei Borgholm, der Hauptstadt der Insel; an ersterem Orte besteht es aus grünlichen, thonigen oder mergeligen Schiefern mit Kalkeinlagerungen, an letzterem aus einem grünlichen, lockeren Mergelschiefer. Das Gestein enthält mehrfach, speciell bei Stora Frö, Einschlüsse von Schwefelkies; indem ein Theil des letzteren sich oxydirte, hat zugleich die Einwirkung der entstandenen freien Schwefelsäure auf die kalkhaltige Gebirgsart zur Bildung von Gyps Anlass gegeben. Auch kleine weisse Glimmerblättchen sind mitunter eingesprengt. Die ziemlich reiche Fauna, welche LINNARSSON genauer untersuchte, setzt sich aus folgenden Arten zusammen:

Paradoxides Oelandicus SJÖGR., *Paradox. Sjögreni* LINRS., *Paradox. aculeatus*

---

[1]) cf. BRÖGGER, Paradoxides Ölandicus-nivået ved Ringsaker i Norge, Geol. Fören. Förh., Bd. VI. Nr. 4, 1882, p. 143 ff. Der Autor weist in diesem Aufsatz auf die nähere paläontologische Beziehung zwischen den Zonen mit *Paradoxides Oelandicus* und *Paradoxides Tessini* hin, während die Stufe des *Parad. (Olenellus) Kjerulfi* scharf von dem Oelandicus-Horizont geschieden sei.

LINRS., *Paradoxides* sp. indet., *Ellipsocephalus polytomus* LINRS. (bei Borgholm) und eine dieser Art jedenfalls sehr nahestehende Form (bei Stora Frö)[1]), *Conocoryphe emarginata* LINRS., *Selenopleura cristata* LINRS., *Agnostus fallax* LINRS., *Agnostus gibbus* LINRS. var., *Agn. regius* SJÖGR., *Hyolithus teretiusculus* LINRS., *Acrothele granulata* LINRS., *Lingula* sp. und *Acrotreta socialis* SEEB.

NATHORST hatte in dem ersten seiner auf S. CIV citirten Aufsätze (p. 623) die Vermuthung ausgesprochen, dass die Stufe des *Paradoxides Oelandicus* möglicherweise dem „Fragmentkalk" bei Andrarum entspreche, in dem zweiten (p. 29) jedoch giebt er an, dass ihre Fauna sich zunächst an die der unteren Tessini-Region, speciell des Exsulanskalkes in Schonen, anschliesst.

b) Zone des Paradoxides Tessini[2]).

Ueber dem besprochenen Oelandicus-Lager zeigen sich bei Borgholm, wie dies specieller von NATHORST und DAMES beobachtet wurde, zunächst einige untergeordnete Schichten von verschiedenem petrographischen Charakter: eine sehr dünne Bank von kalkigem Conglomerat, dessen abgerundete Gesteinstrümmer mit Glaukonit überzogen sind, und worin neben zahlreichen Exemplaren von *Acrothele* sp. eine vermuthlich neue Art von *Obolus* (resp. *Obolella*) und *Ellipsocephalus* sp. sich fanden; sodann sandige Kalkschiefer mit *Liostracus aculeatus* ANG.[3]) und sonstigen massenhaften, jedoch unbestimmbaren Trilobitenresten, und ein plattig abgesonderter, hellgrauer, fester Kalkstein von krystallinischem Habitus, in welchem dieselbe *Liostracus*-Art von *Paradoxides Tessini* BRONGN. begleitet ist. Die beiden letzteren Gesteine hat offenbar auch LINNARSSON schon beobachtet, da er von der nämlichen Oertlichkeit ein Lager von schiefrigem Kalkstein und Sandstein mit *Ellipsocephalus granulatus* LINRS., *Liostracus aculeatus* ANG., *Paradoxides*-Fragmenten und *Acrothele granulata* LINRS. anführt; dabei bemerkt er, dass in dem Kalk zuweilen Phosphoritknollen eingewachsen seien[4]).

Die vorerwähnten Gesteinsschichten, aus welchen von DAMES noch *Metoptoma Barrandei* LINRS., eine Art des Exsulanskalkes in Schonen, genannt wird, sind in der Hauptsache schon dem Tessini-Niveau beizurechnen; indess dürfte das glaukonithaltige

---

[1]) cf. REMELÉ, Zeitschr. der deutsch. geolog. Ges., XXXIII (1881), p. 700.

[2]) Mit dieser BRONGNIART'schen Art fällt nach LINNARSSON (Faunan i Kalken m. Conocor. exsulans, p. 6—9) sowohl *Parad. Tessini* var. *Wahlenbergii* ANG., als auch *Parad. Tessini* var. *Oelandicus* ANG. (s. Palaeont. Scandin. Appendix, p. 94) zusammen.

[3]) Die Originalstücke dieser Art stammen von Borgholm.

[4]) Von dem genannten Autor ist die Vermuthung geäussert worden, dass dies vielleicht das Oeländische „conglomeratum calcareum" sei, in welchem nach ANGELIN, und zwar eben bei Borgholm, sich *Paradoxides Tessini* gefunden haben soll (cf. Palaeont. Scandinavica, p. III u. 2). Zweifelhafter erscheint es mir, ob man dabei mit DAMES an das zuvor erwähnte glaukonitisch-kalkige Conglomerat denken darf.

Conglomerat mit *Ellipsocephalus* sp. davon auszunehmen sein und eher zur Oelandicus-Zone gehören, wofür mir ausser stratigraphischen und lithologischen Gründen auch der Umstand zu sprechen scheint, dass die fraglichen Trilobitenreste, soweit ich sie habe vergleichen können, sehr an *Ellipsocephalus polytomus* Linrs. erinnern.

Auf die sandig-kalkigen Schichten mit *Liostracus aculeatus* folgt nun die typische Tessini-Zone als ein kalkiger, etwas splittriger Sandsteinschiefer von grauer bis bräunlicher, im frischen Zustande meist blaugrauer Farbe und quarzitähnlichem Aussehen, auf dessen bedeutenden, wenn auch variablen Gehalt an kohlensaurem Kalk schon Sjögren hingewiesen hat. In dem Gestein finden sich, abgesehen von eingewachsenen Kalkspathlamellen, mitunter weissliche Glimmerschüppchen, vereinzelte grüne Glaukonitkörnchen sowie Einschlüsse von Schwefelkies. Es wechsellagert z. Th. mit dünnen, mehr thonigen Bänken. Diese Bildung tritt nicht allein in der bei Borgholm entwickelten Schichtenfolge auf, sondern vorzugsweise etwas weiter nördlich, bei Äleklinta[1]), und im südlichen Theil der Insel bei Albrunna und Södra Möckleby sowie anscheinend auch bei Stora Frö über der Oelandicus-Schicht, theils anstehend, theils in Steinhaufen oder in grösseren Blöcken am Strande umherliegend. Die wichtigsten Versteinerungen sind *Paradoxides Tessini* Brongn. und *Ellipsocephalus muticus* Ang. sp.; zugleich findet sich eine *Hyolithus*-Form (bereits von Sjögren als „*Theca* sp. indet." mitgetheilt). Linnarsson (Brachiopoda of the Paradoxides beds, p. 16) erwähnt noch kleine *Lingulellen* (?), ähnlich denen des Andrarumkalks, aus den Oeländischen „arenaceous flagstones" mit *Parad. Tessini*.

Der Sandsteinschiefer mit *Paradox. Tessini* wurde von Sjögren als zunächst zusammenhangend mit der Småländischen Sandsteinbildung, und dem entsprechend die Zone des *Paradox. Oelandicus* als die jüngere, den ersteren überlagernde angesehen, wie dies auch oben S. XXXVIII bemerkt ist. Linnarsson äusserte bereits gewichtige Zweifel hierüber und neigte mehr zu der entgegengesetzten Ansicht hin, bis neuerdings von Nathorst und Dames durch die Untersuchung eines bei Borgholm aufgeschlossenen Profils nachgewiesen wurde, dass in der That die Tessini-Zone höher liegt.

Beachtenswerth ist noch, dass die petrographische Facies des Tessini-Horizontes in Scandinavien recht bedeutende Verschiedenheiten zeigt, und dass *Paradoxides Tessini* nur auf Oeland sich in anstehendem Sandstein gefunden hat. Nathorst bemerkt, dass die Fauna bis zu einem gewissen Grade von der Gesteinsbeschaffenheit abhängig erscheint, welche ihrerseits auf Unterschiede in den physikalischen Verhältnissen während der Bildungszeit hinweist, indem *Ellipsocephalus* und *Acrothele granulata* nicht als Begleiter der genannten *Paradoxides*-Art vorkommen, wenn letztere, wie es zumeist

---

[1]) Bei diesem im Kirchspiel Alböke gelegenen Orte steht Tullberg zufolge nach unten zu ein ansehnliches Lager von grauem echtem Thonschiefer mit *Paradox. Tessini* an.

auf dem schwedischen Festlande — und ebenso auch in Norwegen — der Fall ist, in Alaunschiefer und Stinkkalk auftritt[1]).

Von TULLBERG wird ein Fund von Trilobitenresten, die vermuthlich zu *Conocoryphe exsulans* gehören, in sandigem Kalkstein der tieferen Partie des Tessini-Niveau's erwähnt. Ferner giebt er an, dass letzteres in seinem höheren Theile Knollen von grünem, strahlig-krystallinischem Kalkspath enthalte und seinen oberen Abschluss in einem ganz eigenthümlichen, aus den verschiedensten petrographischen Elementen, Tessini-Sandstein, einem harten sandsteinähnlichen Thonschiefer, weissem Sandstein, weissem und graugrünem krystallinischem Kalk, schwarzem Stinkkalk und Alaunschiefer, zusammengepackten Lager finde.

c) Zone des Paradoxides Forchhammeri (Andrarumkalk).

Abweichend von dem Verhalten in Schonen und Westgothland, beginnt hier auf Oeland erst die Ablagerung von Alaunschiefer und Stinkkalk.

In der bezeichneten Stufe, die von LINNARSSON bei Södra Möckleby nachgewiesen wurde und nach ihm am meisten dem entsprechenden Gliede in Westgothland gleicht, fanden sich *Paradoxides Forchhammeri* ANG., *Liostracus microphthalmus* ANG., *Ario-*

---

[1]) Von BRÖGGER ist loc. cit. ein in der Gegend nördlich von Hamar in Norwegen, nämlich zwischen Ringsaker und Saustad am Mjösen-See, blossgelegtes Profil beschrieben worden, in welchem die Aufeinanderfolge der älteren Paradoxiden-Schichten sehr deutlich beobachtet werden konnte. Von unten ab sind hier abgelagert:

1. Sandsteine und Quarzite in meist dicken Bänken, untergeordnet auch Thonschiefer und Knollen von Kalksandstein; in der Hauptsache fossilfrei, jedoch stellenweise mit *Eophyton*-artigen Resten.

2. Grünlichgrauer Thonschiefer mit Ockerflecken, welcher die Zone des *Olenellus Kjerulfi* ausmacht; gleicht völlig dem Lager bei Tömten im Kirchspiel Ringsaker, aus welchem LINNARSSON den genannten Trilobiten beschrieben hat.

3. Schwärzlichgrauer, nur anfangs noch ziemlich glaukonithaltiger, demnächst mehr dem Alaunschiefer ähnlicher Thonschiefer mit dünnen Lagen oder Concretionen von hell blaugrauem bis grünlichgrauem Kalkstein sowie auch von schwarzem Stinkkalk; hier erscheinen *Paradoxides Oelandicus*, *Agnostus*-Arten etc.

4. Schwarzer Alaunschiefer mit stark krystallinischem Stinkkalk, ca. 10 Meter mächtig.

5. Dickschichtiger Sandstein von verschiedenen Färbungen, welcher eine recht ansehnliche (auf etwa 60—80 Meter abgeschätzte) Mächtigkeit besitzt und nach oben mit einem dünnplattig abgesonderten grauen Quarzschiefer von ca. 12 Meter Dicke abschliesst.

6. Alaunschiefer und Stinkkalk mit *Paradoxides Tessini*, also das Tessini-Niveau, auf welches dann die aufwärts sich anschliessenden Theile der Alaunschiefer-Serie folgen.

Dieses Profil ist zunächst deshalb von Interesse, weil es sicher beweist, dass die Kjerulfi-Zone einen bestimmten Horizont unterhalb derjenigen des *Paradox. Oelandicus* bildet. Sodann verdient das Auftreten von Alaunschiefer und Sandstein zwischen der Oelandicus- und Tessini-Stufe Beachtung; ob dieselben aber schon der letzteren zuzurechnen sind, lässt BRÖGGER unentschieden.

nellus difformis ANG. (cf. S. LXXX), *Selenopleura brachymetopa* ANG., *Agnostus laevigatus* DALM., *Acrothéle coriacea* LINRS., *Orthis exporrecta* LINRS., *Orthis Lindströmi* LINRS. und *Orthis Hicksii* (SALT.) DAV. aff.[1]).

Ferner gehört *Conocoryphe (Selenopleura?) stenometopa* ANG., von Möckleby auf Oeland beim Autor citirt, vermuthlich zu dem nämlichen Horizont[2]).

Ob auch die nächstfolgende Zone des *Agnostus laevigatus* auf der Insel vertreten sei, ist aus den vorliegenden Daten nicht zu entnehmen. Von den so eben mitgetheilten Arten gehen zwei, *Agn. laevigatus* und *Orthis exporrecta*, in dieselbe hinauf; dagegen werden zwei auf letztere beschränkte Leitfossilien, *Liostracus costatus* LINRS. und *Leperditia primordialis* LINRS., von Oeland nicht angeführt.

3. Olenusschiefer.

Diese Etage umfasst den bedeutenderen Theil der Alaunschieferbildung, und ist namentlich im S. der Insel bei Södra Möckleby und dem dicht dabei gelegenen „Oelands Alunbruk" gut entwickelt; ausserdem tritt sie bei Eriksöre und Äleklinta zu Tage. Wie gewöhnlich trifft man die Versteinerungen vorzugsweise in den dem Schiefer eingelagerten Schichten und Concretionen von Stinkkalk. Letzterer enthält in den höheren Schieferpartien mit *Peltura* und *Sphaerophthalmus*, wie dies DAMES hier und ausserdem nur noch bei Knifvinge in Ostgothland gefunden hat, oft reichlich weissen, gelblichen oder hellbräunlichen Kalkspath, neben welchem die schwarzen Kopf- und Schwanzschilder der Trilobiten stark hervortreten[3]).

Folgende Unterabtheilungen des Olenusschiefers sind auf Oeland beobachtet worden:

a) Zone des Agnostus pisiformis.

Zu unterst erscheint LINNARSSON zufolge diese LINNÉ'sche Art. Daneben ist *Olenus truncatus* BRÜNNICH zu nennen, den ANGELIN von Möckleby angiebt. Ausserdem findet sich nach LINNARSSON auf Oeland auch *Olenus gibbosus* WAHLENB.[4]).

b) Zone der Beyrichia Angelini (Barr.) Linrs.

Folgt nach LINNARSSON unmittelbar auf den Alaunschiefer mit *Agnostus pisiformis*.

---

[1]) cf. LINNARSSON, Brachiopoda of the Paradoxides beds, p. 14.

[2]) cf. ib. p. 30.

[3]) Diese Thatsache verdient deshalb besonders hervorgehoben zu werden, weil völlig gleich beschaffene Geschiebe in der Mark Brandenburg und benachbarten Gegenden, speciell in Mecklenburg, vorkommen.

[4]) Derselbe Beobachter will diesen *Olenus*, welcher sonst *Agnostus pisiformis* zu begleiten pflegt, hier erst gleich über *Beyrichia Angelini* angetroffen haben.

Bei Ottenby im südlichen Oeland fand v. SCHMALENSEE, wie TULLBERG mittheilt, in Stinkkalk zusammen mit demselben *Agnostus* ein Pygidium von *Ceratopyge* sp., welches den analogen Funden bei Andrarum (cf. S. LXXXII) entspricht.

c) Zone der Parabolina spinulosa Wahlenb.

Von DAMES wird dieses Leitfossil speciell erwähnt. LINNARSSON hat angegeben, dass einige Stinkkalkbänke ausschliesslich oder fast allein von *Orthis lenticularis* WAHLENB. erfüllt seien.

d) Zone mit Eurycare latum Boeck.

Daneben *Leptoplastus* und vereinzelte Reste von *Orthis*.

e) Zone der Peltura scarabaeoïdes Wahlenb.

Auch *Sphaerophthalmus alatus* BOECK sp. wird aus demselben Lager angeführt.

4. Dictyonemaschiefer.

TULLBERG theilt jetzt mit, dass in den jüngsten Schichten des Oeländischen Alaunschiefers auch *Dictyonema* (*Dictyograptus*) auftrete, so dass hiermit ein neues Vorkommen des genannten Formationsgliedes den S. XLV erwähnten sich hinzugesellt. In dieser bei Ottenby und weiter südlich am Seestrande gut entwickelten Alaunschieferpartie finden sich auch *Bryograptus* sp. und *Obolus* sp.[1]).

B. Untersilurformation.

5. Ceratopygekalk.

Der petrographische Charakter dieser bei Algutsrum, Eriksöre und südlich von Resmo, ferner bei Kråketorp im Kirchspiel Thorslunda und bei Äleklinta, theils anstehend, theils in losen Blöcken, nachgewiesenen Etage ist ziemlich schwankend. Im Allgemeinen herrschen hier grünliche glaukonitreiche Schieferschichten mit Einlagerungen von dichtem Kalkstein, welcher theils grau, resp. hellgrünlich ist mit sehr sparsam eingesprengten Glaukonitkörnchen, theils in einer ähnlichen Grundmasse eine überaus grosse Menge dieses grünen Minerals enthält. Das häufigste Fossil ist nach LINNARSSON und DAMES eine kleine *Orthis*[2]). Ausserdem hat ersterer Autor *Symphysurus socialis* LINRS. und *Euloma ornatum* ANG., und DAMES noch *Ptychopyge* sp. angeführt.

---

[1]) Nach BRÖGGER (Die silur. Etagen 2 u. 3 im Kristianiagebiet und auf Eker, Kristiania 1882, p. 6), welcher den Namen „Dictyograptusschiefer" vorzieht, enthält diese Ablagerung im südnorwegischen cambrisch-silurischen Gebiet *Bryograptus Kjerulfi* LAPW. (in den oberen Schichten bei Väkkerö) sowie eine Form von *Obolus* (?) *Salteri* HOLL.

[2]) Die fragliche, mit relativ starken dichotomirenden Rippen versehene *Orthis*, von der ich mehrere von Herrn DAMES gesammelte Exemplare gesehen habe, wurde von mir auch in hierher gehörigen glaukonitreichen kalkigen Geschieben unseres Diluviums beobachtet (cf. Zeitschr. d. deutsch. geolog. Ges., XXXIII. p. 696). Dieselbe hat zwar eine gewisse Aehnlichkeit mit *Orthis parva* PANDER, ist aber doch unschwer specifisch davon unterscheidbar. Vor Allem ist bei der PANDER'schen Art die Wölbung der grösseren Klappe beträchtlich stärker, zugleich auch die relative Breite etwas geringer. Am meisten gleichen sich die kleineren flachen Sinusklappen. — Jedenfalls sehr ähnlich

TULLBERG unterscheidet zunächst über dem Alaunschiefer 2 Lager, welche bisher als „Ceratopygekalk" zusammengefasst wurden:

a) Glaukonitschiefer.

Eigenthümliche, wenig mächtige Bildung eines dunkelgrünen, aus Thonsubstanz und Glaukonitkörnchen zusammengesetzten Schiefergesteins; zwischen Köping und Borgholm, wo das Gestein mehr von grobkörnigem Aussehen und kalkig ist, doch bis zu 6 Fuss dick. Fossilien: *Obolus* sp., *Orthis Christianiae* KJERULF und noch eine kleinere *Orthis*, *Acrothele* sp., *Bryograptus* sp. TULLBERG betrachtet diese Ablagerung, welche oft Einlagerungen von Alaunschiefer mit analogen Petrefacten einschliesst, als das Uebergangsglied zwischen dem primordialen und dem untersilurischen Schichtensystem; andererseits hält er sie für äquivalent mit dem Obolusconglomerat Dalekarliens und für entsprechend dem Glaukonitsand FR. SCHMIDT's in Ehstland (B. 1).

Ueber dem Glaukonitschiefer erscheint gewöhnlich eine graublaue, an Glaukonit reiche conglomeratartige Kalkmasse mit den Brachiopoden jenes Schiefers; bei Borgholm liegt zwischen beiden eine Bank von hartem, dichtem grauen Kalk. Auch in Ehstland gewinnt der Glaukonitsand nach oben eine mehr kalkige Beschaffenheit.

b) Ceratopygekalk.

Meist nur 1—4 Fuss mächtig. Vorwiegend ein flintartig harter dichter Kalkstein von verschiedener Färbung: gelblichgrün (wenn partiell verwittert) bis rein hellgrau (im südlichen Theile der Insel) oder bräunlichviolett mit einem Stich ins Rothe oder Grüne; unten wie oben begrenzt von glaukonitführenden, mehr oder minder conglomeratartigen Bänken, die mitunter bläulichgrüne Thonschieferlagen einschliessen. Nur die innenliegende harte Kalkschicht ist reich an Versteinerungen. Im Ganzen werden angeführt: *Ceratopyge forficula* SARS, *Dikelocephalus angusticauda* ANG., *Dik. serratus* SARS & BOECK, *Dik. dicraeurus* ANG., *Euloma ornatum* ANG., *Triarthrus Angelini* LINRS., *Pliomera (Amphion) primigena* ANG., *Remopleurides dubius* LINRS., *Harpides rugosus* SARS & BOECK, *Cheirurus (Cyrtometopus) foveolatus* ANG. (?), *Niobe insignis* LINRS., *Niobe obsoleta* LINRS., *Symphysurus angustatus* SARS & BOECK, *Nileus Armadillo* var. *depressus* S. & B., *Megalaspis stenorhachis* ANG. (?), *Meg. planilimbata* ANG. (kleine Ex.), Cystideen-Fragmente, *Orthis Christianiae* KJERULF, *Leptaena* nov. sp., *Obolus* sp., *Lingula* sp., *Acrothele* sp., *Acrotreta* sp. Es sind das so ziemlich alle auch anderwärts in Scandinavien in diesem Niveau aufgefundene Fossilien[1]).

---

und möglicherweise identisch ist *Orthis Christianiae* KJER. (s. KJERULF: Veiviser ved geologiska Excursioner i Christiania Omegn, Christ. 1865, p. 3, Fig. 8, und BRÖGGER loc. cit. p. 48, T. X. Fig. 14).

[1]) Sehr nahe liegt es, die unter a und b aufgeführten Sedimente mit dem Ceratopygeschiefer einerseits und dem Ceratopygekalk andererseits in Norwegen zu paralleliseren (siehe BRÖGGER, loc. cit. p. 12 u. 14).

6. Orthocerenkalk.

a) Planilimbatakalk (unterer rother Orthocerenkalk).

Fast überall in den Steilabfällen der Landborgen längs der Westküste der Insel ist der hierher gehörige rothe Kalk blossgelegt, und besonders gut zugänglich bei Köping unweit Borgholm. Zu unterst ist der Kalkstein z. B. bei Äleklinta noch glaukonitführend, theils grünlich, theils buntfarbig mit röthlichen und grünlichen Partien; nach oben verschwindet der Glaukonitgehalt, und es stellen sich die eigentlichen unteren rothen Kalke ein, welche ein dichtes oder theilweise feinkrystallinisches zähes Gestein von dunkelrother Farbe und splittrigem Bruch bilden. Versteinerungen treten relativ sparsam auf, hauptsächlich *Niobe laeviceps* DALM. und *frontalis* DALM., *Megalaspis planilimbata* ANG., *Ptychopyge* sp., *Nileus Armadillo* DALM. und einige noch unbeschriebene Asaphiden-Formen; Orthoceren sind noch entschieden selten und fast nur durch eine subcylindrische vaginate Art ohne Ringwülste vertreten, die zwar *Orthoceras commune* WAHLENB. nahesteht, aber doch als davon verschieden gelten muss[1].

---

[1] SJÖGREN hat in seiner Arbeit von 1851 *Orthoceras trochleare* HIS., worunter hier wohl bestimmt *vaginatum* SCHLOTH. zu verstehen ist, als bei Köping vorkommend angeführt. Ueberdies befinden sich unter SCHLOTHEIM's Originalen von *Orthoceras vaginatum* im Berliner paläontol. Museum 4 Stücke aus Oeländischem rothem Kalk. Es ist nun angegeben worden, dass bei Köping nur der untere rothe Kalk sich finde; indessen halte ich es doch nicht für wahrscheinlich, dass die Lagerstätte des genannten Orthoceratiten dem Planilimbatakalk angehört, sondern glaube dafür ein etwas höheres Niveau annehmen zu müssen. Hierbei mag noch bemerkt werden, dass SJÖGREN loc. cit. noch folgende weitere Fossilien von Köping mitgetheilt hat: *Symphysurus palpebrosus* DALM., *Megalaspis centron* H. VON LEUCHTENB, *Illaenus crassicauda* DALM. (WAHLENB.) auct., *Lichas pachyrhinus* DALM., *Amphion Fischeri* EICHW. (nach ANGELIN bei Sandvik), *Cheirurus exsul* BEYR., *Cheirurus ornatus* DALM., *Ampyx nasutus* DALM. (nach ANGELIN bei Böda etc.), *Pleurotomaria elliptica* HIS., *Atrypa reticularis* DALM. und *Orthis callactis* DALM. (eine Varietät der letzteren Art ist in den „Fragm. Silurica", p. 26, als häufig auf Oeland bezeichnet). Wenn auch gewiss diese Bestimmungen nicht durchweg richtig sind (an *Atrypa reticularis* kann z. B. hier nicht gedacht werden), so scheint die vorstehende Aufzählung doch soviel zu beweisen, dass die orthocerenführenden Schichten bei Köping mindestens bis in den Vaginatenkalk, vielleicht sogar bis in die untere Abtheilung des Echinosphaeritenkalks FR. SCHMIDT's hinaufreichen. Vgl. übrigens S. CXV.

Die mir bisher bekannt gewordenen Funde von Diluvialgeröllen mit *Orthoceras vaginatum* liefern keinen Beitrag zur Aufklärung der so eben angeregten Frage. Es liegen mir gegenwärtig 11 sichere Exemplare dieser Art aus rothen Kalksteingeschieben der Eberswalder Gegend vor, welche in ihren specifischen Merkmalen gleichwie in der Beschaffenheit des Muttergesteins vollkommen mit den vorhin erwähnten Stücken der SCHLOTHEIM'schen Sammlung übereinstimmen. Keines derselben ward mit einem regulären Orthoceratiten zusammen gefunden, und ausser einem Stücke von Brahlitz, das noch Schalenreste eines Asaphiden einschliesst, enthielten die betreffenden Geschiebe überhaupt keine anderweitigen Versteinerungen. Auszunehmen ist vielleicht nur das unten S. 26—27 besprochene Geschiebe von *Lituites Decheni* m., in welchem noch ein schmaler, wahrscheinlich zu *Ortho-*

Nach den neueren Mittheilungen von TULLBERG ist die Gesteinsbeschaffenheit in dieser 15—20 Fuss mächtigen Zone sehr variabel und theilweise etwas anders als vorhin angegeben; vorwiegend zeigt sich allerdings rother Kalk. An etlichen Punkten im N. der Insel wurde solcher unten, darüber in geringerer Mächtigkeit grauer oder grünlicher, schwach glaukonithaltiger, schliesslich aber doch z. Th. in den aufliegenden Glaukonitkalk übergehender Kalkstein beobachtet; bei Sandvik zu unterst grünlichgrauer glaukonitführender, darauf streifenweise roth und grau gefärbter (auf etwa 6 Fuss), oben rother Kalk (ca. 12 Fuss mächtig); bei Södra Möckleby und Ottenby grauweisser oder auch röthlichgrauer Kalk. Für den tieferen, an Orthoceren armen Theil, in dem einige dünne Bänke fossilreicher sind, giebt TULLBERG an: *Megalaspis limbata* (BOECK) ANG., *Megal. excavato-zonata* ANG.[1]), *Ceratopyge forficula* SARS, *Holometopus* (?) sp., *Ampyx* sp., *Cheirurus* sp., *Asaphus* nov. sp., *Niobe laeviceps* DALM., *Niobe* nov. sp., *Nileus Armadillo* var. *depressus* SARS & BOECK, *Symphysurus angustatus* S. & B., *Illaenus* (?) sp., Cystideen-Bruchstücke sowie eine kleine *Orthis* nebst *Acrotreta* sp., und von Orthoceren nur eine einzige Art; für den oberen Theil als besonders gemein excentrische Orthoceren und *Megalaspis limbata*, ferner *Niobe laeviceps* und *Nileus Armadillo* var. *depressus*, die gleichfalls häufig vorkommen, sowie in den jüngeren Lagen *Megalaspis heros* DALM. Am reichsten sind die Aufschlüsse im S., wie bei Eriksöre und Carlevi[2]).

---

ceras vaginatum gehöriger Rest liegt, der aber allenfalls auch auf *Orthoceras trochleare* HIS. bezogen werden könnte.

[1]) Diese Art und eine andere sehr ähnliche, *Megalaspis zonata* ANG., sind auf zweierlei nach Palaeont. Scandinavica p. 54 der Regio C auf Oeland entstammende Pygidien gegründet, welche, nach den Abbildungen ANGELIN's zu urtheilen, weit eher zu *Niobe*, als zu *Megalaspis*, gehören dürften.

[2]) TULLBERG glaubt „*Megalaspis limbata*", womit jedenfalls das von ANGELIN, Pal. Scandin. p. 18, T. XVI. Fig. 3, unter diesem Namen vorgebrachte Fossil gemeint ist, von dem es dort heisst: „Oelandiae fere ubique", als eine Entwicklungsform von *Megalaspis planilimbata* ANG. ansehen zu können, während letztere Art als solche in seiner summarischen Aufzählung der Petrefacten von Zone 6. a nicht figurirt. Andererseits theilt er in dem eingangs citirten Aufsatz p. 225 u. 226 noch ein Profil bei Borgholm und ein anderes im nördlichen Theil von „Horns Udde" mit, welche beide zunächst über dem Ceratopygekalk rothen Kalk mit „*Megal. planilimbata*" aufweisen, am ersteren Orte mit *Niobe laeviceps* etc., am letzteren mit „*Megal. limbata*" zusammen; ferner ib. p. 224 in analoger Lage bei Ottenby weisslichgrauen Kalk mit „*Megal. planilimbata*". Zu Vorstehendem bemerke ich, dass der für die unterste Zone des Orthocerenkalks in Schweden sowohl, als in Ehstland bezeichnendste Trilobit von LINNARSSON, dem besten Trilobitenkenner, den Schweden in der Neuzeit gehabt hat, als *Megalaspis planilimbata* ANG. bestimmt worden ist. Auch in den von mir zusammengebrachten Geschieben von älterem rothen Orthocerenkalk ist diese Form weitaus das häufigste Petrefact, und im Uebrigen ganz mit schwedischen Exemplaren übereinstimmend sowie leicht wiederzuerkennen. Es wäre sehr wünschenswerth, wenn durch eine specielle Untersuchung die Beziehung von ANGELIN's „*Megalaspis limbata* S. & B." zu seiner *Megal. planilimbata* genau festgestellt würde, um so mehr da für ersteres Fossil auch andere Horizonte, als der obige, angegeben worden sind, so von DAMES der

b) Unterer grauer Orthocerenkalk.

Diese dem Vaginatenkalk Fr. Schmidt's entsprechende Zone besitzt einen grösseren Fossilreichthum. In der Umgegend von Köping (bei Kolstad etc.) besteht dieselbe nach Linnarsson aus einem grauen Kalk mit *Ptychopyge applanata* Ang., *Megalaspis acuticauda* Ang., *Symphysurus palpebrosus* Dalm. (?)[1]), *Orthis calligramma* Dalm. und *Rhynchonella* (?) *nucella* Dalm. Besser aufgeschlossen ist das nämliche Glied am steilen Uferrande im nordwestlichen Theile der Insel zwischen Byxlekrok und Toknäshamn, wo der Kalkstein zugleich ziemlich viel Glaukonitkörnchen enthält. Hier fand Linnarsson: *Lituites convolvens* His., *Lit. lamellosus* His., *Eccyliomphalus* sp., *Euomphalus obvallatus* Wahlenb., *Euomphalus marginalis* Eichw., *Pseudocrania antiquissima* Eichw. Ebendaher erwähnt Dames noch grosse Pygidien von *Megalaspis* oder *Ptychopyge*, ferner *Ptychopyge limbata* Ang., *Niobe* sp., eine von *obvallatus* Wahlenb. (*Gualteriatus* Schloth.) verschiedene, wenn auch damit nahe verwandte *Euomphalus*-Art, *Orthisina adscendens* Pander und *Receptaculites orbis* Eichw. Von Orthoceratiten kommen nach Linnarsson anscheinend die gewöhnlichen vaginaten Formen vor; eine genauere Be-

---

obere rothe Orthocerenkalk auf Oeland, von Linnarsson der untere graue in Westgothland, von Letzterem allerdings auch der ostgothländische Planilimbatakalk (vgl. S. LXX). Dabei wird auch die Frage zu entscheiden sein, ob der Speciesname „*limbata*" für die bisher damit bezeichneten Oeländischen und andere ebensolche Reste überhaupt beibehalten werden kann. Was ich nämlich von Pygidien des echten, in Keilhau's Gaea Norvegica, Christiania 1838, p. 142, zuerst publicirten „*Trilobites limbatus*" Boeck gesehen habe, scheint mir bestimmt von dem loc. cit. bei Angelin dargestellten Schwanzschild specifisch verschieden zu sein: jene sind weniger breit und vor Allem reicht ihre Rhachis weit näher an den Hinterrand heran; es wird dies auch bestätigt durch die neuere Beschreibung von Boeck's *Megalaspis limbata*, welche W. C. Brögger in seinem mehrfach erwähnten vortrefflichen Werk „Die silur. Etagen 2 u. 3 im Kristianiagebiet und auf Eker", p. 77, T. II. Fig. 2. u. T. IX, sowohl von der „var. *minor*" jener Art, als auch von der „form. *typica*" gegeben hat, auch wenn man die auf T. IX. Fig. 3–4 abgebildete auffallend breitere Abänderung der Hauptform hinzunimmt, welche gleichfalls die sehr lange Axe des Pygidiums zeigt.

Hinzufügen muss ich noch, dass die zahlreichen, nach Linnarsson zu *Megal. planilimbata* zu rechnenden Schwanzschilder, die mir zu Gesicht gekommen sind, nicht der nämlichen Art angehören können, wie die der Abbildung von „*Meg. limbata*" bei Angelin zu Grunde liegende Form, falls die Figur nur einigermassen naturgetreu ist, wobei ich überdies auf ein gutes Pygidium dieser *Megal. limbata* (Boeck) Ang., das Herr Dames aus dem oberen rothen Kalk bei Triberga mitgebracht hat, Bezug nehme. Sie unterscheiden sich nämlich constant durch eine schmalere und etwas gewölbtere Gestalt, schwächere Verjüngung der Rhachis und stärkeres Hervorragen ihres hinteren Endes sowie wohl auch der gespaltenen Seitenrippen.

Nach allem dem liegt bis jetzt keine Veranlassung vor, die Angemessenheit des auch von Linnarsson verschiedentlich gebrauchten Namens „Planilimbatakalk" für den untersten schwedischen Orthocerenkalk in Frage zu stellen. Allenfalls könnte man noch die Bezeichnung „Niobekalk" ins Auge fassen, welche aber doch weniger treffend sein würde.

[1]) Tullberg hat diese Art ohne Fragezeichen angeführt.

stimmung derselben ist von ihm wegen ihrer undeutlichen Erhaltung nicht versucht worden.

Ueber den unteren grauen Kalk bemerkt TULLBERG, dass derselbe bei 12 bis 15 Fuss Mächtigkeit glaukonitreich (auch bei Kolstad) und rauhflächig sei, nach oben mehr glaukonitfrei und hart; zu unterst (wie bei Södra Möckleby, östlich davon bei Pilekulla und nach S. bis nahe der Südspitze, sodann auch bei Eriksöre) oft von röthlicher Färbung. Ausser den vorhin genannten Fossilien sind nach ihm anzuführen: *Megalaspis* cf. *acuticauda* ANG., *M. extenuata* WAHLENB., *M. rudis* ANG., *M.* cf. *gigas* ANG. u. a. Formen der Gattung, *Asaphus raniceps* DALM., *As.* cf. *fallax* DALM., *Ptychopyge rimulosa* ANG., *Illaenus Dalmani* VOLB. (*crassicauda* auct. ex p.), 2 Formen von *Nileus Armadillo* DALM., *Cheirurus ornatus* DALM., *Cheir. (Cyrtometopus) clavifrons* DALM. (nach ANGELIN bei Resmo), *Cheir.* nov. sp., *Phacops sclerops* DALM. (nach ANGELIN bei Resmo etc.), *Harpides* nov. sp., *Amphion Fischeri* EICHW. (s. o.), *Lichas celorrhin* ANG., *Remopleurides* sp., *Niobe emarginula* ANG., *N. frontalis* DALM., *Ampyx nasutus* DALM., *Agnostus glabratus* ANG. (vgl. S. LXX), *Beyrichia* sp., *Orthis parva* PAND., *Orthisina plana* PAND., *Acrothele* sp., *Monticulipora Petropolitana* PAND. (?), Korallen, Cystideen (im oberen Theil des Lagers), *Orthoceras commune* und *vaginatum* etc., sowie „*Trocholites*" (cf. Anm. zu S. CXVIII).

c) Oberer rother Orthocerenkalk.

Tritt an vielen Stellen im nördlichen und östlichen Theil der Insel (z. B. in den Kirchspielen Gräsgård, Segerstad und Hulterstad) zu Tage, und ist besonders bei Triberga in ausgedehnten Steinbrüchen entblösst. Nach DAMES ist das Gestein oft an dem Vorhandensein von gröber krystallinischen Partien und einer bräunlichen (stellenweise selbst schwarzbräunlichen) Farbe von dem unteren rothen Kalk petrographisch gut zu unterscheiden; manchmal ist es jedoch auch intensiv dunkelroth. Versteinerungen finden sich, was die Individuenzahl anbelangt, in noch grösserer Menge als in dem vorhergehenden Lager. Sehr häufig sind vor Allem: *Megalaspis gigas* ANG. und noch mehr *Asaphus platyurus* ANG. (dessen grosse Häufigkeit auf Oeland auch schon ANGELIN hervorgehoben hat), ferner Pygidien einer der letzteren Art sehr nahestehenden Form, deren Seitentheile eine schwache Berippung zeigen; daneben trifft man nach DAMES *Megalaspis multiradiata* ANG. und *Megal. limbata* (BOECK) ANG. Von Cephalopoden zeigen sich zahlreiche Orthoceratiten, ferner *Rhynchorthoceras Angelini* BOLL sp. Bezüglich der ersteren schrieb mir LINNARSSON Folgendes:

„Der obere rothe Orthocerenkalk enthält fast keine vaginaten Orthoceren, aber eine Menge von Regularen. Im nördlichen Theil der Insel habe ich am häufigsten eine subcylindrische Art mit etwas ovalem Querschnitt und stark excentrischem Sipho (*O. tortum* ANG.) gefunden, weiter südlich *O. conicum* HIS. und verschiedene andere Arten. Dieser obere rothe Kalk ist nicht mit dem oberen rothen Kalk von

Kinnekulle¹) in Westgothland äquivalent, sondern nähert sich mehr dem Kalk von Agnestad²), der auch durch reguläre Orthoceren (*O. lineatum* His., *O. acutum* Ang. etc.) ausgezeichnet ist."

Hiermit wird also der Zone c ein jüngeres Alter als jenem Kinnekulle-Lager beigemessen, und ebendasselbe wird von Linnarsson als eine ausgemachte Sache in der am Schluss vom 2. Absatz der Anm. auf S. CIV erwähnten Notiz ausdrücklich betont. Nun behauptet aber Dames bei Triberga in der fraglichen Ablagerung *Orthoceras duplex* Wahlenb. (wofür die „Fragmenta Silurica", p. 1, gleichfalls rothen Oeländischen Kalk anführen) und *O. commune* Wahlenb. nicht minder häufig, als die vorhin genannten regulären Formen, aufgefunden zu haben und nimmt hauptsächlich auf Grund dessen an, dass der ganze obere rothe Kalk Oelands noch zum Vaginatenkalk Fr. Schmidt's, und zwar als eine obere, in Ehstland nicht vertretene Abtheilung desselben, zu rechnen sei, während Linnarsson jenen Kalk bereits dem Niveau des Ehstländischen Echinosphaeritenkalks zugewiesen hat. Vor der Hand kann ich mir die angeführte Beobachtung von Dames nur so erklären, dass eine, wenn auch nur schwache selbständige Schicht von rothem Kalk mit *Orthoceras duplex* und *commune*, welche dem oberen rothen Orthocerenkalk der Kinnekulle entspricht, bei Triberga direct unter dem Lager mit *Asaphus platyurus*, *Megalaspis gigas* und regulären Orthoceratiten vorhanden sein dürfte³).

In rothem Kalk von Sandby (auf der Ostseite Oelands zwischen Triberga und Lerkaka) kommt nach Angelin-Lindström's „Fragmenta Silurica", p. 4, auch *Orthoceras centrale* (Dalm.) His. vor; jedenfalls gehört das betreffende Lager hierher.

---

¹) Bei dieser Gelegenheit möchte ich bemerken, dass das schwedische Wort „kulle", Hügel, männlichen Geschlechts ist. Wenn man daher den Namen „Kinnekulle" im Deutschen, wie ich es gleichfalls gethan habe, als Femininum zu behandeln pflegt, so ist dies im Grunde unrichtig.

²) Vgl. S. XLIX.

³) Hierfür und gegen die von Dames aufgestellte Parallelisirung scheinen auch meine Beobachtungen im Diluvium der Eberswalder Gegend zu sprechen. Ueberaus häufig sind dort Geschiebe von jüngerem rothen Orthocerenkalk, welche petrographisch und faunistisch nicht den geringsten Unterschied von dem Oeländischen Vorkommen zeigen. Das gemeinste Fossil darin ist *Asaphus platyurus*, demnächst von Trilobiten *Megalaspis gigas*; daneben finden sich, während vaginate Formen ganz zurücktreten, in Menge reguläre Orthoceratiten, und zwar namentlich solche mit markirter Querstreifung, darunter auch *O. tortum* Ang. Sehr bezeichnend ist ferner *Rhynchorthoceras Angelini* Boll sp. Von besonderer Wichtigkeit für die vorliegende Frage ist jedoch der Umstand, dass in den nämlichen Geröllen zugleich *Lituites perfectus* Wahlenb. oder Verwandtes vorkommt. Man findet hierorts zwar oft auch Geschiebe von gleicher Gesteinsbeschaffenheit, welche *Orthoceras duplex* und *commune* Wahlenb. enthalten; diese sondern sich aber paläontologisch als ein etwas älteres Gebilde ab, und diejenigen hierher gehörigen Findlinge, in welchen diese Vaginaten als eigentlich leitende Formen auftreten, sind meist von anderen Versteinerungen ganz oder beinahe frei.

TULLBERG erwähnt aus dem als rauhflächig bezeichneten, auf 10—12 Fuss Mächtigkeit geschätzten oberen rothen Kalk auch *Orthoceras vaginatum* SCHLOTH.; ferner ausser den bereits genannten Arten noch *Orthoceras laeve*[1]) und *O. scabridum* ANG. (in den „Fragm. Silurica" p. 4 nur für grauen Oeländischen Kalk mitgetheilt), daneben „*Trocholites*"[2]). Der untere Theil der Zone ist nach ihm durch *Megalaspis*-Formen der *Gigas*-Gruppe sowie seltnere Individuen von *Nileus Armadillo* DALM. und *Ampyx nasutus* DALM. charakterisirt; der obere durch massenhaftes Auftreten von *Asaphus platyurus* ANG. und eine breite *Illaenus*-Art. Sodann giebt derselbe Autor an, dass in der höheren Partie des Lagers bei Toknäshamn und südlich von da in geringerer Stärke ein grauer, an *Asaphus platyurus* reicher Kalkstein auftritt, und dass im südlichen Theile von Oelands Ostseite, wo übrigens diese Zone schwer von der folgenden zu scheiden sei, nach oben hin öfter Cystideen vorkommen.

d) Oberer grauer Orthocerenkalk.

Kommt auf der Ostseite der Insel, namentlich bei Lerkaka und südlich davon, vor. Das Gestein, z. Th. von dunkelgrauer Farbe, enthält besonders zahlreiche Petrefacten. Von Trilobiten ist in erster Linie *Illaenus* (*Dysplanus?*) *centaurus* (DALM.) ANG. neben einigen noch unbeschriebenen Asaphiden hervorzuheben. Vor Allem treten jedoch verschiedene Cephalopoden in den Vordergrund. Zunächst *Lituites lituus* MONTF. und *perfectus* WAHLENB., welche hier ihre Hauptlagerstätte haben; ferner *Rhynchorthoceras Oelandicum* REM. sowie *Palaeonautilus* cf. *incongruus* EICHW. und *hospes* REM. Unter den Orthoceren sind reguläre Formen, wie *Orthoceras regulare* SCHLOTH., *scabridum* ANG. (ähnlich *regulare*, jedoch mit querstehenden, nicht longitudinalen Eindrücken an der Wohnkammer) und *strictum* ANG. (verwandt mit *O. lineatum* HIS.), durchaus überwiegend; in den „Fragmenta Silurica" (p. 5) wird noch *Orthoceras spirale* ANG. aus grauem Oeländischem Kalk angeführt. Von Vaginaten fand DAMES in der fraglichen Zone nur *Orthoceras* (*Endoceras*) *Burchardii* DEWITZ, und erwähnt daneben noch: *Euomphalus obvallatus* WAHLENB. sp. und eine zweite Art derselben Gattung, sowie *Pleurotomaria* cf. *elliptica* HIS.

Nach LINNARSSON's Ansicht steht der obere graue Kalk dem oberen rothen pa-

---

[1]) Hiermit ist wohl eine von FR. SCHMIDT aufgestellte reguläre Species des Ehstländischen Vaginatenkalks gemeint (s. unten).

[2]) Was hier und S. CXVI unter „*Trocholites*" verstanden werden soll, ist nicht vollkommen klar; wahrscheinlich Formen der von mir unter dem Namen *Palaeonautilus* unterschiedenen Gruppe. Ich habe indessen bereits in der Zeitschr. d. deutsch. geolog. Ges., XXXIII (1881), p. 1 ff., gezeigt, dass diese Cephalopoden mit dem amerikanischen Typus, für welchen CONRAD 1838 die Gattung *Trocholites* errichtet hat, nicht zusammengeworfen werden können. Zugleich bemerke ich, dass die zahlreichen *Palaeonautilus*-Reste, die mir seither zu Gesicht gekommen sind, dem Gestein und den begleitenden Organismen nach ausnahmslos in das oberste Niveau des Orthocerenkalks fallen.

läontologisch nahe, und scheinen beide der unteren Abtheilung von FR. SCHMIDT's Echinosphaeritenkalk zu entsprechen. Indessen hat er in ihnen auf Oeland keine Cystideen gefunden[1]), ebenso wenig wie in den correspondirenden Schichten in Dalarne und in Falbygden. Dagegen kennt man seit Langem dergleichen Reste im „lefversten" der Kinnekulle (S. XLIX), der demselben Forscher zufolge ungefähr von gleichem Alter sein dürfte. Die Fauna von c und d bezeichnete er mir ferner als ziemlich scharf abweichend vom eigentlichen Vaginatenkalk (mit *Orthoceras commune* und *vaginatum* oder *trochleare*), zugleich aber auch als ebenso verschieden von der des Cystideenkalkes.

LINNARSSON theilte mir noch mit, dass er gelegentlich an einer Stelle im nordwestlichen Oeland (nicht bei Toknäshamn, zugleich in etwas höherem Niveau) *Cheirurus exsul* BEYR. in einer am Wege entblössten Schicht von grauem Kalk beobachtet habe; hiernach müsste auch dort das Vorhandensein des oberen grauen Kalks anzunehmen sein. Auch ein in seinem Reisebericht von 1876 angeführter grauer Kalk mit spärlichen, schlecht erhaltenen Versteinerungen, den er in den Kirchspielen Källa und Persnäs beobachtete, gehört wohl hierher.

Endlich erwähnt dieser Forscher einen schiefrigen grauen, hauptsächlich *Nileus*-Reste enthaltenden Kalkstein im O. von Södra Möckleby, den er mit Vorbehalt zur obersten Stufe des Orthocerenkalks gestellt hat.

TULLBERG bezeichnet die glaukonitfreie Gebirgsart der auf mindestens 20 Fuss Mächtigkeit zu veranschlagenden Zone d als einen dichten reinen Kalkstein, der auf Oeland „hvit kalk" genannt und in grossen Brüchen bei Källa, Persnäs, Arbelunda und mehrorts im südlichen Theile der Ostküste gewonnen werde. Die von ihm daraus mitgetheilte Fauna ist folgende: mehrere grosse *Ptychopyge*-Arten, *Ptych. aciculata* ANG.[2]), *Ptych. rimulosior* LINRS. in lit., *Ptych.* cf. *lata* ANG., *Asaphus* sp., *Cheirurus exsul* BEYR., *Cheirurus* nov. sp. *Illaenus centaurus* (DALM.) ANG., *Cybele* sp., *Pliomera (Amphion)* sp., *Remopleurides* sp., *Telephus* sp., *Niobe* sp., *Nileus Armadillo* DALM., 2 als *Megalaspis* cf. *limbata* notirte Arten, *Ampyx nasutus* DALM., *Caryocystites testudinarium* HIS. sp., *Lituites „perfectus"*, *Orthoceras regulare* SCHLOTH., *O. cylindricum*[3]), *O. centrale* (DALM.) HIS., *Eccyliomphalus* sp., verschiedene Brachiopoden etc. —

Folgende Trilobiten sind hier noch anzuschliessen, welche nach ANGELIN in seiner Regio C auf Oeland vorkommen und im Vorhergehenden beim Orthocerenkalk nicht genannt sind: *Cybele (Cryptonymus) bellatula* DALM. (Bödahamn), *Megalaspis latilimbata*

---

[1]) Vgl. übrigens TULLBERG's Daten auf dieser und der vorigen S.

[2]) Das unter dieser Benennung von ANGELIN abgebildete Pygidium hat viel Aehnlichkeit mit *Asaphus tecticaudatus* STEINHARDT.

[3]) Wahrscheinlich eine von FR. SCHMIDT benannte vaginate Form des Ehstländischen Echinosphaeritenkalks (s. unten).

Ang. (Sandvik etc.), *Ptychopyge limbata* Ang., *Cyrtometopus speciosus* Dalm. (mit Fragezeichen zu Reg. C gestellt). Angelin's *Ampyx (Lonchodomas) jugatus* von Böda, angeblich aus Reg. C, dürfte eher in die nächstfolgende Stufe gehören.

7. Cystideenkalk (Chasmopskalk).

Diese letzte über dem Orthocerenkalk auf Oeland in grösserem Umfange noch anstehende Ablagerung zeigt sich in den Kirchspielen Böda und Högby, z. B. bei Bödahamn (an der Ostküste nahe der Nordspitze der Insel) und bei Dödvi. Sie wird gebildet von einem grauen, z. Th. kieseligen Kalkstein, welcher übrigens im Aussehen gewissen Abänderungen des Orthocerenkalks mitunter sehr ähnlich ist. Einzelne Lagen sind ganz von zusammengehäuften Gehäusen des bekannten *Echinosphaerites aurantium* erfüllt. Folgende Petrefacten treten nach Linnarsson und Dames auf: *Chasmops conicophthalmus* Sars & Boeck sp., mehrere Arten von *Cybele*, *Calymene* und *Asaphus* oder *Ptychopyge*, *Illaenus limbatus* Linrs., *Ampyx costatus* Boeck, *Lituites* sp. aus der Abtheilung der Perfecten, *Orthoceras* sp. (sehr ähnlich einer regulären Art des Ehstländischen Brandschiefers und der Jewe'schen Schicht), *Bellerophon* sp., *Platystrophia (Orthis) biforata* Schloth. sp. (wohl = *lynx* Eichw.), *Platystr. (Orthis) dorsata* His. sp., *Orthis calligramma* Dalm. (vielleicht var.?) und ein paar andere Arten derselben Gattung, *Strophomena* cf. *rugosa* Dalm. (kleine Form), *Leptaena imbrex* Pander var. *angustior*[1]), *Lept. sericea* var., *Discina* sp., *Echinosphaerites aurantium* Wahlenb. sp., *Caryocystites granatum* Wahlenb. sp. und *testudinarium* His. sp., *Bolboporites* sp., *Callopora nummiformis* (Hall) Dybowski, *Orbipora distincta* Eichw., *Dianulites Petropolitanus* Pander sp. und *fastigiatus* Eichw.

Tullberg gebraucht für das besprochene Formationsglied sowohl den Namen „Echinosphaeritenkalk", als die Bezeichnung „älterer Chasmopskalk". Aus dem von ihm für dasselbe mitgetheilten Petrefactenverzeichniss[2]) trage ich Folgendes nach: *Ampyx nasutus* Dalm., *Ptychopyge glabrata* Ang. (?), *Illaenus (Rhodope?) oblongatus* Ang., *Megalaspis* sp., *Euomphalus* sp., *Orthis demissa* Dalm., *Orthisina pyramidalis* v. d. Pahl., *Strophomena* nov. sp., *Crania* sp., *Orthoceras approximatum* (Linrs.).

Der Cystideenkalk von Bödahamn stimmt faunistisch so gut mit der Ehstlän-

---

[1]) Von Linnarsson als „*Strophomena imbrex* (?) var." angeführt; wenigstens muss man aus einer Bemerkung Fr. Schmidt's (Ostbalt. silur. Trilobiten, St. Petersburg 1881, p. 31) schliessen, dass damit die im Ehstländischen Brandschiefer bei Kuckers so häufige schmale Form von *Leptaena imbrex* gemeint ist. Dames erwähnt als *Leptaena* cf. *transversa* (Pander) Vern. ein Fossil, von dem er vermuthet, dass es vielleicht die von Linnarsson wie angegeben bezeichnete Form sei. Wahrscheinlich sind hier aber doch zwei verschiedene Dinge im Spiele; denn gerade durch eine namhaft grössere Breite unterscheidet sich *Leptaena transversa* in der äusseren Gestalt von *imbrex*.

[2]) Wie Tullberg mittheilt, sind viele der hier vorkommenden Brachiopoden in einer ungedruckten Arbeit Linnarsson's abgebildet und theilweise beschrieben.

dischen Brandschiefer-Etage überein, dass Fr. Schmidt sogar loc. cit. die eine Ablagerung als die wahrscheinliche directe Fortsetzung der andern hingestellt hat. Diese besonders in den Brachiopodenarten ausgeprägte Zusammengehörigkeit ist im Wesentlichen bereits von Linnarsson ausgesprochen worden. Dagegen meint Tullberg eine nähere Beziehung zu einem Theile des ostbaltischen Echinosphaeritenkalks annehmen zu müssen. Nur die obersten Schichten des letzteren können hier jedoch nach Fr. Schmidt's Auffassung allenfalls noch in Betracht kommen.

8. Macrouruskalk.

Schon Sjögren erkannte 1851 als jüngstes Glied der Oeländischen Silurbildungen ein kalkiges Gestein besonderer Art, welches nach ihm als loser Gebirgsschutt oder in Feldsteinen an der Südostküste innerhalb der Kirchspiele Gräsgård, Segerstad und Hulterstad, wo man mehrfach Steinzäune aus diesem Material errichtet hat, sowie auf einem kleineren Raum der Westseite bei Eriksöre im Kirchspiel Thorslunda auftritt. Er bezeichnet dasselbe als einen hell gelblichgrauen Kalk, der lockerer sei, als der Orthocerenkalk, und mehr Neigung habe zu verwittern und auseinanderzufallen, weshalb man auch Stücke von so loser Beschaffenheit antreffe, dass man sie mit der Hand entzweibrechen könne; zugleich wird auf den hohen Thon- und Quarzgehalt des Gesteins, welches ungefähr 30 Procent Kalkcarbonat enthalte, aufmerksam gemacht. Nach Linnarsson jedoch, welcher dieses Trümmergebilde bloss um Segerstad beobachtete, gehört dazu auch eine harte, kieselige, bisweilen fast flintähnliche Gesteinsabänderung, welche übrigens z. Th. an der Oberfläche durch Auslaugung des kohlensauren Kalks ein leicht zerbröckelndes Kieselskelet zurückgelassen habe. Theilweise erinnert jene harte Varietät an den kieseligen Chasmopskalk, der an einigen Stellen in Westgothland vorkommt.

Der Petrefactenreichthum ist ein bedeutender. Nachdem bereits Sjögren verschiedene Trilobiten und Schalthiere aus jenem Schotterkalk namhaft gemacht hatte, sind einige darin vorkommende Arten der ersteren Thierordnung von Angelin beschrieben worden; später hat sodann Linnarsson weitere Daten über seine Fauna mitgetheilt. Fasst man die Angaben dieser Autoren in angemessener Weise zusammen, so sind unter gleichzeitiger Berücksichtigung der Beobachtungen von Dames folgende Fossilien anzuführen: *Chasmops macrourus* Sjögr., *Chasm. bucculentus* Sjögr., *Chasmops* nov. sp. (Dames), *Calymene* sp., *Lichas deflexa* Sjögr., *Lichas depressa* Ang., *Remopleurides* sp., *Leperditia* sp., *Lituites* cf. *antiquissimus* Eichw. sp., *Orthoceras* sp., *Murchisonia insignis* Eichw. (?), *Subulites* sp., mehrere Arten von *Euomphalus* und *Bellerophon*, ein paar Lamellibranchiaten, worunter eine der *Modiolopsis devexa* Eichw. nahestehende Form, *Orthis* (*Platystrophia*) *biforata* Schloth., *Orthis* cf. *testudinaria* Dalm., *Orthis* (*Strophomena*) *Assmussi* Vern., *Strophomena deltoïdea* (Conr.) Vern., *Strophomena depressa* Dalm. (wohl eher *rugosa* Dalm.), *Leptaena* (*Strophomena*) *imbrex* Pand., *Leptaena sericea* Sow. u. a. zu *Strophomena* oder *Leptaena* gehörige Arten, *Porambonites* sp. (nach Dames eine grosse neue Art, die in der Mitte zwischen *aequirostris* Schloth. und *gigas* Fr. Schm. steht), *Cyclocrinus Spaskii* Eichw., ferner eine verzweigte *Dianulites*-Form, welche Dames zu *Dian. Haydenii* Dybowski rechnet, sowie etliche unbenannte Korallen. Meist haben die Versteinerungen einen mangelhaften Erhaltungszustand[1]).

Aus Tullberg's Mittheilungen ist bezüglich dieser jüngsten Silurbildung Oelands noch zu entnehmen, dass sie ausser an den bereits genannten Oertlichkeiten neuerdings in recht zahlreichen losen Steinen sich auch bei Borgholm am Seestrande gefunden hat, während die weiter südlich auf der Westseite bei Eriksöre und Kråketorp umherliegenden Blöcke die meiste Ausbeute an Fossilien lieferten. Im südlichen Theil der Ostküste fand v. Schmalensee den fraglichen Kalk besonders bei Stenåsa, etwas nördlich von Stora Brunnby, als ein durch Glacialwirkung zerstörtes Lager, sodann am Strande vor Skärlöf, wo derselbe zugleich unter dem Wasserspiegel anstehend zu sehen war. Was das Gestein anbelangt, so bemerkt Tullberg, dass die harte Abänderung durch Verwitterung in eine gelbe oder bräunliche sandige Masse übergehe, und dass einzelne Stücke fast sandsteinartig seien; daneben komme aber auch ein weisslicher, marmorartiger, kleinkrystallinischer Kalk vor, welcher oft weisse Korallenreste umschliesse, sonst jedoch, abgesehen von etlichen *Illaenus*-Fragmenten, selten fossile Organismen enthalte; ausserdem finde man unter den Gesteinstrümmern eine rothe oder schwarze flintähnliche Felsart. Bei der hierher gehörigen Fauna erwähnt der nämliche Geologe noch *Sphaerexochus* sp., eine grössere *Illaenus*-Art und 2 Angelin'sche Trilobiten, *Pharostoma Oelandicum* und *Lichas Oelandica*[2]), die beide nach

---

[1]) Von Linnarsson ist noch *Chasmops conicophthalmus* Sars & Boeck, von Sjögren und letzthin auch von Dames *Ch. Odini* Eichw. für das betrachtete Gestein erwähnt worden; diese Namen zweier sonst als älter bekannten Formen, die mindestens einander sehr nahestehen, beziehen sich im gegenwärtigen Falle wohl auf ein und dasselbe Fossil. Fr. Schmidt hat seinen *Chasmops maximus* oder doch eine ganz nahe verwandte Form in einem wohl hierher gehörigen Oeländischen Geschiebe beobachtet. Ferner nennt Sjögren *Homalonotus* sp. indet., und ausserdem *Lituites Odini* Murch. (i. e. *teres* Eichw.), eine Art, die indess dem unteren Echinosphaeritenkalk Ehstlands angehört, während hier unter dieser Benennung eher *Lit. Danckelmanni* m. verborgen sein könnte (vgl. unten S. 35).

In den „Fragmenta Silurica", p. 33, ist unter den Fundorten von *Plasmopora conferta* Edw. & Haime Triberga im Kirchspiel Hulterstad notirt. Nach einer freundlichen Mittheilung von Prof. G. Lindström wurde jene Art, deren verticale Verbreitung übrigens bedeutend zu sein scheint, dort nicht in anstehendem Gestein, sondern in den lose umherliegenden Blöcken der bezeichneten Gegend gefunden. Diese Angabe lässt sich wohl nur auf den Macrouruskalk, oder wenigstens die dahin gerechneten Gerölle beziehen, von denen ein Theil immerhin von etwas jüngerem Alter sein könnte.

[2]) Angelin hat die genannte *Lichas*-Art nur auf ein Pygidium gegründet. Ein mit seiner Abbildung (Pal. Scand. T. XXXVI. Fig. 10) durchaus übereinstimmendes Exemplar fand sich in einem Macrouruskalk-Geschiebe von Oderberg, während die nämlichen Gerölle ebendaselbst und an anderen

der Palaeont. Scandinavica (p. 62 u. 71) „in stratis regionis C Oelandiae" sich gefunden haben sollten; ferner *Dictyonema* und *Ptilodictya*; von Lituiten sollen verschiedene Species, von Leptaenen, ausser *sericea*, mehrere grosse, schön verzierte Arten vorkommen.

Die mergeligen oder kieseligen Kalkgerölle von Segerstad etc. waren von ANGELIN fraglich zu seiner Etage D. a, also zur unteren Abtheilung der Trinucleus-Region, gerechnet worden, deren Typus jedoch der Chasmopskalk Westgothlands ist. Nach einigen Stücken dieses Oeländer Vorkommens, die von LINNARSSON vor Erscheinen seiner bezüglichen Arbeit von 1876 an FR. SCHMIDT gesandt worden waren, hatte letzterer Forscher mit dem seltenen Scharfblick, der ihn auszeichnet, damals schon erkannt, dass es dem oberen Theile der Jewe'schen Stufe in Ehstland, d. h. der Kegel'schen Schicht, gleichzustellen ist; ein Theil der fraglichen Kalksteintrümmer mag allerdings auch der eigentlichen oder unteren Jewe'schen Schicht entsprechen. Die gewissermassen östliche Facies des jüngsten Oeländischen Kalkes offenbart sich nicht bloss in den vielen mit Ehstland gemeinsamen Arten, sondern auch in dem Auftreten von Geschlechtern, welche, wie *Porambonites* und *Subulites*, im Ehstländischen Untersilur häufig, dagegen dem schwedischen Festland ganz oder beinahe fremd sind. Aus der von FR. SCHMIDT angegebenen Parallelisirung schloss LINNARSSON richtig, dass jenes Gestein mit *Chasmops macrourus*, welches auch schon SJÖGREN über die obersten ihm anstehend auf Oeland bekannten Kalkschichten gestellt hatte, jünger sein müsse als der festländische Chasmops- oder Cystideenkalk. Er fügte hinzu, dass dasselbe allenfalls ein locales Aequivalent der gleich auf letzteren folgenden Ablagerungen, und zwar zunächst eines Theiles des Trinucleusschiefers, sein könne, freilich nur unter der Voraussetzung, dass dieser direct und ohne jegliche Lücke dem genannten Chasmopskalk nachfolge; jedenfalls sei kaum zu bezweifeln, dass es aufwärts als unmittelbare Fortsetzung an den typischen, oben als 7. Etage hingestellten Chasmopskalk sich anschliesse. Diese Auffassung ist gewiss zutreffend, und mit Rücksicht auf verschiedene neuere Beobachtungen halte ich es zudem auch für unbestreitbar, dass der Oeländische Rollsteinkalk älter ist als der Trinucleusschiefer. Ersterer ist übrigens durch die Gattung *Chasmops* gewissermassen mit dem vorhergehenden Formationsglied verknüpft, während anderer-

---

Orten in hiesiger Gegend mehrfach Köpfe von *Lichas deflexa* SJÖGR. geliefert haben. Sehr nahe verwandt und vielleicht identisch mit jenem, „*Lichas Oelandica*" genannten Schwanzschild ist nun die Form, welche STEINHARDT als *Lichas velata* beschrieben und darauf DAMES (Zeitschr. d. deutsch. geolog. Ges., XXIX. p. 801) zu seiner *Hoplolichas proboscidea* gezogen hat. Hiernach wird zu untersuchen sein, ob *Lichas deflexa* SJÖGR. und *Oelandica* ANG. nicht etwa zu vereinigen sind, da zugleich FR. SCHMIDT vor einiger Zeit mir mittheilte, dass „*Lichas velata*", wie Ehstländische Funde bewiesen, ganz sicher als Pygidium zu der erstgenannten, SJÖGREN'schen Species gehöre.

seits doch die beiderseitigen Faunen, ebenso wie die Gesteine, recht erhebliche Unterschiede darbieten.

TULLBERG gebraucht für das vorstehend besprochene Gebilde die Bezeichnung „jüngerer Chasmopskalk", dieselbe, welche auch für das übereinstimmende, neuerdings in Ostgothland nachgewiesene Lager (cf. S. LXXI) gewählt worden ist. Indessen halte ich den Namen „Macrouruskalk", den ich bereits 1880 für die entsprechenden norddeutschen Geschiebe angewendet habe, für weitaus passender, und bin zugleich der Ansicht, dass der Ausdruck „Chasmopskalk" besser ganz vermieden wird. Hierauf soll unten bei den Erläuterungen zur summarischen Zusammenstellung der bisher betrachteten schwedischen Formationsglieder zurückgekommen werden.

Anmerkung. — Während des Druckes des von Oeland handelnden Abschnittes ist noch ein neuer Beitrag zur Geognosie dieser Insel erschienen, in welchem, ebenso wie in TULLBERG's Aufsatz, verschiedene während einer Bereisung im Sommer 1882 gemachte Beobachtungen niedergelegt sind. Es ist dies eine Mittheilung von GERHARD HOLM: Om de vigtigaste resultaten från en sommaren 1882 utförd geologisk-palaeontologisk resa på Öland, Öfvers. af Kongl. Vetensk.-Akad. Förh., 1882. Nr. 7, p. 63—73. Ich kann daraus nur einige Punkte hier noch hervorheben.

Zunächst werden die in verschiedenen Horizonten der Paradoxides- und Olenus-Region auftretenden Conglomerate besprochen. Ihre Entstehung wird auf zeitweise während der Bildung jener Ablagerungen Statt gefundene Denudationen zurückgeführt.

Den Ceratopygekalk beobachtete der Autor bei Borgholm, sodann unweit Mölltorp im Kirchspiel Algutsrum und bei Ottenby in der Nähe von Oelands Südspitze als eine graue oder röthlichgraue, nur bis 0,5 Meter mächtige Kalkbank, unter der sich bei vollständiger Ausbildung noch eine Lage grauer Kalksteinknollen befindet. Sein Hangendes wie sein Liegendes wird als „Glaukonitsand" bezeichnet, so dass er also in diesem eingelagert erscheint. Dass dieses Gebilde auf Oeland weit petrefactenreicher ist, als früher bekannt war, erkannte auch HOLM; ausser den bereits von LINNARSSON mitgetheilten Arten (cf. S. CXI) fand er: *Ceratopyge forficula, Cheirurus foveolatus, Pliomera primigena, Dikelocephalus serratus, Holometopus elatifrons* ANG., *Agnostus Sidenbladhii* LINRS., *Niobe insignis, Orthis*, 2 *Acrotreta*-Arten und *Discina*. Während der eigentliche Ceratopygekalk im südlichen Theil der Insel vollkommen entwickelt ist, fehlt er im nördlichen gänzlich und scheint dort überhaupt nicht zur Absetzung gelangt zu sein. Von Ottenby im S., wo das Lager nach HOLM petrographisch und faunistisch einem entsprechenden Sediment in der Gegend Christiania's und des Mjösen-See's in Norwegen zum Verwechseln ähnlich ist, nimmt die Mächtigkeit und mehr noch die Zahl der Versteinerungen bis Borgholm, in der Mitte der Insel, bedeutend ab; etwas nördlicher sodann, bei Äleklinta, findet sich keine Spur dieses Ceratopygekalks mehr, wogegen hier noch der vorerwähnte Grünsand in concordanter Lagerung den Alaunschiefer überdeckt.

Als tiefste Partie der „Asaphus-Region" betrachtet der genannte Forscher einen meist direct dem Glaukonitsand aufliegenden, am besten bei Äleklinta entwickelten hellgrünen

Kalk, stellenweise mit dünnen Schieferlagen, der gewöhnlich mehr oder minder reich an Glaukonit und ausgezeichnet sei durch *Megalaspis planilimbata, Symphysurus breviceps* ANG., *Pliomera actinura* DALM., *Harpes, Harpides, Niobe, Agnostus, Orthis, Acrotreta, Glyptocystites* etc.[1]). Für den darauf folgenden eigentlichen **unteren rothen Orthocerenkalk** wird als vorzugsweise bezeichnend *Nileus Armadillo* angegeben, welche Art auch ein sehr gemeines und charakteristisches Petrefact in dem zum nämlichen Horizont gehörigen röthlichgrauen Kalkstein in Ostgothland sei; demnächst werden *Megalaspis planilimbata, Niobe laeviceps* und *Orthoceras* sp. hervorgehoben, d. h. die speciell schon von LINNARSSON für dieses Lager namhaft gemachten Fossilien. Ausserdem erwähnt HOLM aus derselben Zone noch kleinere Asaphiden-Formen, *Ceratopyge* sp. (?), *Euloma* sp., *Agnostus, Acrotreta* sp., *Orthis* etc., und bemerkt, dass ganz oben eine cephalopodenreiche, intensiv rothe Schicht mit einem noch unbeschriebenen, sehr niedrig gekammerten und ziemlich stark conischen regulären *Orthoceras* liege.

Als ein wichtiger Fund im **oberen grauen Orthocerenkalk** Oelands, der gleich dem nämlichen Horizont in Dalarne vornehmlich durch *Illaenus Chiron* HOLM (= *Dysplanus centaurus* auct.) charakterisirt sei, wird *Ogygiocaris dilatata* var. *Sarsi* ANG. (ein hauptsächlich in Norwegen vorkommender Trilobit) mitgetheilt. Daraus wird der Schluss gezogen, dass jener obere graue Kalk dem „lefversten" der Kinnekulle gleichzustellen sei, aus dem ein Exemplar von *Ogygiocaris* sich im Reichsmuseum zu Stockholm befinde. Es entspricht dies übrigens der von LINNARSSON ausgesprochenen Ansicht, welche ich oben (S. CXIX.) mitgetheilt habe[2]).

HOLM macht sodann noch auf die grosse Uebereinstimmung zwischen dem Oelandischen und dem dalekarlischen Orthocerenkalk in petrographischer wie faunistischer Hinsicht aufmerksam.

Vom **Chasmopskalk (Cystideenkalk)**, der bislang nur ganz im N. von Oeland bekannt war, wird ein neues, an Cystideen reiches Vorkommen im mittleren Theil der Insel mitgetheilt, welches am Strande unterhalb Lopperstad im Kirchspiel Runsten zu Tage liegt.

Der „jüngste Kalk" SJÖGREN's **(Macrouruskalk)** wurde bei Hulterstad im südlichen Theil des Ostgestades in der Nachbarschaft von oberem rothen Orthocerenkalk nicht nur als loser Steinschutt, sondern auch anstehend vorgefunden als ein vielfach zerbrochenes und gefaltetes

---

[1]) Das hier Mitgetheilte stimmt mit den Angaben der meisten anderen Autoren überein, wonach die ältesten Schichten des Oeländischen Orthocerenkalks glaukonithaltig sind und nach oben in den echten unteren rothen Kalk übergehen; ganz unten zeigt nach Obigem die Fauna allerdings noch eine gewisse Analogie mit der des Ceratopygekalks (wobei jedoch die Anführung der Gattung *Harpes* auffallen muss). Offenbar hat DAMES den nämlichen Aufschluss bei Äleklinta besucht und ihn in derselben Weise gedeutet, indem er bemerkt, dass dort die untersten Orthocerenkalk-Schichten noch grünlich und glaukonitisch, aber doch von dem darunter liegenden „Glaukonitschiefer" petrographisch scharf geschieden seien.

[2]) Mit Rücksicht auf die neue Publication von HOLM bemerke ich hier nachträglich, dass die loc. cit. gemachte Angabe bezüglich der Parallelisirung des oberen grauen Oeländischen Orthocerenkalks mit dem vorerwähnten „lefversten" einem Briefe LINNARSSON's d. d. 12. Juni 1881 entnommen wurde. Wenn beide darin als „ungefähr" gleichaltrig bezeichnet sind, so geschieht dies unter gleichzeitigem Hinweis auf den Umstand, dass dem Schreiber der „lefversten", da Durchschnitte fehlten, leider nur wenig bekannt sei.

Lager, dessen Auftreten hierselbst durch die Annahme einer Verwerfung erklärt wird. Die unteren Theile desselben bestehen aus einem grünlich graugelben, sandigen, dünnschichtigen Kalk, welcher reich an Arten von *Chasmops, Porambonites* etc. und stellenweise mit algenähnlichen Abgüssen erfüllt ist; darin eingelagert findet sich ein versteinerungsleerer, weisser oder röthlicher krystallinischer Kalkstein, der gewissen Abänderungen des dalekarlischen Leptaenakalks täuschend ähnlich sieht. Die obere Partie wird von röthlichbraunen, darüber grünlichgrauen Mergelschiefern gebildet, reich an Crinoïdengliedern, Brachiopoden und einigen Korallen, wie *Halysites, Streptelasma, Heliolites* etc. Zugleich hat auch Holm einzelne sehr stark kieselige, flintartige Schichten mit zahlreichen von Chalcedon erfüllten „Wurmgängen" beobachtet.

Zusätze und Berichtigungen zur älteren sedimentären Schichtenfolge Schwedens[1]).

Zu S. XXVIII: Phyllograptusschiefer in Dalarne. — G. Holm hat unter dem Titel „Ueber einige Trilobiten aus dem Phyllograptusschiefer Dalekarliens", Stockholm 1882, einen Beitrag zur specielleren Kenntniss der loc. cit. unter 4 besprochenen Ablagerung beim Dorfe Skattungby (Kirchspiel Orsa) geliefert. Die von Törnqvist über die petrographische Zusammensetzung der letzteren gemachten Angaben werden zunächst dahin präcisirt, dass zu unterst eine Schicht von hellgrünem, glaukonithaltigem Kalk mit eingewachsenen Schalenresten liegt, auf den sodann ein hellgrüner Mergelschiefer mit untergeordneten kleineren Lagen und Linsen von unrein grünem Kalkstein

---

[1]) Der verhältnissmässig bedeutende Umfang der nachfolgend gelieferten Nachträge erklärt sich hauptsächlich aus der ungemein langen Zeit, welche ich auf die Bearbeitung der geognostischen Uebersichten, die der Leser im Vorhergehenden findet, verwenden musste. Im Laufe der Arbeit gelangte ich immer mehr zu der Ueberzeugung, dass bei möglichster Knappheit der Darstellung doch nur mit einer vollständigen Charakteristik der bezüglichen schwedischen Schichten dem norddeutschen Geschiebeforscher genügend gedient sein könne. Auf solche Art kam ich nach und nach dazu, die einschlägige, sehr weitschichtige Special-Literatur in allen ihren Theilen ganz durchzuarbeiten, was für einige Gebiete, wie Westgothland und besonders Schonen, ein überaus mühsames Geschäft gewesen ist. Dieser Theil meiner Aufgabe gewann so eine Ausdehnung, die ich ursprünglich nicht beabsichtigt hatte; freilich dürfte mir dabei auch nichts Wesentliches mehr entgangen sein. Aus Zweckmässigkeitsgründen sind nun ferner die Abschnitte über Dalekarlien, Nerike, Westgothland sowie Ostgothland bis zum Brachiopodenschiefer einschliesslich (Bogen IV bis incl. VIII) bereits in den Monaten Juli und August 1881 gedruckt worden. Somit ergab sich die Nothwendigkeit, nicht bloss nach der älteren Literatur mehrere Ergänzungen dem früher Gegebenen hinzuzufügen, sondern auch verschiedene, seit jener Zeit erschienene neue Arbeiten der eifrig thätigen schwedischen Geologen auszunutzen.

folgt. In dem Schiefer fand HOLM bloss die bereits von TÖRNQVIST angegebenen Fossilien, dagegen in den erwähnten Kalklinsen eine eigenthümliche, grösstentheils neue Arten aufweisende Trilobitenfauna, welche allerdings denen des Ceratopygekalks und des ältesten Orthocerenkalks verwandt ist. Die betreffenden, von ihm näher beschriebenen Formen sind: *Pliomera Törnquisti* n. sp., *Megalaspis Dalecarlica* n. sp., *Niobe laeviceps* DALM., *Ampyx pater* n. sp., *Agnostus Törnqvisti* n. sp., *Trilobites brevifrons* n. sp.; daneben fanden sich noch *Primitia* sp., *Lingula* sp., *Acrotreta* sp. sowie *Orthis* und *Leptaena*.

TÖRNQVIST hat zwar, wie a. a. O. mitgetheilt wurde, die den graptolithenführenden Schiefer begleitenden Kalkbänke als gleichend dem glaukonitischen Orthocerenkalk Dalarnes (loc. cit. 5. a) bezeichnet, und hinzugefügt, dass sie das gemeinste Fossil desselben, *Orthis parva*, nebst Asaphiden-Fragmenten enthalten, ferner den unmittelbar jenem grünen Lager aufliegenden rothen Mergelschiefer, in dem er eine kleine *Lingula* beobachtete, dem unteren rothen Orthocerenkalk (ib. 5. b) gleichgestellt; indess scheint mir diese Parallelisirung doch bedenklich zu sein, namentlich wenn man, neben den faunistischen Daten an und für sich, die Verhältnisse in anderen Gegenden Schwedens in Betracht zieht. Bemerken will ich nur, dass einerseits die schon früher vermuthete nähere Beziehung des dalekarlischen Obolus-Horizontes zum Ceratopygekalk durch neuere Beobachtungen TULLBERG's auf Oeland (cf. S. CXII) bestätigt worden ist, während man andererseits in Ostgothland in einem unter dem ältesten Orthocerenkalk liegenden Niveau obige von HOLM aus dem Phyllograptusschiefer von Skattungbyn mitgetheilte Fauna wiedergefunden hat; die dem letzteren auf S. XXVIII angewiesene Stellung erscheint hiernach durchaus naturgemäss, und vielleicht entspricht das vorerwähnte ostgothländische Lager, welches S. LXIX—LXX unter 5 angeführt ist, eher auch dem unteren Graptolithenschiefer, sofern man nicht etwa eine Uebergangsbildung zwischen diesem und dem Ceratopygekalk annehmen will. Bezüglich der Zone 5. a in Dalarne trage ich nach, dass sie bei Sjurberg und Wikarbyn nach TÖRNQVIST den „Obolus-Gruskalk" direct überlagert, worauf dann 5. b und weiterhin die übrigen Theile des Orthocerenkalks folgen.

Zu S. XXXII. — Nach Pal. Scandin. p. 81 ist nachzutragen *Raphiophorus setirostris* ANG. Die Fundortsangabe für dieses Fossil („reg. D.a? Dalecarliae ad Draggåbro") deutet auf den schwarzen Trinucleusschiefer hin.

Zu S. XXXIII und XXXIV (Anm.): Obere Graptolithenschiefer Dalekarliens. — Der von TÖRNQVIST zu *Prionotus teretiusculus* HIS. gerechnete und gleichzeitig mit *Climacograptus rectangularis* M'COY identificirte Graptolith aus den Kallholn-Schichten (Lobiferusschiefer) ist von der HISINGER'schen Art verschieden, welche übrigens kein *Climacograptus* ist, sondern zu *Diplograptus* gehört und *Diplogr. putillus* HALL nahesteht. Es ist a. a. O. also: *Climacograptus rectangularis* zu setzen, während *Diplogr. teretiusculus* sich in tieferen Theilen des mittleren Graptolithenschiefers in Schonen findet[1]).

Ferner muss die für den Kallholnschiefer nach TÖRNQVIST gemachte Anführung des *Diplograptus pristis* HIS. auf einem Irrthum beruhen; es ist dies eine speciell für den schwarzen Trinucleusschiefer Dalarnes sowie das gleiche Niveau in Ost- und Westgothland bezeichnende Art (cf. TULLBERG, loc. cit. p. 10—11). Dem entsprechend hat TÖRNQVIST in dem 1881 erschienenen Aufsatz „Om några graptolitarter från Dalarne" für dieselbe bloss das Vorkommen in der genannten Ablagerung bei Draggån, Wikarbyn, Gulleråsen, Nitsjö, Skattungbyn und Enån angegeben[2]).

Monograptus sagittarius HIS.[3]) ist mit *Monogr. leptotheca* LAPW. (cf. ib. p. 11—13) zu vereinigen, und wahrscheinlich gehören ebendahin die „*Graptolithi sagittarii* LINNAEI" bei WAHLENBERG (Petr. Tell. Suecanae, p. 93), bezüglich deren dieser Autor vermuthet hat, dass dieselben der Länge nach abgespaltene Fragmente seines „*Orthoceratites tenuis*" seien, welche z. Th. nach dieser unter Erhaltung eines lateralen Sipho Statt gefundenen Verstümmelung sich gebogen und damit zugleich auf einer Seite, der Lage der Kammerwände entsprechend, eine Zähnelung bekommen hätten.

BARRANDE's *Graptolithus Beckii* fällt nach GEINITZ, LINNARSSON u. a. Paläontologen mit *Monograptus lobifer* M'COY[4]) zusammen, während LAPWORTH[5]) diese Form von jener böhmischen wegen einer Verschiedenheit im proximalen Ende glaubte trennen zu müssen.

Ueber *Graptolithus convolutus* HIS. (Leth. Suec. Suppl. I. p. 114, T. XXXV. Fig. 7) sind von den schwedischen Autoren ziemlich abweichende Ansichten geäussert worden. LINNARSSON hat, worauf schon S. LVI hingewiesen wurde, das von Furudal stammende Original dieser Form als identisch mit *Rastrites peregrinus* BARR. bezeichnet, während die zugehörige Abbildung allerdings mehr zu „*Monograptus spiralis* GEIN." passt. TULLBERG (loc. cit. p. 14) sagt darüber: „HISINGER's type specimen is very like *Rastrites peregrinus*", bemerkt zugleich aber, dass aus Dalekarlien Exemplare der HISINGER'schen Art mit erhaltenem Schlusstheil nicht bekannt geworden seien; dagegen hätten sich dergleichen vollständige Stücke bei Kongslena in Westgothland und bei Röstånga in Schonen gefunden, und bei solchen lasse das distale Ende erkennen, dass

---

[1]) cf. LINNARSSON in dem unten citirten Aufsatz über Kongslena, p. 404, u. TULLBERG, On the Graptolites descr. by HISINGER etc., p. 18.

[2]) Nachträglich bemerke ich hier noch, dass „Draggå" und „Enå" Namen von Bächen sind.

[3]) „*Prionotus sagittarius*": Leth. Suecica, p. 114 (Suppl. I), T. XXXV. Fig. 6.

[4]) *Graptolites lobiferus*: British Palaeozoic Fossils, Fasc. I (1851), p. 4, T. I. B. Fig. 3.

[5]) On Scottish Monograptidae, Geol. Mag., Dec. II. Vol. III (1876), p. 499—501.

hier ein *Monograptus* vorliege, dem man übrigens nicht den Namen „*M. spiralis*" geben dürfe, weil H. B. GEINITZ damit eine ganz andere, vielleicht zu *Cyrtograptus* gehörige Art vom Alter der Gala-Gruppe bezeichnet habe[1]). Hiernach trennt nun TULLBERG wieder, unter Beibehaltung des HISINGER'schen Speciesnamens, *Monograptus convolutus* HIS. und *Rastrites peregrinus* BARR., und führt z. B. beide nebeneinander im Rastrites- oder Lobiferusschiefer Schonens an (vgl. S. XCVII); erstere Art wird von ihm identificirt mit *Monogr. convolutus* var. d *spiralis* (GEIN.) LAPW., ferner aber auch mit der Form aus Dumfriesshire, welche in F. ROEMER's Leth. palaeozoica, Stuttgart 1876, T. III. Fig. 8, als *Rastrites peregrinus* BARR. abgebildet ist.

Monograptus Hisingeri CARR. ist eine Art, welche nach TULLBERG in Schonen etwas oberhalb des Lobiferusschiefers auftritt.

Diplograptus folium HIS. sp. wurde von TÖRNQVIST ganz vereinzelt auch im Lobiferusschiefer bei Kallholn beobachtet, und gehört zugleich mit *Diplogr. cometa* GEIN. zu einer Gruppe, welche HOPKINSON von *Diplograptus* M'COY abgezweigt und *Cephalograptus* genannt hat (cf. TULLBERG, loc. cit. p. 15). Die Originale von HISINGER's *Prionotus sagittarius*, *convolutus* und *folium* liegen allesammt in dem nämlichen Gesteinsstück, bestehend aus einem etwas bituminösen Kalk von Furudal in Dalarne. Offenbar entspricht der auch von TÖRNQVIST erwähnte Schiefer von Furudal und Enän, aus welchem dieses Kalksteinstück herrühren muss, der Zone des *Monogr. convolutus* in Schonen (S. XCVII). Dazu passt nun vollkommen die von vorgenanntem Autor (Geol. Fören. Förh., Bd. IV. Nr. 14, p. 456) gemachte Bemerkung, dass jener am ehesten in die Nähe der dalekarlischen Stufe mit *Monogr. leptotheca* zu bringen sein dürfte. Unter Berücksichtigung dieses Umstandes umfasst die ib. von TÖRNQVIST für den Lobiferusschiefer Dalarnes im weiteren Sinne gegebene Gliederung von unten ab folgende Zonen:

1. Z. mit *Monograptus convolutus* HIS. und *Monogr. leptotheca* LAPW.;
2. mit *Diplograptus (Cephalograptus) cometa* GEIN.;
3. mit *Monograptus Sedgwickii* PORTL.;
4. mit *Monograptus turriculatus* BARR. (Osmundsbergschiefer);
5. mit *Monograptus priodon* BRONN und *Diplograptus palmeus* BARR. var. *superstes* TÖRNQV.[2]).

---

[1]) S. beim Retiolitesschiefer in Schonen (p. XCVIII). Es wird zu der letztgenannten Species auch der vormals im dalekarlischen Retiolitesschiefer als „*Monograptus convolutus* HIS." aufgeführte Graptolith zu rechnen sein.

[2]) Ausser den S. XXXIV bereits genannten Arten hat TÖRNQVIST loc. cit. p. 450 noch *Monogr. (Cyrtograptus?) spiralis* GEIN. aus der zuletzt erwähnten, bei Kallholn nachgewiesenen Schieferstufe angeführt. Genauer angegeben liegt deren Fundort am Skräddaregård (zu deutsch: Schneiderhof) im Kirchspiel Kallholn.

Darüber folgt sodann der nach TULLBERG[1]) dem Lager mit *Cyrtograptus Grayi* LAPW. in Schonen entsprechende Retiolitesschiefer (vgl. S. XCVIII). In letzterem finden sich bei Nitsjö nach TÖRNQVIST (loc. cit. p. 455) neben den S. XXXIV schon mitgetheilten Graptolithen mehrere Gastropoden, Lamellibranchiaten, Brachiopoden und Orthoceren; die in diesem Schiefer mit *Encrinurus* aff. *punctato* WAHLENB. vorkommende *Arethusina* glaubt er zu *Areth. Koninckii* BARR. stellen zu können.

Zu S. XXXIV.—XXXVII: Leptaenakalk. — Dieses eigenthümliche Silurgebilde gewährt, nachdem ich es unter den Diluvialgeröllen der Eberswalder Gegend nachgewiesen[2]) und weiterhin an kürzlich gemachten neuen Funden[3]) erkannt habe, dass diese von mir mit dem Namen Fenestellenkalk bezeichnete Geschiebe-Art in petrographisch differirenden Abänderungen vorkommt, für den Flachlandsgeologen ein aussergewöhnliches Interesse. Ich halte es daher für angemessen, zu dem loc. cit. über dasselbe Mitgetheilten hier noch einige Ergänzungen zu geben, und werde dabei auch die in den „Fragmenta Silurica" daraus beschriebenen Petrefacten anreihen, da ich darauf verzichten musste, die vollständige Uebersicht der älteren paläozoischen Geschiebe, für welche ich diese Details aufsparen wollte, bereits in das I. Stück der gegenwärtigen „Untersuchungen" aufzunehmen.

Zunächst sei bemerkt, dass der Leptaenakalk nur auf einem beschränkten Gebiete in der Nähe des Siljan-Sees (namentlich am Osmundsberg, bei Boda und Östbjörka) beobachtet worden ist. LINNARSSON[4]) glaubte denselben geradezu als eine locale Bildung betrachten zu können. Hiergegen hat sich freilich TÖRNQVIST auf Grund seiner grossen Mächtigkeit und der Verbreitung seiner Organismen in andern Theilen Nordeuropas in der bezüglichen Arbeit von 1874, p. 25, ausgesprochen; allein soviel steht fest, dass bis jetzt eine derartige Ablagerung im übrigen Schweden ganz unbekannt ist[5]).

Ueber die Gesteinsbeschaffenheit hatte TÖRNQVIST in seinen ersten, S. XXXV citirten Aufsätzen angegeben, dass der Leptaenakalk im unteren Theile aus dünnen, mit schwachen Schieferlagen alternirenden Bänken von grauem oder grünem und oft auch ziegelrothem Kalk bestehe, an den Schichtflächen vollgespickt mit Crinoïdengliedern und Brachiopodenresten; nach oben zu herrsche dagegen mehr ein harter und marmorartiger, mitunter krystallinischer Kalkstein von einer zwischen Weiss, Grau und Rosen-

---

[1]) Skånes Graptoliter, I. p. 27.

[2]) Zeitschr. der deutsch. geolog. Ges., XXXII (1880), p. 645 ff.

[3]) ib. Bd. XXXIV (1882), p. 651–655.

[4]) Berättelse om en resa till Böhmen och Ryska Östersjöprovinserna, Öfvers. etc., 1873. Nr. 5, p. 100, und Zeitschr. der deutsch. geol. Ges., XXV. p. 686.

[5]) cf. auch TÖRNQVIST's Reisebericht über Ostgothland, Öfvers. etc., 1875. Nr. 10, p. 70.

roth wechselnden Farbe. Etwas eingehender äussert sich sodann der nämliche Geologe über das petrographische und sonstige Verhalten in der 1874 erschienenen Abhandlung (p. 26 ff.). Ohne faunistisch bestimmt gesonderte Zonen aufzustellen, theilt er doch nach dem Aussehen und der Structur folgende Schichtenfolge mit, welche bei Boda, wo die stratigraphischen Verhältnisse am deutlichsten seien, beobachtet wurde:

1. Plattiger („hvarfvig") rother Kalk mit Zwischenlagen von Schiefer; 2. richtungsloser („kompakt"), harter, grauer und brauner Kalk; 3. plattiger rother Kalk; 4. richtungsloser, weisser, brauner und rother Kalk; 5. plattiger grüner Kalk; 6. richtungsloser grauer Kalk.

In den plattig ausgebildeten Lagertheilen, welche jedoch nur einen relativ geringen Theil des ganzen Schichtencomplexes ausmachen, sind nach TÖRNQVIST Crinoïdenglieder in ausserordentlicher Menge anzutreffen, ferner Bryozoen, *Orthis*- und *Leptaena*-Arten und ziemlich häufig ein Sphäronit; am meisten fossile Formen unter diesen Schichten scheint die oberste zu enthalten. Viel bedeutender indessen ist der Artenreichthum in den Kalkpartien ohne plattige Absonderung, von denen die mittlere weitaus die Hauptmasse des Leptaenakalks bildet. Bezüglich der darin vorkommenden Versteinerungen ist das früher Mitgetheilte nachzusehen, zu dem ich nach ANGELIN noch folgende Trilobiten nachtrage: *Trapelocera* (?) *breviloba* ANG. (an *Odontopleura* sich anschliessend), *Lichas conformis* ANG., *Sphaerexochus granulatus* ANG.[1]), *Ampyx foveolatus* ANG.

Wichtige Beiträge zur Fauna des Leptaenakalks findet man in den Ende 1880 erschienenen „Fragmenta Silurica" von ANGELIN und LINDSTRÖM, indem dieses Werk zahlreiche Petrefacten aus der WEGELIN'schen Sammlung beschrieben und abgebildet enthält, die in jener Ablagerung (ganz besonders bei Östbjörka, jedoch auch am Osmundsberg, bei Boda, Arfvet, Gulleråsen etc.) gesammelt worden waren. Die betreffenden Arten, lauter Mollusken und Anthozoen, sind folgende: *Orthoceras funiforme* ANG.[2]), *Orthoc. suave* ANG., *Orthoc. Leptaenarum* ANG., *Orthoc. Wegelini* ANG., *Orthoc. turris* ANG., *Cyrtoceras longitudinale* ANG., *Euomphalus nitidulus* LINDSTR., *Euomph. obtusangulus* LINDSTR., *Cyclonema angulosum* LINDSTR., *Subulites elongatus* PORTL. (?), *Loxonema Dalecarlicum* LINDSTR., *Eunema carinatum* LINDSTR., *Platyostoma harpa* LINDSTR., *Platyost. globosum* LINDSTR., *Platyceras crispum* LINDSTR., *Ambonychia corrugata* LINDSTR., *Ambon. pulchella* LINDSTR., *Ambon.* (?) *nux* LINDSTR., *Pleurorhynchus*

---

[1]) Diese Form, ebenso wie die S. XXXVI schon angeführten *Sphaerexochus conformis* und *Sphaerex. Wegelini*, gehört nach FR. SCHMIDT (Ostbalt. silur. Trilobiten, p. 171) zu *Pseudosphaerexochus*, einer neuen Untergattung von *Cheirurus*. Die ANGELIN'schen Arten *conformis* und *granulatus* sind demselben Autor zufolge (ib. p. 176) vielleicht specifisch nicht verschieden.

[2]) Diese Form scheint mir identisch zu sein mit dem Ehstländischen *Orthoceras* (*Cycloceras*) *fenestratum* EICHW. (Lethaea Rossica, I. p. 1231, T. XLVIII. Fig. 14).

brachypleura LINDSTR. (fraglich dem Leptaenakalk zugewiesen), *Discina gibba* LINDSTR., *Meristella crassa* SOW., *Athyris* (?) *Portlockiana* DAVIDSON, *Atrypa expansa* LINDSTR. (Lager fraglich), *Atr. imbricata* SOW. var., *Atr. altijugata* LINDSTR., *Camerella angulosa* TÖRNQV. sp., *Cam. rapa* LINDSTR., *Orthis concinna* LINDSTR., *O. conferta* LINDSTR., *O. umbo* LINDSTR. (Lager unsicher), *O. (Platystrophia) biforata* SCHLOTH. (= *lynx* EICHW.), *Strophomena corrugatella* DAVIDS., *Stroph. luna* TÖRNQV. in lit., *Stroph. imbrex* PAND. var., *Leptaena Schmidtii* TÖRNQV. in lit., *Stylaraea Roemeri* v. SEEB. (wahrscheinlich = *Coccoseris Ungerni* EICHW.), *Favosites Forbesii* EDW. & HAIME, *Heliolites dubius* FR. SCHMIDT, *Hel. intricatus* LINDSTR. var. *lamellosus*, *Plasmopora conferta* EDW. & HAIME, *Plasm. affinis* BILLINGS, *Halysites escharoïdes* LAMARCK, *Hal. catenularius* L., *Hal. parvitubus* LINDSTR., *Cyathophyllum mitratum* HIS., *Ptychophyllum craigense* M'COY (nach LINDSTRÖM wahrscheinlich identisch mit *Streptelasma Europaeum* F. ROEM.), *Syringophyllum organum* L., *Calapoecia amphigenia* LINDSTR.

Ueber die schwierige Frage betreffend die stratigraphische Stellung und das geologische Alter des Leptaenakalks sind bei der Besprechung des „oberen Graptolithenschiefers" in Schonen (S. XCIV—XCV) noch einige Bemerkungen beigebracht worden.

Zu S. XXXVIII u. XXXIX. — In dem grünlichen Schiefergestein der Tessini-Zone in Nerike findet sich auch *Acrothele granulata* LINRS. (cf. NATHORST, Geol. Fören. Förh., Bd. V. Nr. 13, p. 623).

Bezüglich der Peltura-Stufe findet man eine nachträgliche Angabe in Anm. 3 auf S. LXXXII.

Zu S. XLIII (Anm. 1). — Das als „Fucoïdensandstein" erwähnte Geschiebe der BOLL'schen Sammlung zu Neubrandenburg, wovon ich inzwischen ein noch besseres Stück in Neustrelitz zu Gesicht bekommen habe, enthält thatsächlich nichts von organischen Ueberresten. Die zahlreichen dünnstengeligen schwarzen Streifen auf seinen Absonderungsflächen, welche vielfach spitzwinklig zusammentreffen oder sich kreuzen, bestehen aus einem strahlig ausgebildeten, hornblendeartigen Mineral, und das Gestein ist wahrscheinlich ein quarziger Schiefer der archäischen Formation.

Was die gelegentlich in Mecklenburg gefundenen hellfarbigen Sandsteine mit pflanzlichen, z. Th. kohligen Resten anbelangt, so sind sie nach einer kürzlich erschienenen Mittheilung von F. EUG. GEINITZ[1]) auf den rhätischen Hörsandstein des mittleren Schonen zurückzuführen.

Zu S. XLIV. — Für die Zone des *Paradoxides Forchhammeri* in West-

---

[1]) Arch. des Vereins d. Freunde d. Naturgeschichte in Mecklenburg, XXXVI (1882), p, 165.

gothland (3. a. β) sind noch 2 Mittheilungen von LINNARSSON zu citiren: Trilobiter från Vestergötlands „Andrarumskalk", Geol. Fören. Förh., Bd. I. Nr. 13 (1873), p. 242 bis 248, und Fynd af Andrarumskalk på Hunneberg i Vestergötland, ib. Bd. III. Nr. 11 (1877), p. 346—347. In ersterem Aufsatz, welcher besonders Funde von Råbäck und Hellekis an der Kinnekulle vorbringt und nebenbei den überwiegenden Individuenreichthum der Brachiopoden in jenem Lager hervorhebt, werden ausser den a. a. O. bereits genannten Trilobiten noch angeführt: *Arionellus aculeatus* ANG. sp. (cf. S. LXXX, Anm. 1), *Liostracus microphthalmus* ANG. sp. (cf. ib. Anm. 2) und *Conocoryphe (Selenopleura) brachymetopa* ANG.[1]). Ferner wird das früher als „*Anomocare* sp." bezeichnete Fossil daselbst auf *Dolichometopus Suecicus* ANG. zurückgeführt, und *Agnostus laevigatus* ohne Fragezeichen, wenn auch als seltenes Petrefact in dem fraglichen Niveau, sowie daneben *Agnostus* sp. indet. (möglicherweise zu *Agn. aculeatus* ANG. gehörig) namhaft gemacht.

In dieselbe Stufe gehört wahrscheinlich auch *Conocoryphe (Selenopleura?) stenometopa* ANG. von Gudhem in Westgothland (Palaeont. Scandin. p. 28).

Zu der nächstfolgenden Zone des *Agnostus laevigatus* (3. a. γ) ist nachzutragen *Agn. laevigatus* DALM. var. *armata* LINRS. (cf. S. LXXXI, Anm. 2). In einem hierher zu rechnenden Stinkkalkvorkommen von Gudhem, welches TULLBERG (Agnostusarterna etc., p. 32) erwähnt, fand sich auch *Agnostus fallax* LINRS. var. *ferox* TULLB. neben *Agn. planicauda*, *exsculptus* und *laevigatus* sowie *Leperditia primordialis*.

Zu S. XLVI. — Aus dem Phyllograptusschiefer (unteren Graptolithenschiefer) von Mossebo am Hunneberg beschreibt G. HOLM[2]) als *Holograptus expansus* n. sp. einen Graptolithen, der zu einer von ihm aufgestellten neuen Gattung gehört.

Zu S. XLVIII (Anm. 3). — Für den Orthocerenkalk Westgothlands können noch folgende Trilobiten aus der „Palaeont. Scandinavica" hinzunotirt werden: *Pliomera Mathesii* ANG. (angeblich „in stratis schisti aluminaris Regionis BC" bei Carlsfors, nach LINNARSSON jedoch wahrscheinlich aus dem tiefsten Theile des Orthocerenkalk, worin hier auch ein schwarzer, stinkkalkähnlicher Kalkstein vorkommt); *Ni-*

---

[1]) Diese hier noch zu *Conocoryphe* gezogene Art hatte LINNARSSON (Vestergötlands Cambr. och Silur. aflagr., p. 72) zunächst als „*Conocoryphe (Conocephalites)* sp. indet." von Djupadalen (Lovened) und Hellekis mitgetheilt. Sie gehört indess zu *Selenopleura* im ANGELIN'schen Sinne, da die Hinterecken des Kopfschildes gerundet sind. Unter diesem Gattungsnamen wird sie denn auch in späteren Aufsätzen LINNARSSON's angeführt.

[2]) Bidrag till kännedomen om Skandinaviens Graptoliter. II. Tvenna nya slägten af familjen Dichograptidae LAPW., Öfvers. af K. Vet.-Akad. Förh., 1881. Nr. 9, p. 46, T. XII. Fig. 1—2.

leus (?) *lineatus* ANG. (Reg. C? bei Oltorp, kann jedoch unmöglich zur genannten Gattung gestellt werden, indem das Kopfschild, wie LINNARSSON bemerkt, an *Olenus* erinnert, das Pygidium dagegen einer kleinen *Niobe* anzugehören scheint); *Ampyx (Lonchodomas) carinatus* ANG. (nach ANGELIN in Geschieben an der Kinnekulle, während LINNARSSON daselbst in grauem Orthocerenkalk ein der zugehörigen Abbildung, loc. cit. T. XL. Fig. 12, ähnliches Pygidium fand). Ferner wird von LINNARSSON *Asaphus acuminatus* BOECK aus Orthocerenkalk-Geschieben bei Hvaltorp erwähnt.

Zu S. XLIX. — In Geschieben von jüngerem Orthocerenkalk an der Kinnekulle, sogen. „lefversten", beobachtete LINNARSSON *Illaenus* sp. indet. und einen *Ampyx*, welcher wesentlich dem von ANGELIN als *A. carinatus* abgebildeten Kopfschild (loc. cit. T. XVII. Fig. 3) entsprach. Aus dem „lefversten" derselben Oertlichkeit hat kürzlich HOLM noch *Ogygiocaris* sp. mitgetheilt (cf. S. CXXV).

Zu den in den „Fragm. Silurica" beschriebenen westgothländischen Cephalopoden, auf die a. a. O. hingewiesen ist, gehört auch eine eigenthümliche, sehr grosse Form, *Bathmoceras Linnarssoni* ANG., welche an der Kinnekulle gefunden wurde und fraglich zum Orthocerenkalk gestellt wird.

Zu S. L: Chasmopskalk Westgothlands. — Von ANGELIN'schen Trilobiten sind hier noch nachzutragen: *Ampyx (Raphiophorus) tumidus, Amp. (Raphiophorus) culminatus* und *Trinucleus ceriodes* (sämmtlich aus Reg. D. a an der Kinnekulle), sowie *Trinucleus carinatus* (in Geschieben ebendaher, Reg. D. a?); ferner nach LINNARSSON: *Ampyx (Raphiophorus)* sp. indet. vom Gisseberg. Letzterem Autor zufolge ist mit *Ampyx (Lonchodomas) rostratus* SARS wahrscheinlich ANGELIN's *Lonchodomas affinis* zu vereinigen.

Bezüglich des an obiger Stelle, Anm. 2, über *Cheirurus variolaris* LINRS. Gesagten findet man das Nähere in FR. SCHMIDT's seitdem erschienenen Trilobiten-Werk (Ostbalt. silur. Trilobiten, p. 183 ff.); genanntes Fossil gehört zu der Untergattung von *Cheirurus*, welche dieser Autor „*Nieszkowskia*" genannt hat.

Zu S. LI—LIII: Trinucleusschiefer Westgothlands. — Die mit den Namen *Cheirurus latilobus* und *Sphaerexochus laticeps* bezeichneten Trilobitenformen, von denen die zweite auch für den „Staurocephalusschiefer" (10. a) angegeben ist, sind von LINNARSSON in seiner ersten wissenschaftlichen Arbeit „Om de siluriska bildningarne i mellersta Westergötland" (gedruckt zu Stockholm 1866) als getrennte Arten publicirt worden. Schon in seiner grösseren Abhandlung über Westgothland v. 1869 machte er auf eine gewisse Beziehung zwischen beiden aufmerksam, und betonte zugleich die mögliche Identität der ersteren mit *Cheirurus octolobatus* M'COY. In der That ist es wahrscheinlich, dass *Cheir. latilobus* als Pygidium zu *Sphaerex. laticeps* gehört; generisch ordnen sich diese Fossilien dem Subgenus *Pseudosphaerexochus* unter (cf. Fr. Schmidt, loc. cit. p. 171).

Mit *Lichas laxata* M'Coy, einer auch im Chasmopskalk vorkommenden Art, fallen nach Linnarsson *Lich. 6-spina* Ang. und *Lich. aculeata* Ang. zusammen; das mit dem letzteren Namen belegte Fossil entstammt nach Angelin dem Trinucleusschiefer (Reg. D. b) an der Kinnekulle. Dass der erstgenannte Forscher *Remopleurides 4-lineatus* Ang. als identisch mit *Remopl. radians* Barr. angenommen hat, wurde S. XXXI schon bemerkt.

In Zone 9. b kommt ihm zufolge auch noch *Primitia strangulata* Salt. vor (Kinnekulle, Högstenaberg).

Sodann sind folgende Trilobiten nachträglich anzuführen: *Cheirurus (Cyrtometopus?) decacanthus* Ang. (Reg. D, Mösseberg), *Cheir. (Cyrtometopus) octacanthus* Ang. (Reg. D, Kinnekulle)[1]), *Cheir. (Cyrtometopus) longispinus* Ang. (eine auf ein sehr fragmentarisches Pygidium gegründete Species, nach Angelin mit der vorigen zusammen in Geschieben Westgothlands aus Reg. D gefunden), *Rhodope (?) lata* Ang. (Reg. D, Mösseberg) und *Sphaerocoryphe dentata* Ang. (ebendaher, Reg. D. b)[2]). Von Linnarsson ist überdies bemerkt worden, dass der westgothländische Trinucleusschiefer noch einige unbeschriebene Cheiruren enthalte.

Zu S. LIV u. LV: Brachiopodenschiefer Westgothlands. — Dalman's *Calymene? (Acidaspis) centrina* ist identisch mit *Acidaspis granulata* (Wahlenb.) Ang. Von den im letzten Satz des Abschnittes 10. b. α citirten Trilobiten ist „*Staurocephalus dentatus*" zu streichen, indem diese Art, wie vorhin bemerkt, dem Trinucleusschiefer angehört; für die drei anderen wurde der Fundort unrichtig wiedergegeben: *Harpes corniculatus* stammt vom Ålleberg, *Holometopus aciculatus* und *ornatus* von der Kinnekulle. Nach der Palaeont. Scandinavica sind diese letztgenannten Arten sämmtlich aus der Regio D E; Linnarsson hat sie nicht wiedergefunden, indessen ist ihre Zugehörigkeit zum Brachiopodenschiefer wenigstens als wahrscheinlich anzunehmen.

---

[1]) Die beiden vorgenannten Arten gehören nach Fr. Schmidt vielleicht zu seiner Untergattung *Pseudosphaerexochus*.

[2]) Linnarsson hat, der Auffassung Barrande's folgend, diese Art gleichwie *Sphaerocoryphe granulata* Ang. bei *Staurocephalus* Barr. untergebracht, und dem entsprechend ist letzteres Fossil S. LIII sowie auch schon S. L bezeichnet. Nach den neueren Untersuchungen von Fr. Schmidt ist jedoch die Angelin'sche Gruppe *Sphaerocoryphe*, welcher jene beiden Formen zu Grunde liegen, als eine selbständige, und zwar als ein Subgenus von *Cheirurus*, anzuerkennen. *Sphaerocoryphe granulata* ist übrigens eine charakteristische Versteinerung des dalekarlischen Leptaenakalks, deren Vorkommen in Westgothland jedenfalls sehr zweifelhaft ist; Linnarsson hat sie auch nur fraglich für den Chasmopskalk vom Mösseberg und Ålleberg und für den Trinucleusschiefer von Kongslena angegeben.

Endlich mag hier noch *Phacops granulosus*, eine ANGELIN'sche Art von unsicherer Lagerstätte, notirt werden (Kinnekulle, „in saxis schistosis dispersis").

Zu S. LVI. — Das an dieser Stelle über den oberen Graptolithenschiefer Westgothlands Mitgetheilte ist der grösseren, 1869 erschienenen Arbeit LINNARSSON's über die cambrischen und silurischen Ablagerungen dieser Provinz entnommen. Speciell über jene Schieferbildung handelt jedoch ein späterer Aufsatz desselben Autors „Om graptolitskiffren vid Kongslena i Vestergötland"[1]), aus welchem ich, da er a. a. O. nur beiläufig in einer Anmerkung erwähnt wurde, das Wichtigste nachtragen muss.

Vorzugsweise entwickelt in Westgothland ist die untere Abtheilung des oberen Graptolithenschiefers, der sogen. Lobiferusschiefer, welcher nebst dem unterliegenden Brachiopoden- und Trinucleusschiefer besonders gut bei Stommen im Kirchspiel Kongslena an der nordöstlichen Ecke des Fårdalaberges blossgelegt ist. Das Gestein ist hier ein schwarzer, sehr dünnblättriger und ebenflächig spaltender Schiefer, erfüllt von Graptolithen, die in Schwefelkies verwandelt, dabei aber fast immer im höchsten Grade plattgedrückt sind. Bemerkenswerth ist der grosse Artenreichthum. Nach LINNARSSON konnten, abgesehen von anscheinend vorhandenen neuen Species, folgende Graptolithenformen bestimmt werden:

Monograptus lobifer M'COY (= *Beckii* BARR.), *M. sagittarius* HIS. (nach TULLBERG = *M. leptotheca* LAPW.), *M. Sandersoni* LAPW., *M. Sedgwickii* PORTL., *M. spiralis* GEIN.[2]), *M. triangulatus* HARKN., *Rastrites peregrinus* BARR., *Diplograptus palmeus* BARR., *Dipl.* cf. *modestus* LAPW., *Dipl. tamariscus* NICHOLSON, *Dipl.* (*Cephalograptus*) *cometa* GEIN., *Climacograptus rectangularis* M'COY.

Diese Fauna deutet auf die oberen Theile des eigentlichen Lobiferusschiefers hin.

TULLBERG[3]) hat sodann aus der graptolithenführenden Schieferablagerung von Kongslena noch mitgetheilt: *Climacograptus scalaris* L. sp. (sicher identisch mit *Climacogr. normalis* LAPW.) und *Cephalograptus folium* HIS. Zugleich giebt TULLBERG bei *Climacogr. scalaris* und *Monogr. leptotheca* auch den Mösseberg in Westgothland als Fundort an; HISINGER's Originalexemplare zu *Prionotus scalaris* L. (Leth. Suecica, Suppl. I. p. 113, T. XXXV. Fig. 4) liegen, begleitet von *Monogr. lobifer*, in einem dort gefundenen hellgrauen, im Contact mit Diabas gehärteten Schiefer. Letzterer entspricht wohl zunächst der Zone des *Monogr. convolutus* in Schonen (S. XCVII), wenngleich hierfür speciell die LINNÉ'sche Art nicht angegeben ist; jedenfalls gehört dahin ein Theil des Vorkommens von Kongslena.

---

[1]) Geol. Fören. Förh., Bd. III. Nr. 13, 1877, p. 402 ff.

[2]) Hierunter ist wohl *Monograptus convolutus* HIS. zu verstehen (cf. S. CXXVIII), dessen Vorkommen bei Kongslena auch TULLBERG loc. infra cit. besonders anführt.

[3]) On the Graptolites described by HISINGER etc., Stockholm 1882.

Der dortige Lobiferusschiefer wird in dem oben citirten Aufsatz LINNARSSON's als Aequivalent der Birkhill Shales, d. i. der oberen Moffat-Gruppe LAPWORTH's in Schottland, bezeichnet. Ueber dem schwarzen Schiefer liegt, nach oben durch eine Trappmasse begrenzt, noch ein grauer von mehr dickschiefriger Beschaffenheit, der möglicherweise dem Retiolitesschiefer entspricht. Indess wurden in demselben keine Petrefacten gefunden, und mit Sicherheit ist echter Retiolitesschiefer, mit *Monograptus priodon* BRONN und *Retiolites Geinitzianus* BARR., in Westgothland nur an der Kinnekulle bekannt. Ferner ist die mehrfach besprochene Grenzbildung mit *Monograptus turriculatus*, die man u. a. in Ostgothland kennt, in Westgothland noch nicht nachgewiesen[1]).

Diplograptus pristis auf S. LVI ist zu streichen; diese Art findet sich im älteren Trinucleusschiefer (cf. S. XCII u. CXXVIII).

Bezüglich der Anm. 2 zu S. LVI ist zu bemerken, dass bei WAHLENBERG's „*Orthoceratites tenuis*" aus Westgothland z. Th. *Graptolithus (Climacograptus) scalaris* L. als die kleinste Form der fraglichen Orthoceren gemeint ist (cf. die 2. Note zu S. XCIII). In HISINGER's Lethaea Suecica, Suppl. I, p. 113[2]), ist der obere thonige Schiefer des Mösseberes, im Suppl. II, p. 4, „Uebergangsthonschiefer" von Enån im Kirchspiel Orsa sowie auch Furudal in Dalekarlien als Fundstätte für „*Orthoceratites tenuis* WAHLENB." angegeben.

Zu S. LXII u. LXXI. — ANGELIN's *Cyrtometopus tumidus* und *C. gibbus* von Husbyfjöl sind nach FR. SCHMIDT (Ostbalt. silur. Trilobiten, p. 180) höchstens als Varietäten, nicht als getrennte Arten zu betrachten; ausserdem gehören sie nicht zu *Cyrtometopus*, sondern zu dem bereits S. CXXXIV erwähnten Subgenus *Nieszkowskia*.

Sphaerexochus (?) *deflexus* ANG., gleichfalls eine für den Orthocerenkalk in Ostgothland angegebene Art, gehört vielleicht zu *Pseudosphaerexochus* FR. SCHM.

Zu S. LXXXVI u. XCVII. — *Cyrtometopus diacanthus* ANG. von Fågelsång dürfte nach FR. SCHMIDT (Ostbalt. silur. Trilobiten, p. 152 u. 179) der Untergattung *Nieszkowskia* beizurechnen sein. Ueber *Trinucleus coscinorhinus* vgl. S. CXXXIX.

Ganz kürzlich ist wieder ein neuer Beitrag zu der immer mehr anschwellenden nordisch-silurischen Graptolithen-Literatur erschienen, in welchem C. KURCK[3]) verschiedene Graptolithenformen des Lobiferusschiefers bei Bollerup behandelt. Folgende 2 Glieder des letzteren wurden hier beobachtet:

1. **Zone des *Monograptus cyphus*,** aus diversen grauen und schwarzen

---

[1]) cf. LINNARSSON, Geol. Fören. Förh., V. p. 505.
[2]) Hierfür steht auf S. LVI in Folge eines Druckfehlers: „p. 23".
[3]) Några nya graptolitarter från Skåne, Geol. Fören. Förh., Bd. VI. Nr. 7, Dec. 1882, p. 294 ff.

Schiefern mit untergeordnetem Kalk und Thon bestehend; darin *Monograptus cyphus* Lapw., *M. attenuatus* Hopk., *M. revolutus* n. sp., *Dimorphograptus* cf. *Swanstoni* Lapw., *Diplograptus tamariscus* Nich. nebst sp. indet., *Dipl. longissimus* n. sp., *Climacograptus scalaris* var. *normalis* Lapw., *Clim. rectangularis* M'Coy, *Clim. undulatus* n. sp., *Cephalograptus* sp., *Discinocaris Browniana* Woodw. (?), *Orthoceras* sp. etc.

2. Zone des *Monograptus gregarius*: dickplattiger schwarzer Schiefer mit *Monograptus triangulatus* Harkn., *M. tenuis* Portl., *M. concinnus* Lapw., *Diplograptus* cf. *tamariscus* Nich., *Dipl.* sp. indet., *Climacograptus normalis* Lapw., *Clim. rectangularis* M'Coy, *Cephalograptus folium* His., *Ceph. ovato-elongatus* n. sp., *Dawsonia campanulata* Nich., *Orthonota* sp. etc.; nach dieser Fauna zu schliessen, steht das fragliche Lager auf der Grenze der Zone des *Monograptus convolutus*.

Weitere Nachträge zu Schonen. — Tullberg[1]) hat in einem von ihm selbst verfassten Referat über seine Arbeit „Skånes Graptoliter. I" einige ergänzende oder berichtigende Mittheilungen gemacht, theils auf Grund eigener nachträglicher Beobachtungen im Sommer 1882, theils nach neueren Funden v. Schmalensee's.

Von Letzterem wurde bei Fågelsång in einem den Dictyonema-Horizont bedeckenden Schiefer *Bryograptus Kjerulfi* Lapw. gesammelt, ein Graptolith, der in Norwegen nach Brögger an der oberen Grenze jenes Horizontes, und zwar schon etwas höher als die *Dictyonema*-Reste, vorkommt (cf. S. CXI, Anm. 1); darüber folgt in Norwegen vor den Ceratopygeschichten zunächst noch eine Grenzbildung, welche Brögger als „Schiefer und Kalkstein mit *Symphysurus incipiens* nov. sp." bezeichnet hat. Nach dem hier Angeführten hält nun Tullberg es nicht mehr für wahrscheinlich, dass der bei Sandby in der Nähe von Fågelsång auftretende Alaunschiefer mit *Acerocare ecorne* Ang., wie S. LXXXIV angegeben wurde, den Dictyonemaschiefer wirklich überlagere; die Schichtenfolge bei Sandby zeigt dies zwar an, allein genannter Autor meint, dass eine Verwerfung im Spiele sein könne. Eine nähere Begründung dieser veränderten Auffassung wird nicht gegeben. Soweit ich es zu übersehen vermag, dürften erhebliche paläontologische Bedenken gegen jene Auflagerung nicht vorliegen. Es mag in dieser Hinsicht darauf hingewiesen werden, dass z. B. im südnorwegischen paläozoischen Gebiet einerseits ein stinkkalkführendes Niveau mit *Cyclognathus*-Formen zunächst unter dem Dictyonemaschiefer liegt, und andererseits über letzterem in dem Schiefer mit *Symphysurus incipiens* der nämliche Trilobitentypus, welcher als ein Subgenus von *Peltura* gelten kann, zugleich aber nahe verwandt ist mit *Acerocare* Ang., durch *Cyclognathus micropygus* Linrs. vertreten ist (cf. Brögger, Die silur. Etagen 2 u. 3 im

---

[1]) ib. Bd. VI. Nr. 6, Nov. 1882, p. 256 ff. Dieses Heft ist mir durch Verschulden des Buchhändlers verspätet zugegangen.

Kristianiagebiet etc., p. 6 u. 11). Uebrigens findet sich die Gattung *Bryograptus* in Norwegen wie auf Oeland noch im „Ceratopygeschiefer".

Auf S. LXXXIV ist der Ceratopygekalk nach den früheren Beobachtungen für Schonen mit Fragezeichen angeführt, und in der That ist dieses Glied im südöstlichen Theile der Provinz nur schwach entwickelt. Neuerdings wurde aber das fragliche Lager bei Fågelsång angetroffen, wo v. Schmalensee mehrere für dasselbe bezeichnende Fossilien fand, wie *Ceratopyge forficula* Sars, *Euloma ornatum* Ang., *Symphysurus angustatus* S. & B., *Niobe insignis* Linrs., *N.* cf. *obsoleta* Linrs., *Lingula* sp. und *Acrotreta* sp.

Die nach S. XC angeblich unterhalb der „Zone mit *Climacograptus rugosus*" liegende Kalkschicht von Tosterup, welche übrigens nur wenig mächtig ist, wird von Tullberg auch loc. cit. als eine Einlagerung im oberen Theil des mittleren Graptolithenschiefers erwähnt. Dieselbe enthält folgende, schon in „Skånes Graptoliter", I. p. 19—20, genannte Trilobiten: *Nileus Armadillo* Dalm., *Ogygia concentrica* Linrs., *Asaphus glabratus* Ang., *Trinucleus coscinorhinus* Ang. und *Ampyx rostratus* Sars. Es ist nicht zu läugnen, dass diese Fauna stark auf den Cystideenkalk hinweist. Zu *Trinucl. coscinorhinus* wird noch bemerkt, dass Angelin diese Art durch Versehen dem Orthocerenkalk (Reg. C) von Fågelsång zugeschrieben hat, weshalb sie auf S. LXXXVI zu streichen ist. Dieselbe fand sich ferner bei Bollerup, woher auch Angelin's Exemplar stammt, und scheint überdies in Tullberg's „Schiefer mit *Calymene dilatata*" bei Fågelsång vorzukommen.

In letzterem, d. h. dem Cystideenkalk (S. XC—XCI), fand sodann v. Schmalensee ebendaselbst eine *Chasmops*-Form, die als anscheinend identisch mit *Ch. ingricus* Fr. Schm. bezeichnet wird. Fr. Schmidt giebt für diese Art nur die Umgebung von Pawlowsk südlich von St. Petersburg und als wahrscheinliche Lagerstätte den Echinosphaeritenkalk an.

Bei Jerrestad hat Tullberg einen grauen Schiefer beobachtet, in welchem *Diplograptus acuminatus* Nich. in reichlicher Menge und daneben *Climacograptus scalaris* L. auftritt. Derselbe bildet dort das Hangende eines die letztere Species spärlich enthaltenden grauen Thonschiefers, der dem S. XCIII angeführten Lager von Röstånga und Bollerup mit *Diplograptus* nov. sp. entspricht. Jener „Schiefer mit *Diplograptus acuminatus*" ist als unterstes Glied des Lobiferus- oder Rastritesschiefers, also vor der Zone mit *Monograptus cyphus*, auf S. XCVI einzuschalten; sein Leitfossil ist zugleich dasjenige der tiefsten Zone der Birkhill-Schiefer oder oberen Moffat-Gruppe in Schottland.

Weiterhin hält Tullberg es aus verschiedenen Gründen jetzt für wahrscheinlicher, dass die Zone mit *Monograptus Riccartonensis* (S. XCIX) nicht unter, sondern über der Zone mit *Cyrtograptus Murchisoni* liegt, in welcher noch *Retiolites*

Geinitzianus BARR., eine für die zunächst auf den Lobiferusschiefer folgenden Schichten bezeichnende Art, sich findet.

Bemerkungen zu den Fossilresten des cambrischen Sandsteins. — Ueber die Natur einiger der verschiedentlich gedeuteten Reste in den primordialen Sandsteinen Schwedens, namentlich denen Westgothlands, hat kürzlich NATHORST zwei Abhandlungen veröffentlicht[1]). Mehrere bisher zu den Echinodermen, Spongien und Korallen gerechnete Dinge im Sandstein des Lugnås (*Agelacrinus, Spatangopsis, Astylospongia, Protolyellia*) glaubt der Verfasser als Abdrücke von Medusen und Abformungen von deren Magenhöhle deuten zu müssen, eine Auffassung, die in der zweiten der vorerwähnten Arbeiten eingehend begründet wird. Seinen z. Th. auf experimenteller Grundlage beruhenden Untersuchungen zufolge kommen am Lugnåsberg mindestens 3 Medusen-Formen vor: *Medusites radiatus* LINRS. sp. (*Astylospongia radiata* LINRS.), *Med. Lindströmi* LINRS. sp. (*Agelacrinus Lindströmi* LINRS., *Spatangopsis costata* TORELL) und *Med. favosus* NATH. (*Protolyellia princeps* TOR.). Ueber *Eophyton* TOR. gelangt NATHORST, indem er seine frühere Annahme, welche diese Gebilde von dem Schleifen von Algen auf schlammigem Boden herleitete, als minder wahrscheinlich aufgibt, zu der Ansicht, dass dies vermuthlich Fährten von Medusen seien, d. h. die Spuren, welche deren Tentakeln oder Mundarme bei der Fortbewegung des Thieres auf dem Schlammbett zurückgelassen hätten[2]). Ebenso wenig wie *Eophyton*, könnten ferner die mit dem Genusnamen *Cruziana* bezeichneten Reste, die gleich ersterem auf den unteren Flächen der Sandsteinschichten, namentlich wo diese mit Thonlagen abwechseln, als Reliefs sich finden, Abdrücke von Pflanzen oder auch von Thierkörpern sein; vielmehr müsse man darin gleichfalls irgend eine Art thierischer Vestigien erkennen[3]). Sodann meint derselbe Forscher, dass TORELL's *Spiroscolex spiralis* vielleicht von den Tentakeln von Medusen herrühre; in den Psammichniten nimmt er Spuren theils von Mollusken, theils von Crustaceen an, in *Monocraterion* TOR. Wurmlöcher, analog mit *Arenicola* SALT., und in dessen „Tentakeln" (TORELL, Petrif. Suec.

---

[1]) Om spår af några evertebrerade djur m. m. och deras paleontologiska betydelse, K. Vet.-Akad. Handlingar, Bd. 18. Nr. 7, 1881; Om aftryck af medusor i Sveriges kambriska lager, ib. Bd. 19. Nr. 1, 1881. Ausz. in Geolog. Fören. Förhandl., Bd. VI. Nr. 3, p. 127, und Nr. 4, p. 173.

[2]) Man hat zwar die mit dem Namen *Eophyton* belegten Dinge zuweilen als zweifelhafte Algen angesprochen; indessen ist, wie ich zu der Note auf S. XLII berichtigend bemerke, von TORELL selbst (Sparagmitetagen, p. 38) darauf hingewiesen worden, dass dieselben zunächst mit *Cordaites* UNGER zu vergleichen seien.

[3]) SAPORTA u. Andere haben *Cruziana* D'ORB. (*Bilobites* DEKAY) und Aehnliches für Algenreste erklärt. In den hierbei zu nennenden *Rhyssophyceae* (cf. ZITTEL-SCHIMPER, Handb. der Palaeontologie, II. p. 54) vermuthet NATHORST Spuren von Crustaceen.

p. 13) verkittete Excrementfäden; die Dinge endlich, für welche TORELL den Gattungsnamen *Micrapium* vorgeschlagen hat, sollen entweder Ausfüllungen von Wurmlöchern, oder eine rein anorganische Bildung sein.

Nachtrag bezüglich der schwedischen *Illaenus*-Arten. — G. HOLM[1]) hat vor Kurzem eine ausführliche und sehr gründliche Bearbeitung der in Schweden gefundenen *Illaenus*-Arten geliefert, die auch nach der geognostischen Seite hin wichtige Aufschlüsse gewährt. In dieser durch die Freundlichkeit des Verfassers mir eben noch zeitig genug zugegangenen Arbeit wird die fragliche Gattung, in Uebereinstimmung mit BARRANDE, nur in 2 Sectionen oder Untergeschlechter zerlegt: *Illaenus* s. str. DALM. (untersilurisch) und *Bumastus* MURCH. (obersilurisch), wobei also die von 8 bis 10 variirende Zahl der Thoraxglieder nicht als ein für die Eintheilung verwerthbares Merkmal anerkannt ist. Die beschriebenen Arten des Untersilur vertheilen sich in folgender Weise auf die verschiedenen Horizonte und Landschaften[2]):

1. Im Orthocerenkalk.

Illaenus Esmarkii SCHLOTH. = *Ill. crassicauda* auct.[3]). Gemein im **unteren grauen Orthocerenkalk** des ganzen Gebietes, desgleichen in demselben Niveau in Norwegen und den russischen Ostseeprovinzen.

Illaenus centrotus DALM. Findet sich in der nämlichen Zone wie die vorige Art, jedoch weit seltener; vornehmlich in O. G., doch auch in N. und D. beobachtet.

Illaenus Chiron HOLM = *Dysplanus centaurus* (DALM.) ANG.[4]). Hauptsächlich im

---

[1]) De svenska arterna af Trilobitslägtet Illaenus (DALMAN), Bihang till K. Svenska Vet.-Akad. Handlingar, Bd. 7. Nr. 3, Stockholm 1882.

[2]) Im Folgenden sind nachstehende Abkürzungen gebraucht: D. für Dalarne, N. für Nerike, W. G. für Westgothland, O. G. für Ostgothland, Sch. für Schonen, Oe. für Oeland.

[3]) HOLM hat gefunden, dass diese sehr verbreitete Species bereits von SCHLOTHEIM im Jahrg. 1826 von OKEN's „Isis" unter dem Namen „*Trilobites Esmarkii*" nach Exemplaren von Christiania und Reval beschrieben worden ist. Die Möglichkeit wird zugegeben, dass eine oder die andere der kurz vorher von EICHWALD aufgestellten, noch revisionsbedürftigen Arten (vielleicht *Ill. Wahlenbergii*) damit identisch sei. Die beiden in der Anm. zu S. XXX angeführten Formen des *Ill. crassicauda* auct. werden hier nicht mehr getrennt, da sie durch Uebergänge verbunden seien.

[4]) Von HOLM wird nachgewiesen, dass der Name „*Asaphus centaurus*" von DALMAN 1826 in seinen „Palaeaden" (cf. S. 59 der deutschen Ausgabe) nicht einem *Illaenus*, sondern den langgehörnten „losen Wangen" (Randschildern) einer grossen *Megalaspis*-Art gegeben worden ist; die bezüglichen Originalstücke, die von Ormöga auf Oeland (Kirchspiel Alböke) stammen, sind theils in Stockholm, theils in Upsala noch vorhanden. Diese Randschilder erinnern an *Megalaspis latilimbata* ANG. (cf. S. CXIX), sind aber mit breiteren und längeren Hörnern versehen, als bei letzterer Art nach ANGELIN's Abbildung; dem Trilobiten, welchem sie angehören, käme somit nach HOLM der Name „*Meg.*

oberen grauen Orthocerenkalk von Oe. und D., sowie ferner in dem correspondirenden „lefversten" der Kinnekulle in W. G.[1]); das betreffende Fundlager in D. besteht vorzugsweise aus einem am Digerberg und bei Gulleråsen auftretenden dunkel graubraunen Kalkstein, welcher zugleich zahlreiche Cephalopoden nebst *Asaphus* sp. und *Asaphus* (*Ptychopyge*) *tecticaudatus* STEINHARDT enthält. Ausserdem kommt die Art, jedoch selten, im höchsten Theile des oberen rothen Orthocerenkalks auf Oe. sowie in dem nämlichen Kalk in D. vor.

Illaenus tuberculatus HOLM. Bloss aus grauem Orthocerenkalk von O. G., dessen Fundort nicht näher festgestellt ist, bekannt.

Illaenus lineatus ANG. Als „*Rhodope lineata*" nach ANGELIN für O. G. auf S. LXII schon erwähnt; der genaue Horizont lässt sich nicht angeben.

---

centaurus DALM." zu. Man findet auf Oeland dergleichen grosse Reste in dem vielfach glaukonithaltigen unteren grauen Orthocerenkalk, der in einem gewissen Horizont zahlreiche Fragmente verschiedener Körpertheile einer anscheinend zu *Meg. latilimbata* gehörigen Form und daneben die von DALMAN angeführten Randschilder enthält. Dieselben Fossilien finden sich in dem entsprechenden glaukonitführenden Kalk von Humlenäs in Småland, sowie ausserdem, wie ich hier schon bemerken will, in den mit diesem Gestein übereinstimmenden Geschieben der Mark. Für ersteren hat LINNARSSON mit Fragezeichen „*Dysplanus centaurus* DALM." angegeben (cf. S. CIII), und dabei „rörliga kinder" (bewegliche Wangen) in Parenthese zugesetzt; die so bezeichneten Reste sind HOLM zufolge den vorerwähnten DALMAN'schen Randschildern gleich.

Wenn nun HOLM der Ansicht ist, dass der Speciesname „*centaurus*" in der seit ANGELIN üblichen Anwendung eingehen müsse, so dürfte man dem scheinbar beipflichten, falls die *Megalaspis*-Art, deren Randschilder DALMAN ursprünglich und nur beiläufig so benannt hat, féstgestellt wäre; für jetzt sagt HOLM bloss, dass sie wahrscheinlich mit *Meg. latilimbata* identisch sei. Andererseits aber unterliegt es keinem Zweifel, dass ANGELIN unter „*Dysplanus centaurus* DALM." (Pal. Scandin. p. 40, T. XXIII. Fig. 1, Fundort: „Oelandiae ex. gr. Aleböke") von Hause aus den *Illaenus*, welcher hier in Frage steht, verstanden hat. Dazu gehören in seiner Figur das Mittelschild des Kopfes und das Pygidium, während die Randschilder allerdings fälschlich hinzuconstruirt sind; diese sind nämlich, wie HOLM an Oeländischen Exemplaren erkannt hat, nach aussen nicht in Hörner ausgezogen, sondern abgerundet, und ausserdem ist der Thorax 10gliedrig, so dass der meist subgenerisch gefasste BURMEISTER'sche Name „*Dysplanus*" hier nicht am Platze war. Auf alle Fälle ist ein Missverständniss ausgeschlossen, wenn man die seit vielen Jahren gebrauchte Bezeichnung „*Illaenus centaurus*" fortan nur mit dem Autornamen „ANGELIN" verbindet; da die Gattungen verschieden sind, so darf dieser „*Illaenus centaurus* ANG." selbst neben einer specifisch gleichbenannten *Megalaspis* sein Bürgerrecht behaupten. Erstere Art zählt, wenigstens bei uns, zu den bekannteren schwedischen Trilobiten, und ist auch leicht zu erkennen; in Geschieben von hell- oder dunkelgrauem jüngerem Orthocerenkalk habe ich sie dutzendweise gesammelt und im Berliner paläont. Museum gesehen.

[1]) Hierin von LINNARSSON gefunden, und wahrscheinlich dasselbe Fossil, welches er daraus als „*Illaenus* sp. indet." angeführt hat (cf. S. CXXXIV).

2. Im Chasmopskalk (Cystideenkalk).

Illaenus crassicauda WAHLENB. Nur in D., und zwar in den Grenzschichten von Orthoceren- und Cystideenkalk sowie in letzterem aufwärts. cf. S. XXX.

Illaenus scrobiculatus HOLM. Spärlich in D.

Illaenus sphaericus HOLM. D., vielleicht auch W. G. (Ålleberg).

Illaenus oblongatus ANG. Selten auf Oe. cf. S. CXX.

Illaenus parvulus HOLM. D.

Illaenus fallax HOLM = *Ill. limbatus* LINRS.[1]) D.[2]), W. G. an verschiedenen Orten und Oe.

Illaenus gigas HOLM. W. G.

Illaenus Linnarssonii HOLM.[3]). Ein Theil der nach HOLM in O. G. gefundenen Exemplare (von Södra Freberga und Rödbergsudden unweit Motala) gehört vielleicht dem Cystideenkalk an.

3. Im Macrouruskalk.

Illaenus parvulus HOLM. D., wo die Art nach HOLM bei Kårgärde sowohl im höheren, als im tieferen Theil des „Chasmopskalkes" vorkommt; ersteren (Zone 7. a auf S. XXXI) glaube ich dem Macrouruskalk von Oe. und O. G. gleichstellen zu dürfen (s. weiter unten).

Illaenus fallax HOLM = *limbatus* LINRS. Von LINNARSSON bereits loc. cit. p. 345 für das S. XXXI aufgeführte Lager 7. a in D. angegeben.

Illaenus gigas HOLM. Von LINNARSSON im „Chasmopskalk" bei Ulfåsa in O. G.

---

[1]) HOLM giebt den Speciesnamen „*limbatus*" hier auf, weil derselbe schon 1847 von CORDA einer böhmischen Art gegeben worden sei, obwohl BARRANDE diese Benennung nicht annahm, sondern dafür „*Illaenus Salteri*" setzte. LINNARSSON hat seinen *Ill. limbatus* als wahrscheinlich identisch mit *Ill. glaber* KJER. bezeichnet (cf. S. XXXI), wogegen HOLM bemerkt, dass KJERULF's Art eher noch mit dem nachgenannten *Ill. Linnarssonii* zusammenfallen könnte und im Uebrigen nicht sicher festzustellen sei, weil sie lediglich auf einer ganz undeutlichen, ohne jede Beschreibung oder Diagnose veröffentlichten Holzschnittfigur (Veiviser etc. p. 14, Fig. 28) beruhe; der Name „*Ill. glaber*" erscheine sonach überhaupt unannehmbar.

[2]) Auf S. XXX ist der fragliche Trilobit beim Cystideenkalk Dalarnes bloss durch Versehen ausgelassen; in dem S. XXVII, Anm. 2, citirten Aufsatz LINNARSSON's wird p. 342 *Illaenus limbatus* LINRS. für den Cystideenkalk bei Fjecka speciell angeführt.

[3]) Diese durch grosse verticale wie horizontale Verbreitung ausgezeichnete Art stimmt nach HOLM mit dem in der Leth. Rossica, I (1860), p. 1482, T. LIII. Fig. 6, beschriebenen *Illaenus Rudolphii* EICHW. überein, während die von EICHWALD 1825 in „De Trilobitis observationes", p. 50, T. II. Fig. 1, unter demselben Namen mitgetheilte Form, wie schon v. VOLBORTH (Russ. Trilobiten, St. Petersburg 1863, p. 18) hervorgehoben hat, ein ganz anderes, zugleich einem tieferen Horizont angehöriges Fossil ist.

gefunden, wo nach den bis jetzt vorliegenden Mittheilungen nur dessen oberer Theil, d. i. der Macrouruskalk, beobachtet ist (cf. S. LXXI).

Illaenus Linnarssonii Holm. Wurde an dem nämlichen Orte in O. G. von Linnarsson gesammelt; vermuthlich das S. LXXII fraglich als „*Ill. glaber*" erwähnte Fossil.

4. Im Trinucleusschiefer.

Illaenus Linnarssonii Holm. O. G.

Illaenus leptopleura Linrs. mscr. W. G.

Illaenus Angelini Holm[1]). W. G. (hier nicht selten, als „*Illaenus sp.*" auf S. LIII) und O. G.

Illaenus megalophthalmus Linrs. (beim Autor als *Panderia*). W. G. (cf. S. LII), O. G. (hier von G. Lindström gefunden) und Sch. (cf. S. XCII).

Illaenus vivax Holm. W. G.

Alle diese Arten fanden sich in der Zone des rothen Trinucleusschiefers; nur für *Ill. leptopleura* wird noch grüner Trinucleusschiefer vom Högstenaberg in W. G., also wohl aus dem unteren Theil der Etage, angegeben. Ueber die verticale Verbreitung jener Illaenen im Bereich der letzteren fehlen übrigens genauere Beobachtungen; fast durchweg sind sie hier durch Verdrückung mehr oder weniger verunstaltet.

5. Im Brachiopodenschiefer.

Der an der Basis dieser Etage auftretende „Staurocephalusschiefer" enthält Linnarsson zufolge in W. G. noch *Illaenus megalophthalmus* Linrs. (cf. S. LIII). Für dasselbe Lager in Sch. erwähnt Tullberg gleichfalls eine *Illaenus*-Art (cf. S. XCII).

6. Im Leptaenakalk Dalarnes.

Illaenus fallax Holm = *limbatus* Linrs., *Ill. gigas* Holm, *Ill. Linnarssonii* Holm[2]) und *Ill. vivax* Holm.

Bemerkenswerth ist die sehr grosse Individuenzahl, mit welcher die Gattung *Illaenus* im Leptaenakalk vertreten ist.

---

[1]) Möglicherweise identisch mit *Rhodope* (?) *lata* Ang. (cf. S. CXXXV), wovon das Original nicht wiedergefunden wurde. Den Speciesnamen „*latus*" hat M'Coy schon 1851 einem *Illaenus* gegeben (British Palaeozoic Fossils, Fasc. I, p. 172), während Angelin's Art von 1854 datirt.

[2]) Im Leptaenakalk ist diese Art, wie Holm bemerkt, eine der häufigsten Versteinerungen. Es ist dieselbe Form, welche S. XXXVI, Anm. 3, nach Törnqvist als ein „*Illaenus* mit 9 Thoraxgliedern" angeführt ist; letzterer Geologe hatte sie anfangs mit *Ill. glaber* Kjer. vereinigt.

Zusammenstellung der älteren paläozoischen Formationsglieder Schwedens.

In den unten abgedruckten beiden Tabellen sind, um den Ueberblick zu erleichtern, die innerhalb der hier in Betracht kommenden Hauptgebiete Schwedens auftretenden cambrischen und untersilurischen Horizonte auf die Art nebeneinander gestellt, dass man sowohl die Verbreitung jedes einzelnen Gliedes in dem gesammten Territorium, als auch die der verschiedenen Glieder in einer bestimmten Gegend unmittelbar vor Augen hat. Nur Småland ist, obwohl es oben besprochen wurde, hier weggelassen worden, weil in dieser Provinz die betreffenden Sedimentgebilde einmal in zu geringer Zahl, sodann z. Th. nur ganz local vertreten sind und überdies noch das Meiste davon bloss in losen Schuttmassen oder zerstreuten Geschieben vorkommt. Die unter den Landschaftsnamen eingetragenen Zahlen und Buchstaben zeigen die in gleicher Weise numerirten Etagen und Zonen an, welche im Früheren bei den Uebersichten für die einzelnen schwedischen Bezirke unterschieden worden sind.

Die nachstehend mitgetheilte Gliederung ist in ihren Grundzügen wesentlich das Werk GUSTAV LINNARSSON's[1]). Nicht allein in der geologischen Zeitschriftliteratur seines Heimathlandes, sondern auch in anderen wissenschaftlichen Journalen hat er vor Längerem schon die Hauptmomente dieser Eintheilung bekannt gemacht[2]). Die umfangreichen späteren Beobachtungen haben zwar einige Ergänzungen nothwendig gemacht, aber doch hauptsächlich nur zu einer schärferen Sonderung und Abgrenzung der einzelnen Lagertheile geführt.

Wenn der Dictyonemaschiefer als eigene Etage eingereiht ist, so hat das wegen der Gegenüberstellung der schwedischen und ostbaltischen Schichten etwas für

---

[1]) Mit Wehmuth sei an dieser Stelle des frühzeitigen Todes dieses ebenso fruchtbaren wie geistvollen Forschers gedacht, welchem auch die gegenwärtige Arbeit so Vieles zu verdanken hat. Ein Vierteljahr vor seinem am 19. September 1881 zu Sköfde in Westgothland erfolgten Hinscheiden hatte er mir noch in mehreren ausführlichen Briefen über mancherlei Fragen bereitwilligste Aufklärung gegeben, und auch für die Zukunft durfte ich bei den von mir begonnenen Untersuchungen vielfache wichtige Belehrung von den ungemein reichen Kenntnissen des liebenswürdigen Mannes erhoffen.

[2]) S. Zeitschr. d. dtsch. geolog. Ges., XXV (1873), und Geolog. Magazine, Dec. II. Vol. III (1876).

Die am ersteren Orte veröffentlichte Uebersetzung eines Berichtes über eine Reise nach Böhmen und den russ. Ostseeprovinzen enthält am Schlusse (p. 697—698) einen Zusatz, in welchem eben LINNARSSON die cambrischen und untersilurischen Etagen Schwedens zusammenstellt und mit den Schichten jener anderen Länder vergleicht. Hier wird von ihm zum ersten Male die Bezeichnung „Paradoxidesschiefer" für die untere Hauptabtheilung der cambrischen Schieferreihe angewendet.

sich. Vielleicht aber beruht darin doch mehr ein äusserliches Moment; denn wie die Verhältnisse in Schweden liegen, ist es wohl gerechtfertigt, dass man denselben dort in neuerer Zeit dem Olenusschiefer beizufügen geneigt ist (cf. S. LXIX u. LXXXIV). Eine Berechtigung hierzu liegt schon in seiner geringen Mächtigkeit und der völligen petrographischen Uebereinstimmung mit den unterliegenden Schichten der typischen Olenus-Region. Es lassen sich jedoch auch paläontologische Gründe vorbringen. Die Fauna des Olenusschiefers besitzt nämlich ein ganz eigenthümliches, sehr einförmiges Gepräge, indem sie mit wenigen Ausnahmen nur aus Vertretern von ein paar Trilobitengruppen — Oleniden und Agnosten — besteht, wobei die Arten meist auf engbegrenzte Horizonte beschränkt sind, darin aber grösstentheils in ungemein grosser Individuenzahl auftreten; diese Fauna, für welche in erster Linie die Oleniden bezeichnend sind, findet nun ihren eigentlichen Abschluss erst oberhalb des Dictyonemaschiefers. In Schonen ist über letzterem noch ein Alaunschieferlager mit *Acerocare ecorne* ANG., einer an *Olenus* sich anschliessenden Form, wahrgenommen worden. TULLBERG hat allerdings kürzlich Zweifel hierüber geäussert; jedenfalls aber kommt nach BRÖGGER ein hierher gehöriger Trilobit, *Cyclognathus micropygus* LINRS., bei Väkkerö im Christianiagebiet in einem über dem Dictyonemaschiefer befindlichen Niveau vor (cf. S. CXXXVIII).

Besondere Schwierigkeiten macht die Gliederung des schwedischen Orthocerenkalks und die Vergleichung seiner örtlich getrennten Unterabtheilungen miteinander, weil die Zonen z. Th. sehr ineinander übergehen; oft mag es auch den Beobachtern an guten Durchschnitten gefehlt haben. Die unten gegebene Gliederung und Parallelisirung dieser Schichtenfolge habe ich seiner Zeit an LINNARSSON zur Begutachtung eingesandt; darauf hat er dieselbe in seinem letzten Briefe an mich von Ende Juni 1881 als „im Ganzen richtig" bezeichnet, auch keinerlei Aenderung daran vorgenommen, sondern nur über einzelne Vorkommnisse erläuternde Bemerkungen gemacht. Von den bezüglichen Zonen sind A—C dem Glaukonit-, resp. Vaginatenkalk, D und E dem unteren Echinosphaeritenkalk FR. SCHMIDT's zur Seite zu stellen.

Am meisten Beständigkeit, zwar nicht in petrographischer, jedoch in faunistischer Hinsicht, zeigt wohl die unterste Stufe, der Planilimbatakalk.

Der obere graue Kalk in Dalarne hat, wenn man lediglich die S. XXIX nach TÖRNQVIST mitgetheilten faunistischen Angaben in Betracht zieht, wenig Aehnlichkeit mit dem in Westgothland und auf Oeland. Genannter Autor giebt daraus selbst speciell *Orthoceras vaginatum* SCHL. an. Allerdings finden sich grosse vaginate Orthoceren noch im Niveau des oberen Echinosphaeritenkalks und sogar in noch höheren untersilurischen Lagern, bis in den Leptaenakalk hinein; allein die eben angeführte Art gilt sonst als Leitfossil für FR. SCHMIDT's Vaginatenkalk. Schon loc. cit. wurde auf die zwischen dem oberen und unteren grauen Orthocerenkalk Dalekarliens beobachtete Aehnlichkeit aufmerksam gemacht; TÖRNQVIST hat deshalb die Ansicht geäussert, dass sie gewiss unter analogen physikalischen Bedingungen entstanden sein und mitsammt dem zwischenliegenden rothen Kalk zu einem Formationsglied vereinigt werden müssten. Indessen führt doch namentlich der Vergleich mit Oeland, dessen Orthocerenkalke überhaupt den dalekarlischen nahestehen, zu einer etwas andern Auffassung, welche unten in der zweiten Tabelle zum Ausdruck gelangt ist. Zunächst kommt der Oeländische obere rothe Kalk, wie LINNARSSON in dem vorhin erwähnten Briefe ausdrücklich bemerkt, auch in Dalarne vor[1]); gemeinsame Petrefacten sind u. a. *Orthoceras conicum* HIS. und *Orthoc. tortum* ANG. Hierbei kann augenscheinlich nur der obere Theil der Zone 5. d auf S. XXIX gemeint sein, neben welchem in derselben eine untere Partie anzunehmen ist, die dem oberen rothen Kalk der Kinnekulle entspricht. Wenn nun die dalekarlische Zone 5. e wirklich das Hangende von 5. d bildet, so erscheint es von vorne herein als wahrscheinlich, dass jene dem jüngsten Orthocerenkalk auf Oeland äquivalent sei. Einige Anklänge an die Fauna des letzteren lassen immerhin auch die früher für den oberen grauen Orthocerenkalk Dalarnes angegebenen Fossilien erkennen, und voraussichtlich würde dies bei einer genaueren paläontologischen Untersuchung desselben deutlicher hervortreten; u. a. dürften dahin die in Dalekarlien gefundenen Lituiten vom Typus des *Lituites lituus* gehören[2]).

Etwas unsicher ist wohl noch die Stellung des oberen rothen Orthocerenkalks von Ljung in Ostgothland. Dafür dass er S. LXII mit dem Kinnekuller oberen rothen Kalk parallelisirt wurde, kann ich gleichfalls auf private Mittheilungen von LINNARSSON mich berufen; allein wenn auch diese Annahme durch die darin vorkommenden Cephalopoden gerechtfertigt erscheint, so bekundet sich doch eine Verschiedenheit in seinen zahlreichen Trilobiten. Im Uebrigen erklärt auch FR. SCHMIDT (Ostbalt. silur. Trilob. p. 22), dass der Kalkstein von Ljung mit seinen für den Vaginatenkalk bezeichnenden Cephalopoden jünger sein müsse, als die ihm gleich ersterem aus eigener Anschauung bekannte Entblössung von Husbyfjöl.

Ueber das bisher meist mit dem Namen **Chasmopskalk**, andererseits aber auch als **Cystideenkalk** bezeichnete schwedische Gebirgsglied ist zu bemerken, dass die verschiedenen dahin gehörigen Vorkommnisse nicht vollständig sich decken. Der Cystideenkalk TÖRNQVIST's in Dalarne stimmt, wie FR. SCHMIDT angiebt, gut zum Ehstländischen Echinosphäritenkalk, was ich aber doch nur für den oberen Theil des letzteren gelten lassen möchte. Der Chasmopskalk LINNARSSON's in anderen Gegenden hat ein

---

[1]) In ähnlichem Sinne hat sich neuerdings auch TULLBERG ausgesprochen (Geol. Fören. Förh., Bd. VI, 1882, p. 233).

[2]) In jüngster Zeit sind in der fraglichen Kalksteinzone Dalarnes *Illaenus centaurus* ANG. und *Asaphus tecticaudatus* STEINH. beobachtet worden (cf. S. CXXV u. CXLII); dadurch wird ihre Zugehörigkeit zum Niveau des schwedischen oberen grauen Orthocerenkalks zur Gewissheit erhoben.

einigermassen jüngeres Gepräge; der von Bödahamn auf Oeland passt zum Brandschiefer, weniger genau der in Westgothland. Im Ganzen genommen dürfte der schwedische Chasmopskalk in der früheren Bedeutung dieses Wortes den höheren Schichten des Echinosphäritenkalks und dem Brandschiefer (und zwar diesem zunächst) entsprechen. Was die Benennung jenes Gliedes anbelangt, so glaube ich nun doch den Namen „Cystideenkalk", den Törnqvist 1867 für das in Dalekarlien auf den Orthocerenkalk folgende Lager zuerst angewendet hat, unbedenklich vorziehen zu müssen. Derselbe empfiehlt sich schon wegen der allgemeinen Verbreitung und der beinahe einseitigen Häufigkeit der Sphaeroniten in der betreffenden Ablagerung. Dazu kommt, dass die Gattung *Chasmops* hier keineswegs eine besonders auffällige Entwicklung zeigt, ja in Ostgothland und Schonen war bis vor Kurzem in dem fraglichen anstehenden „Chasmopskalk" selbst gar nichts von *Chasmops*-Resten gefunden[1]; in weitaus grösserer Art- und Individuenfülle tritt dagegen dieses Trilobitengenus in der nächstfolgenden Sedimentbildung auf. Meines Erachtens wird am besten von der Bezeichnung eines bestimmten Niveau's nach letzterem überhaupt Abstand genommen, weil seine verticale Verbreitung im mittleren und oberen Theile der nordischen Untersilurformation eine zu bedeutende ist.

Für die auf den Cystideenkalk folgende Stufe habe ich mich schon oben bei Oeland des Ausdrucks „Macrouruskalk" bedient, der auf ein ausnehmend bezeichnendes und häufiges Leitfossil derselben, *Chasmops macrourus* Sjögren, hinweisen soll. Es ist das diejenige Benennung, die ich, und zwar auf Anrathen von Fr. Schmidt, in der „Festschrift f. d. 50jährige Jubelfeier der Forstakademie Eberswalde", S. 207, für die völlig übereinstimmenden Geschiebe vorgeschlagen habe, welche in der Mark Brandenburg und anderen Theilen Norddeutschlands allgemein verbreitet sind. Wie früher mitgetheilt wurde, ist dieses Formationsglied erst vor kurzer Zeit in Ostgothland und auf Oeland anstehend nachgewiesen worden; indessen scheint es auch in Dalekarlien als festes Lager in der auf S. XXXI unter 7. a besprochenen, bei Kärgärde und Fjecka entblössten Mergelschieferpartie vertreten zu sein, aus welcher sowohl Linnarsson, als Törnqvist *Chasmops macrourus* angeführt hat. Damit harmonirt, dass ersterer Forscher mir schrieb, von den beiden in Dalarne zu unterscheidenden Abtheilungen des „Chasmopskalkes" (cf. loc. cit., Anm.) sei die „obere" von Törnqvist zum Trinucleusschiefer gerechnet worden. Wenn nun Linnarsson den Cystideen- und Macrouruskalk als Unterabtheilungen einer und derselben Etage aufgefasst hat, indem

---

[1] Bei Fågelsång ist darin doch jüngst ein Trilobit beobachtet worden, der vermuthlich mit *Chasmops ingricus* Fr. Schm. identisch sein soll (cf. S. CXXXIX). Letztere Art gehört indessen nicht zu den typischen *Chasmops*-Formen, sondern steht noch der von *Phacops sclerops* Dalm. ausgehenden Schmidt'schen Untergattung *Pterygometopus* ziemlich nahe.

er ersteren als den älteren, letzteren als den jüngeren Chasmopskalk bezeichnete, so kann ich dem allerdings nicht beistimmen; vielmehr glaube ich, dass dieselben zweckmässiger Weise als zwei gesonderte Etagen zu betrachten sind. Es wird dies eigentlich schon durch die faunistischen Unterschiede genügend motivirt; zudem entsprechen jene beiden Glieder ja bestimmt verschiedenen Ehstländischen Etagen nach Fr. Schmidt's Eintheilung. Uebrigens darf man aus dem massenhaften Vorkommen des Macrouruskalks unter den märkischen Diluvialgeröllen wohl den Schluss ziehen, dass dieses Gebilde in gewissen Gegenden des westbaltischen Gebietes eine recht ansehnliche Ausdehnung und Mächtigkeit gehabt haben muss.

In Betreff des angenommenen oberen Abschlusses der untersilurischen Schichtenfolge ist das Nöthige bereits S. XCIV u. XCV bemerkt worden. Diese Abgrenzung entspricht der ursprünglichen Auffassung Linnarsson's, von welcher Derselbe freilich später insoweit abgegangen ist, als er die hier in Betracht kommenden oberen graptolithenführenden Schiefer dem Obersilur zurechnete. Man wird darüber weitere Untersuchungen abzuwarten haben; vor der Hand glaubte ich die früher aufgestellten Grenzen für die untersilurische Abtheilung festhalten zu dürfen. Wie ich sehe, thut dies auch Holm in seiner S. CXLI citirten *Illaenus*-Arbeit (p. 35).

Bekanntlich rührt der erste Versuch einer geognostischen Gliederung der „Uebergangsformation" Schwedens von Angelin her, welcher denselben als Einleitung seiner „Palaeontologia Scandinavica" vorausgeschickt hat. Diese Eintheilung kann heute mehr als ein historisches Interesse kaum beanspruchen. Wenn sie in sehr wichtigen Punkten unrichtig oder mangelhaft ist, so muss man dabei allerdings berücksichtigen, dass zur Zeit, als sie aufgestellt wurde, die Lagerungsverhältnisse noch sehr unvollkommen erforscht und einige der bezüglichen Formationsglieder, so namentlich ein Theil der Graptolithenschiefer, ganz oder beinahe unbekannt waren. Der bedeutendste Irrthum lag darin, dass ihr Urheber aus paläontologischen Gründen seine Regio II. Olenorum unter die an Arten reichere Regio III. Conocorypharum, bei der vornehmlich der Andrarumkalk ins Auge gefasst war, verlegte, während das Umgekehrte der Fall ist, wie von Linnarsson in Westgothland und nahezu gleichzeitig von Nathorst in Schonen nachgewiesen wurde. Es scheint auch, dass Angelin zuweilen durch die petrographische Aehnlichkeit faunistisch verschiedener Ablagerungen sich hat irreleiten lassen; auf solche Art wohl sind z. B. Fossilien des Cystideenkalks von Böda auf Oeland, indem er diesen für einen grauen Orthocerenkalk hielt, in seine Regio C Asaphorum gerathen. Indessen habe ich es doch für zweckmässig erachtet, die Beziehung der Angelin'schen Regionen zu den gegenwärtig zu unterscheidenden Etagen, so gut es ging, auszudrücken; ich wollte dies schon deshalb nicht unterlassen, weil man auch in neueren geologischen Werken der alten Eintheilung mitunter noch begegnet.

Cambrische Formation.

Bezeichnung der Formationsglieder.		Dalekarlien.	Nerike.	Westgothland.	Ostgothland.	Schonen.	Oeland.	Regionen nach Angelin.
I. Primordiale Sandsteinbildung.	A. Eophytonsandstein.	1 u. 2?	?	1.	1?	1. a u. b.	1.	*Regio I. Fucoidarum.*
	B. Fucoïdensandstein.		1.	2.	+	1. c.		
II. Paradoxidesschiefer.	A. Zone des Paradoxides (Olenellus) Kjerulfi.	—	—	—	—	2. a.	—	*Regio II. Olenorum (A) z. Th. und Regio III. Conocorypharum (B).*
	B. Zone des Paradoxides Oelandicus.	—	—	—	—	—	2. a.	
	C. Zone des Paradoxides Tessini.	—	2. a.	3. a. α.	+ (nicht anstehend.)	2. b. α u. β.	2. b.	
	D. Zone des Paradoxides Davidis.	—	—	—	—	2. c.	—	
	E. Zone des Paradoxides Forchhammeri (Andrarumkalk).	—	2. b.	3. a. β.	2. a.	2. d.	2. c.	
	F. Zone des Agnostus laevigatus.	—	2. c.	3. a. γ.	2. b.	2. e.	?	
III. Olenusschiefer.	A. Zone des Agnostus pisiformis.	—	3. a.	3.b.α($α_1$).	2. c.	3. a.	3. a.	*Regio II. Olenorum (A) zum grössten Theil.*
	B. Zone der Beyrichia Angelini.	—	3. b.		—	3. b.	3. b.	
	C. Zone der Parabolina spinulosa.	—	3. c.	3.b.α($α_2$).	2. d.	3. c.	3. c.	
	D. Zone mit Eurycare und Leptoplastus.	—	3. d.	3.b.α($α_3$).	2. e.	3. d.	3. d.	
	E. Zone der Peltura scarabaeoïdes.	—	3. e.	3. b. β.	2. f.	3. e.	3. e.	
	F. Zone des Cyclognathus micropygus.	—	—	—	—	3. f.	—	
IV. Dictyonemaschiefer.		—	—	4.	3.	4.	4.	

Untersilurformation.

Bezeichnung der Formationsglieder.		Dalekarlien.	Nerike.	Westgothland.	Ostgothland.	Schonen.	Oeland.	Regionen nach Angelin.
V. Ceratopygekalk.		3.	—	5.	+?	5.	5.	*Regio IV. Ceratopygarum (BC).*
VI. Unterer Graptolithenschiefer.		4.	—	6.	?	6.	—	
VII. Orthocerenkalk.	A. Zone des älteren rothen oder glaukonitischen Orthocerenkalks (Planilimbatakalk).	5. a-b.	4. a-c.	7. a u. a_1. α-γ.	4. a-c.	7. a.	6. a.	*Regio V. Asaphorum (C).*
	B. Zone des unteren grauen Orthocerenkalks.	5. c.	4. d.	7. b.	4. d.	7. b.	6. b.	
	C. Zone des Kinnekuller oberen rothen Orthocerenkalks.	5. d.	—	7. c.	4. e.	—	?	
	D. Zone des Oeländischen oberen rothen Orthocerenkalks.		—	(Kalk von Agnestad.) 7. d.	—	—	6. c.	
	E. Zone des oberen grauen Orthocerenkalks.	5. e.	—	(„Lefversten.")	—	—	6. d.	
VIII. Mittlerer Graptolithenschiefer.		—	—	—	—	8. a-g.	—	
IX. Cystideenkalk.		6.	—	8.	5.	9.	7.	*Regio VI. Trinucleorum (D) z. grössten Theil.*
X. Macrouruskalk.		7. a.	—	—		—	8.	
XI. Trinucleusschiefer.	A. Zone des schwarzen Trinucleusschiefers.	7. b-d.	—	9. a u. b.	6. a.	10.	—	
	B. Zone des rothen Trinucleusschiefers.	7. e.	—	9. c u. d.	6. b.		—	
XII. Brachiopodenschiefer.		—	—	10. a u. b. α-β.	7.	11. a u. b.	—	*Regio VII. Harparum (DE) z. Th.*
XIII. Oberer Graptolithenschiefer.	A. Lobiferusschiefer (Rastritesschiefer).	8. a-c.	—	11.	8. a.	12. a. α-ε.	—	*Regio VI. Trinucleorum (D) z. Th.*
	B. Retiolitesschiefer.	8. d u. e.	—		8. b.	12. b.	—	
XIV. Leptaenakalk.		9.	—	—	—	—	—	*Regio VII. Harparum (DE) z. Th.*

Auf Anrathen des Herrn Geh. Bergrath Prof. BEYRICH habe ich die nebenstehende kleine Uebersichtskarte gewissermassen als Wegweiser zur bequemeren Orientirung für das über Schweden Mitgetheilte beigegeben. Dieselbe soll zunächst dem Leser die Lage der verschiedenen, oft nur ganz kleinen cambrisch-silurischen Gebiete, welche durch grüne Farbe ausgezeichnet sind, veranschaulichen. Sodann trug ich Sorge, die wichtigsten bezüglichen Aufschlusspunkte einzutragen, soweit es der Massstab des Blattes zuliess; grossentheils sind dies unbedeutende Orte, die man auf den gewöhnlichen topographischen Karten vergeblich suchen würde.

Bei der Bearbeitung habe ich hauptsächlich folgende Karten zu Grunde gelegt:

1. W. HISINGER, Geognostik Karta öfver medlersta och södra delarne af Swerige, im Massstab 1:800000 [1]). Dazu gehören: Tabeller öfver höjdmätningar i Swerige och Norrige, Stockh. 1829; Upplysningar rörande geogn. Kartan öfv. m. och s. del. af Sv., ib. 1834.
2. ANGELIN, Geologisk Öfversigts-Karta öfver Skåne, gedruckt in München 1859. Wie durch Ausmessung ermittelt wurde, ist der Massstab 1:350000 [2]).
3. EDUARD ERDMANN, Översigtskarta utvisande utbredningen af den kolförande formationen och andra bildningar inom Skane, skala 1:400000, Stockh. 1872 (als Beilage zu der Schrift „Beskrifning öfver Skånes stenkolsförande formation").

Ausserdem sind für die Gegenden am Siljan-, Hjelmaren- und Wetter-See kleinere geognostische Karten benutzt worden, welche zu Aufsätzen von TÖRNQVIST (Öfversigt etc., 1871. Nr. 1), LINNARSSON (ib. 1875. Nr. 5) und NATHORST (Geol. Fören. Förh., Bd. IV. Nr. 14) gehören.

Eine Sonderung von Cambrisch, Unter- und Obersilur wäre schon wegen des naturgemäss kleinen Massstabes der Karte undurchführbar gewesen. Zusammengehörige Partien in beschränkterem Umkreise sind meist ohne Rücksicht auf Unterbrechungen durch andere Gebilde als Ganzes dargestellt worden. So wurden am Siljan-See die mehrfach durch Granit getrennten cambrisch-silurischen Entblössungen zusammengelegt, wobei jedoch die äusseren Grenzen dieses Feldes theilweise unsicher sind. Desgleichen habe ich die Trappmassen (TÖRNEBOHM's Kinne- und Hunne-Diabase), die in grösserer oder geringerer Ausdehnung die centralen Partien der Berge Westgothlands ausmachen, nicht eingetragen. Ferner wurden die aufgelagerten glacialen oder postglacialen Schuttmassen, welche beispielsweise in Ostgothland südlich der Motala-Elf fast allenthalben die paläozoischen Schichten bedecken, unberücksichtigt gelassen. Längs der Ostküste Smålands [3]) liegt cambrischer Sandstein fast nur in losen Trümmermassen zu Tage; jedoch ist diese Region auch auf FORSELLES' „Karta öfver södra delen af Sverige" (1838—55) als fester Sandstein bezeichnet, nach TORELL (Sparagmitetagen, p. 26) vielleicht mit Recht. Anstehend kennt man das Gestein hier bei Strömsrum gegenüber Borgholm, ferner auf mehreren kleinen Eilanden des Kalmarsunds, wozu u. a. auch die S. CVI erwähnte Insel Furö in der Nähe von Oskarshamn gehört.

Das colorirte Feld im westlichen Dalarne ist eine wahrscheinlich cambrische Sandsteinbildung, die nach TORELL (loc. cit. p. 13 ff.) mit dem grossen „Sparagmitgebiet" der Landschaft Österdalen in Norwegen zusammenhängt, andererseits aber auch die durch das Elfdalener Porphyrterrain davon getrennten Sandsteinmassen am Siljan-See umfasst. Rothe Sandsteine mit hellen Flecken, wie sie S. XXVII erwähnt wurden, sind darin gleichfalls verbreitet, und TORELL selbst betont loc. cit. deren Uebereinstimmung mit Geschieben Norddeutschlands.

In den Umgebungen des Romeleklints in Schonen bedarf Manches noch einer genaueren Feststellung.

---

[1]) Eine Jahreszahl ist nicht aufgedruckt, jedoch ist die Karte in BERZELIUS' Jahresbericht über d. Fortschritte d. phys. Wissensch. für 1832 (XIII. p. 397) angezeigt.

[2]) Im Vorwort der zugehörigen Erläuterungen (cf. S. LXXV) ist dafür irrthümlich 1:275000 angegeben.

[3]) Zur Vermeidung eines Missverständnisses bemerke ich, dass auf S. C ff. nur der östliche Theil dieser Provinz ins Auge gefasst wurde, welche im Uebrigen weit nach W. über Wexiö hinaus sich erstreckt.

If you have any concerns about our products,
you can contact us on
ProductSafety@springernature.com

In case Publisher is established outside the EU,
the EU authorized representative is:
**Springer Nature Customer Service Center GmbH
Europaplatz 3, 69115 Heidelberg, Germany**

Printed by Libri Plureos GmbH
in Hamburg, Germany